U0383659

文化生态视野下的北京城市景观

黄艳　著

中国建筑工业出版社

图书在版编目（CIP）数据

文化生态视野下的北京城市景观 / 黄艳著. – 北京：
中国建筑工业出版社，2019.11
ISBN 978-7-112-24266-5

Ⅰ.①文… Ⅱ.①黄… Ⅲ.①城市景观 – 研究 – 北京
Ⅳ.① TU984.1

中国版本图书馆 CIP 数据核字（2019）第 217071 号

　　本书共8章，分别是：文化生态学视野下的城市景观发展研究、北京城市视觉景观形象演化、北京城市文化景观痕迹的共生与传承、文化寻根和记忆传承——北京历史文化遗产、季相的表现——生态与文化交织下的北京城市色彩、营养供应器——文化艺术产业园区、可持续绿地系统、历史文化景观的再生等内容。本书从文化生态的视角考察城市景观，研究其可视和不可视的特质及其特质与文化衍生的演进，找寻其生长变化的内在机制与规律，达到景观文化生态的健康可持续发展。

　　本书可供从事城市景观工作的技术人员、管理人员使用，也可供大专院校相关专业人员使用。

封面设计：余佩霜
责任编辑：胡明安
责任校对：焦　乐

文化生态视野下的北京城市景观
黄艳　著
*
中国建筑工业出版社出版、发行（北京海淀三里河路9号）
各地新华书店、建筑书店经销
北京光大印艺文化发展有限公司制版
天津翔远印刷有限公司印刷
*
开本：787×1092毫米　1/16　印张：23　字数：408千字
2019年12月第一版　　2019年12月第一次印刷
定价：95.00元
ISBN 978-7-112-24266-5
（34786）

　　美国文化人类学家朱利安·斯图尔德（Julian Steward）在 1955 年首次提出了"文化生态学"的概念，他指出，文化生态学主要"是从人类生存的整个自然痕迹和社会环境中各种因素的交互作用而研究文化的产生、发展、变异规律的一种学说。"因此，文化生态是生态文明的一部分，是生态文明理念在自然生态基础上的多维度的纵深发展；它和自然生态及社会生态紧密联系，是一种可持续发展的理念，但又不能完全用可持续来概括；它是一种状态、关系，既是需要保持平衡、互补、互惠互存的状态，又是系统内各构成要素之间相互影响、相互制约和相互依存的关系。城市文化由于在尺度和范围方面的巨大差异，已经成了多样性和多元化的代名词，就如一个生态系统；因而景观作为城市文化的载体及其子系统之一，也具有文化生态系统的规律与特征。因此，需要跨越艺术、社会研究和环境保护的界限，从文化生态的视角考察城市景观，研究其可视和不可视的特质及其特质与文化衍生的演进，找寻其生长变化的内在机制与规律，达到景观文化生态的健康可持续发展。而这正是作为我国首都的北京建立世界文化大都市的关键所在。

　　本书共分为 8 章，第一章是总论，其他七章借鉴自然生态界的基本规律和构成，分别从北京城市景观文化生态系统的各个主要方面进行分析论述，从而描绘了北京城市景观文化生态发展的动态且多层面的全景图。

　　第一章首先从理论的层面阐述了城市景观与文化生态的关系、城市景观文化生态的特点以及城市景观研究中的文化生态学方法；以时间为轴概括了北京城市景观发展的几个主要历史阶段；分析了影响北京城市景观文化生态的主要因素、挑战和机遇；并提出了其发展的指导性策略。

　　第二章从生长变化的角度分别针对建筑、街道、开放空间、视觉和照明系统等构成城市视觉景观系统的方面，分析了中华人民共和国成立以来北京城市景观发展的总体脉络和格局；并将近年最新科技成果对城市管理、视觉体验、市民行为等纳入城市景观研究的范畴。

第三章引入"痕迹"的概念，意味着聚焦于时间、以动态发展的视角去研究城市景观；并引入与景观实体相对的"虚体性景观"概念，将城市景观作为一个复杂的系统，分析了城市各种景观痕迹之间的共生与传承关系，从而阐明了景观文化生态系统运行和发展的内在机制；并结合具体的案例分析，分别论述了外来文化和各种事件是如何影响地区经济、人以及与之相关的空间形态。

第四章梳理了对城市景观产生影响的各种历史文化遗产，并阐述其在动态的景观文化生态发展中怎样发挥作用以及在构成和强化市民文化记忆、保障文化稳定且变化过程中的角色；从物质和非物质文化形态两方面说明城市文化记忆与文化传承的关系。

第五章探讨了北京城市色彩的构成、特点以及变化规律，从文化与生态两条脉络分析影响城市色彩的因素；并从空间和时间维度研究了城市色彩的历史性、文化性以及生态性问题，通过分析图表、跟踪调研等数据解释了色彩如何在生态与文化交织的机制中为城市文化作出贡献的。

第六章从经营、管理、政策、空间形式、产业辐射、产业链等方面阐述了文化艺术区是如何向周边区域输送文化"营养"并影响城市面貌的；综合考虑以上因素概括了北京文化艺术区的三种主要模式："798"模式、琉璃厂文化街模式和宋庄艺术区模式，并分别对其进行了景观评价。

第七章提出"可持续生态系统"的概念，将城市绿地系统作为生态基础设施，从生态和文化双重属性来认识和研究城市绿地系统；主要聚焦于北京公园和交通绿地系统，对其格局、构成、形态进行了全面分析，阐明其是如何实现生态与文化双重功能的；最后指出可持续绿地系统在社会和谐、健康、情感、生态以及作为美学表达的新模型等方面对未来城市景观的影响。

第八章借用生物学术语"再生"，研究了那些已经或正在消失、遭受破坏或改变的历史区域，探讨其在当代和未来的生长发展途径；阐明了一种城市景观发展的生态规律和一种理解和处理历史文化景观的态度与方法，强调赋予历史文化景观以当代生命动力与营养并与当代生活相联系；从而使得城市文化景观的保护基于生物体本质发展规律，并且以"再生"为指导思想来复兴城市文化景观；结合案例研究，将北京历史文化景观的再生归纳为"风貌恢复"、"活动场景"以及"转型利用"等三种模式。

　　在本书的撰写和研究过程中，上海市园林工程有限公司总规划师赵铁铮教授进行了全面的学术指导，并提出了许多中肯的建议；研究团队成员姚旭辉、高娣、郑文霞为数据的收集、整理与统计、现场调研以及分析图表制作等方面做了大量工作；王益鹏、郭亦家、余佩霜、孟昭等为本书提供了许多资料收集、制图、整理、查证等前期工作，在此一并表示感谢！

　　限于作者水平，书中疏漏和不足之处在所难免，敬请各位读者不吝赐教。本书撰写过程中参考了大量国内外理论文献和案例资料，由于篇幅限制，只能标注主要资料。在此，向全体文献资料作者一并致以真挚的谢意！

黄艳

2019 年 9 月于清华园

目录
CONTENTS

第一章

文化生态学视野下的城市景观发展研究

　　人类对文化的追求与其生存活动一样久远，可以说，人类不能脱离文化而生存；就其实在的含义来说，是人类生存的方式以物质和精神空间显现出来的一种关于人的文化。而这种文化本质上涉及的是人与城市的关系，也就是人、历史、文化相互之间的关联性，从而成为城市的灵魂。作为现代人类最主要的生存场所，城市除了经济和政治功能以外，还具有强大的文化功能。在全球经济一体化的同时，城市的本土文化、特别是发展中国家的本土文化不可避免地会受到冲击；地区间差距扩大的同时，也带来了城市间环境的相似性。而文化的国际化意味着文化的趋同现象，从而忽略了地区的差异性和文化的多元性，这与整个世界多元化发展的趋势是背道而驰的。

　　当代城市的规模不断扩大，人口 1000 万人以上的城市早已不是新鲜事，城市的功能、内涵也远比 50 年前更为复杂。纵观世界上到访人数最多的几个城市，如伦敦、巴黎、中国香港等，无一不是具有经济和文化双中心；可以说，文化是一个城市最稳定而持久的发展动力。因此，从文化的视角考察城市景观，才能触及人类灵魂深处的情感。而城市文化由于在尺度和范围方面的巨大差异，已经成了多样性和多元化的代名词，就如一个生态系统，具有与自然生态系统相似的规律与特征。城市景观是文化的一种有形的表现形式，作为其中的子系统之一，也具有文化生态系统的规律与特征。景观规划设计不仅包括视觉、社会层面，而且从根本上关系到生态学、水文学和地理学等。实际上，它已跨越了艺术、社会研究和环境保护的界限。

　　美国文化人类学家朱利安·斯图尔德（Julian Steward）在 1955 年首次提出了"文化生态学"的概念，他指出，文化生态学主要"是从人类生存的整个自然痕迹和社会环境中各种因素的交互作用而研究文化的产生、发展、变异规律的一种学说"[1]。因此，文化生态是生态文明的一部分，是生态文明理念在自然生态基础上的多维度的纵深发展；它和社会生态紧密联系，是一种可持续发展的理念，但又不能完全用可持续来概括；它是一种状态、关系，既是需要保持平衡、互补、互惠互存的状态，又是系统内各构成要素之间相互影响、相互制约和相互依存的关系。

近年来，随着经济建设和现代化进程的不断深入，我国的城市环境建设得到了空前的发展，取得了巨大的成就。但是在为这种发展和成就欣喜的同时，人们又普遍地感到一种困惑和迷惘，一种物质的繁荣与喧嚣背后掩饰不住思想的空虚和贫乏：城市的过度开发，忽视了城市遗产保护和生态平衡；城市过分追求空间的物质性，却极度缺乏与大众心理平易"接触"的精神媒介；城市空间普遍过多地渲染商业气氛，体现当地文化存在感的高品质生活方式却被瓦解或扭曲……在信息社会中，如果说工业社会的优势，如生产力、社会总财富等的增长和人们生活质量的改善被更"有效"地放大了，那么它原有的弊病也更加深重了。人与自然、人与人之间的隔膜并未因信息的增多而成比例的破除，反而加深了。正如《北京宪章》中所说："当今的许多建筑环境仍不尽人意，人类对自然和文化遗产的破坏正危及自身的生存。"

目前我国城市环境景观的这种散状化、无序化正是文化失落的结果。用文化生态学的眼光看待城市景观，目的就是维持城市文化的生态平衡和文化多样性，实现城市文化的健康可持续发展（图1-1）。

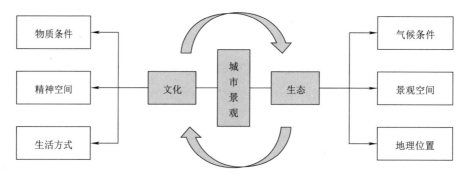

图1-1 文化生态学视野下的城市景观发展研究框架图
图片来源：作者自绘。

---

[1] ［美］朱利安·斯图尔德著. 文化生态学 [J]. 潘艳、陈洪波译. 南方文物，2007（2）：第112页。

一、城市景观与文化生态

城市景观具有可视和不可视的特质。"它不仅包含环境和生态方面，还有整个国家的精神状态，以及其特质和文化衍生的演进"[1]。因而城市景观虽然体现于城市视觉形象中，却是根植于城市的社会框架、生活模式、经济结构以及文化历史的脉络，是表和里的关系，也是相互关联、相互作用的结果和系统；城市景观不仅体现建筑实体之间的空间关系，也是城市历史文化动态发展的反映和产物，是实体和非实体因素交织在一起的系统。因此，用文化生态学的眼光看待城市景观，就是承认城市景观既是时间重叠、积累、演变的结果，也是自然、人文和社会共同作用的结果；它"是一个历史过程，其空间的呈现是一连串历史事件在文化、自然条件、经济和政治结构影响下积累的结果。"[2]

（一）城市景观与文化

城市是人与人、人与自然进行信息、物质、能量交流的重要场所，是城市生态与城市生活以及人文景观的多重载体，包含生态、娱乐、文化、美学或其他与可持续发展的土地使用方式相一致的多重目标，集中体现了不同时代人类社会的物质和精神生活。作为一个复杂的系统，城市景观是自然、社会、人文、技术等实体环境以及当地历史、风土人情、社会心理所形成的虚体环境共同作用的结果；它为人们提供的不仅是物质的环境，而且提供了重要的精神、社会和心理的环境，通过人文活动承载社会活动，产生精神价值，从而对整个城市的人文环境具有重要的作用。都市人类学的观点认为城市文化是人类文化发展的高级阶段，城市景观的文化特性可以说就是城市人格的表现，因此，城市景观是一个独特而综合的文化系统（图 1-2）

这就证明了城市景观、文化与城市意象是不可分割的。仅仅从视觉、形态，或者生态、经济的角度来研究景观，都是片面或偏颇的；而把城市景观仅仅看作是一个风景或园林项目，或者是自然资源、生态系统整体的一部分，也是不可能把握好城市景观的复杂性和内在的社会特质的。因此我们需要从文化生态的角度出发，一方面去研

---

[1]　[美] 詹姆士·科纳主编. 论当代景观建筑学的复兴 [M]. 吴琨、韩晓晔译，北京：中国建筑工业出版社，2008 年，第 594 页。

[2]　荆其敏，张丽安. 城市空间与建筑立面 [M]. 武汉：华中科技大学出版社，2011 年，第 41 页。

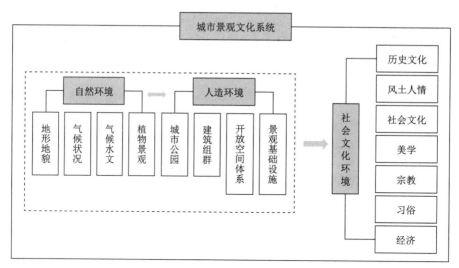

图 1-2　城市景观文化系统结构示意图

图片来源：作者自绘。

究景观营造是如何影响城市文化意念的，另一方面在更大的范畴中，研究城市文化是如何对城市景观营造产生影响的。

1. 城市景观是文化的载体

城市景观是城市甚至国家文化软实力的物质体现。城市的历史文化、人文风貌、精神信仰等，都在城市景观中得到体现，城市景观可以说是文化最大、最广泛的载体。人们对城市空间环境的认知不只是视觉方面的，而是多维的，并升华到文化层面。具体来说，城市景观包括建筑、道路及其设施、标识系统、公园等户外空间，构成了人们对于城市环境信息的集合、组织、存储和回忆，并且以此为据对其位置、属性、特征加以认知，从而找到自身的身份和文化归属感与认同感。这些景观系统既是可见、可感、可触的实体，也是人们可体验的生活环境，人们与它进行着情感和文化的交流，并由联想而加深、加强其印象。

因此，城市景观不仅是视觉形象，也是心理感受和行为感知，而人作为主体来识别各种信息。以前我们探讨城市景观的建设时，关注的多是视觉形象方面的因素，而心理感受和行为认知常常比较被忽视。如果说硬质景观是承载文化的"有形"载体，那么这两者则是承载文化的"无形"载体。故事、情感、习惯、记忆就是通过它们传递与交流的，正如生物界中能量的流动和循环一样。

"文化被定义为持续的符号，其中一些就在景观当中"[1]。因此，我们鼓励将城市公共空间纳入城市景观范畴，有利于研究其文化性；反过来将城市景观看作是公共空间，则有助于探究其生态性——文化的生态性。

2. 城市景观是文化传播和交流的表现形式与媒介

巴斯德说过："文化是人们能交流情感的方式"。就其实在的含义来说，就是人类生存的方式、以物质的和精神的空间显现的人的文化。然而，作为文化的载体，城市景观的变化受到强势文化的影响远远多于弱势文化的影响，文化的交流实际上是从强势文化到弱势文化的单向输出，这种现象在世界各国、各地普遍存在。在我国，从鸦片战争国门被打开后，大量涌入的不仅有传教士、洋行、海关等，更有西式建筑和生活方式。这些西式建筑对当时中国城市的景观可以说是颠覆性的、震撼性的影响。时隔多年，当初的租界建筑却成了各个城市宝贵的文化遗产。今天，西方文化的强势影响依然存在，从景观上的体现就是摩天大楼、现代建筑形式、城市格局以及城市公园等。

从历史来看，当这些外来文化进入时，无一例外都会对原有的城市景观肌理、建造设计模式以及人们的生活方式带来冲击，无疑是对传统文化的破坏。但从长远的角度看，这些冲击的结果并不都是负面的。因此，城市发展过程中，冲击是不可避免的，尤其是当当地文化处于弱势地位的时候。我们需要研究的是，冲击的力度、切入点以及对冲击的把控问题。

这种现象不仅出现在经济相对落后的国家和地区，甚至连经济繁荣的日本也不可避免。而事实上，正是这些冲击，带来了对原有城市格局、文化模式等诸多方面弊端的扫除，从而带来了经济、社会、文化的繁荣。开国之后的日本致力于都市的改造，这场都市改造，与其说是以日本都市所面临的现实生活问题为出发点的，不如说它们瞩目于西方都市在构造上的优点，并着眼于西方都市与日本都市之间的差异。这是一种"欠缺"意识，这种意识也使日本产生了劣于西方都市的"落后"意识，他们通过直觉感受到了日本与西方在文明上的巨大落差。[2]

因此，"景观不单单是一种文化的载体，更是一种积极的影响现代文化的工具。

---

[1]　［美］史蒂文·布拉萨著.景观美学 [M].彭锋译.北京：北京大学出版社，2008 年，第 149 页。
[2]　［日］白幡洋三郎著.近代都市公园史欧化的源流 [M].李伟、南诚译.北京：新星出版社，2014 年，第 3 页。

景观重塑世界不仅是因为它实体和经验上的特性，更因为它异常清晰的主题，以及它包容、表达意念和影响思想的能力"。[1]

（二）城市景观文化生态的特点

城市景观系统是一个生命体，不断进行着新陈代谢。"景观空间的建造是不能与特定的视觉、触觉等感官分离的，它是一种不断交换的媒介，一种在不同时期、不同社会的虚拟和实质的实践中蕴含和演变的媒介。景观作为客观因素存在，包含着变化，而变化就需要时间。时间的维度是循环，因此，随着时间的流逝，景观产生层层新的实践而不可避免地增加和丰富了其解释和可能性的范围"[2]。可以说，文化生态因素，无论对城市内部还是对于更大的景观范围都是同等重要的。因此，城市景观文化生态系统具有自然生态系统相似的繁衍物种、关系、时间等方面的特征。

1. 复杂有序的层级系统

城市中各个时期留下的各种景观痕迹层层叠叠，在城市文化生态系统中交替演进，以多种方式交织着前行（图1-3）。这些景观以不同的途径被保留下来——有的是设计师的刻意之作，有些是自然过程的遗留，还有些则纯粹是无意识的副产品。所有这些都形成了城市景观系统的不同方面和层次。而且景观的文化价值会随着地点和时间的变化而变化，在某一地点或时间的景观，当时间地点不同后，其文化价值的改变常常具有出人意料的结果。

在这个复杂的系统中，既包括不同时期留下的景观痕迹，也包括受到外来文化、历史事件、战争、传统风土人情等因素影响的景观痕迹；在当代，更有各种历史景观痕迹和现代生活、经济模式和材料技术等结合下产生的难以意料的形象。它不单指田园风光、花园、园艺等传统的园林景观概念，还蕴含着城市的主题，涉及基础设施，以及围绕自然、生态、社会、经济、思想为主题的探索，更是一个有批判性和激动人心的文化表现和变化的媒介。例如，景观物理特征的改变，如街道的宽度是否适合步行、是否适合小商业者的经营等，意味着人们的行为习惯、文化传统、人际交往、商

---

[1] ［美］詹姆士·科纳主编. 论当代景观建筑学的复兴 [M]. 吴琨、韩晓晔译. 北京：中国建筑工业出版社，2008年，第257页。

[2] ［美］詹姆士·科纳主编. 论当代景观建筑学的复兴 [M]. 吴琨、韩晓晔译. 北京：中国建筑工业出版社，2008年，第5页。

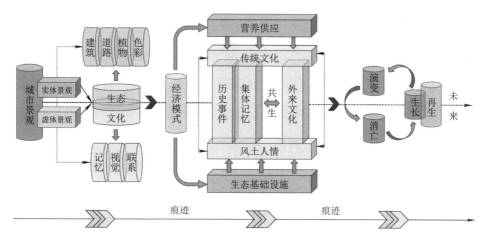

图 1-3　复杂有序的城市景观文化生态系统示意图

图片来源：作者自绘。

业模式等的改变。

　　因此，我们必须认识到，景观环境不是孤立的片段、单独的个体，而是类似音乐合奏，更是相互关联、相互影响的整套交响乐系统，并具有生态系统的特性。而城市景观系统就如生态系统一样，有其生长、蔓延、演化的客观规律。设计师就像园丁一样，对它进行维护、修剪、施肥和设计。"景观"绝不等同于"土地"，甚至"环境"的内涵；它不仅是可计量的，更是一种理念，是以一种文化的视角，来审视、诠释我们的环境，使设计和环境的演变始终保持着开放的状态。这个系统就是对各种因素和关系的组织，它关注于边界、相邻区域，周边环境及背景等。城市景观的关注点不仅仅在于自身的完美形象和功能，而更多地在于建筑物之间、人与人之间、物与人之间的相互关系所形成的系统。这种关系包括序列、视觉、记忆、联系等，综合地形成了场地景观的总体形象——某种气质的体现。

　　我们强调城市景观的系统性，就是鼓励人们加强参与性，它强调的不仅仅是与周围环境、景色的关联，而是更注重一种综合、协调和适应的能力，并以此带动当代城市景观特色的形成，对各种不利因素或负面影响的对冲作用。而景观设计师的工作，常常包含自然和文化之间的行走，并努力探索建构适合现实社会的基本元素。将各种有形的无形的因素相互关联起来形成系统，通过景观营造进行城市改造、恢复城市记忆、重建文化场所。

2. 生长变化的缓慢性、不可逆性和影响的深远性

城市景观生长变化的缓慢性指的是景观系统建设的周期较长，其使用效果更是需要较长时间才能显现出来。以城市规划的实施周期来看，至少以 10 年作为基本单位；以建筑的建设周期来看，从设计到施工完成，基本上 3 ～ 5 年时间；以植物生长的周期来看，更有十年树木之说。

城市景观系统的重要组成如建筑、基础设施等，尤其是重大项目都是大投资、大体量，不仅对人们日常生活密切相关，且对城市景观形象和历史文化的影响具有不可逆转性。正是由于这种不可逆转性，那么任何潜在的冲击都要被充分甚至是放大来考虑，因为后果一旦形成，想要恢复将是难上加难。可以说，城市景观生长变化的深远性涉及政治、地区经济、国家形象、社会教育等多方面、长时间的影响。因此，城市景观和文化的恢复所花费的时间是最为漫长的，不当决策的代价也是最为巨大的。

3. 直观性、过程性和隐蔽性

首先，"自然生态作为生物之间以及生物与环境之间的相互关系与存在状态，是一种可视可量的客观存在，其形态是否优良，结构是否合理协调，在相当程度上是可以证实的"[1]。而这种证实最直接的途径就是被人们直观地感知，通过人们的视觉、听觉、触觉、嗅觉甚至味觉直观地去感知和解读景观所传递的文化信息、意象内涵、历史记忆等，经过体验的过程，形成记忆，并结合认知，最终在大脑中形成对城市景观的综合印象——城市形象。

其次，在这个直观感知的过程中，反过来，人类是可以依据定量的、直接的手段影响景观的形态和发展。城市景观作为一种生态系统，是一种"具有系统性的文化生长发展的环境状态"，每一个时间阶段所呈现出的状态都不是一成不变的，都是随着时间的推移，以不同的速度在演变，因此，从历史的角度来看，城市景观也是整个城市文化生态发展的过程，其各个单体之间的空间关系、时间关系和历史文化关系只有达成了动态平衡，才能成为一个健康的生态系统。

但是，由于城市景观生长变化的缓慢性和隐蔽性，容易造成人们对其影响力的忽视，而当客观事实形成之后，就成了不可逆的状态，因而对城市文化产生深远的正面

---

[1]　刘男等. 北京文化生态与城市发展 [M]. 北京：文化艺术出版社，2014 年，第 2 页。

或负面影响。而文化的变化更是无处不在的，让人不易察觉，在不知不觉中，随着景观实体的变化，文化也改变了。

（三）城市景观研究中的文化生态学方法

"文化生态"，既是一种思想理念，也是一种研究和实践的方法，更是一种智慧，它诞生于以生态学方法研究文化现象的过程中。在此，我们引用文化生态学的理念来研究城市景观中的问题，这是因为它是文化的物质载体，因而天然地具有文化特性。文化生态学的社会性、自然性和人文性，决定了我们的研究必然涉及技术、经济、政策法规、人文素养、艺术品位、价值取向等多方面问题。以城市景观为切入点，目的是达到文化和谐、健康可持续发展，并在更广泛的维度内，以文化提升整个城市的精神与魅力。这种以生态的视角看待文化问题的方法，要求我们的价值观念、思维模式、经济模式、管理和生活态度等都与之相适应，并且以生态学的观念来认识、对待景观及其系统。显然，虽然我们研究的对象是城市景观，但我们的研究范围却远远超出了景观范畴。这是一种新的世界观和方法论，一种全新的看待我们环境的态度以及一套价值评价体系，也是在这种态度指导下处理城市景观问题的微观的、具体的方法和技能。

与其相关的概念和理论包括"景观生态学"等。德国学者特罗尔（C.Troll）于1939年提出"景观生态学"的概念，"该理论研究的主要对象是不同生态系统所组成的景观空间结构、相互作用、协调功能以及动态变化"[1]。也就是以生态学理论框架为依托，吸收现代地理学和系统科学之所长，研究景观和区域尺度的资源、环境经营与管理问题，是一门宏观生态学科。景观生态学的研究主要侧重在景观的自然属性，试图以定性或定量的途径，建立模型化的工作方式，而缺乏对景观历史进程及社会因素的关注。

文化生态学和"景观生态学"有一定的相通之处，但又不同于它。城市景观文化中的生态问题关注自然、历史和社会的整体、发展规律及其相互作用的关系，以及由此形成的综合系统，并借鉴景观生态学的部分理念，结合社会、艺术、人类学的方法。

---

[1] 邱杨，张金屯等．景观生态学的核心：生态学系统的时空异质性 [J]．生态学杂志，2000 年，第47 页。

"景观生态学中借鉴生态学理论的基础上，充分吸收控制论、耗散结构、系统论理论，对结构空间构成、空间构型、空间相关进行定量分析，在方法论上对文化生态学理论的完整建构起到很大的推动作用"[1]。

因此，城市景观不再是一种仅仅关于形式和美学的观点，更是一种策略手段；它不仅是学术或专业术语，更作为具有文化影响力的介质。景观设计师应考虑的是如何更好地通过塑造景观而加强与世界文化演进的关联性，而其核心绝不仅仅是寻求一种新的美学风格，而是在更为广阔的文化环境中去拓展景观的空间延展性。城市景观的这种能力将场地内的各种因素联系起来形成完整的系统——功能的和美学的、文化的和社会的、空间的和历史的，并且通过景观和事件表现这一切。

而且，作为一种"多维"的绘画形式，城市景观遵守以上各种因素的形式传统，根据设计的规则来选择、组合和安排。可以说，测量、绘画和制图是把人类环境转变为景观的基本技术手段。这既是一个解释的过程，也是创造的过程；既要关注形式结构、材料技术等因素，也要关注赋予其意义的环境、社会和文化、生态等更为广泛的问题。

1. 从废弃到再生——生态、艺术、功能和历史的结合

正如自然生态系统中没有垃圾一样，从文化生态的角度处理城市景观问题，也从不轻言"废弃"。目前所谓历史景观和建筑景观的废弃，主要是由于城市结构和环境不能适应当前技术、经济、社会和文化的变化而出现的使用减少。想要对历史建筑景观加以保护利用，就需要弄清楚其废弃的原因，如功能引起的废弃：狭窄的街道造成交通的堵塞；位置引起的废弃；物质或功能引起的废弃；风格或形象不符引起的废弃等。而这些废弃又往往是相对的，很少会在以上各个方面都被废弃。也就是说，只要它还具备某一方面或几方面的价值，就具备可再利用的潜力。

首先是工业废弃地或旧城的改造更新，使城市中环境恶劣的、日渐衰败的地段得以复苏和再利用。这种改造保留了城市发展中重要的历史痕迹，用比较经济的手段获得了社会和生态的巨大效益。其次，一些新颖的设计手法和独特的设计思想值得借鉴，如有价值的工业景观的保留利用、材料的循环使用、污染的就地处理、生态处理手段和艺术的创造等，使得过去被"废弃"的元素继续生存并具有工作能力，从而实现文

---

[1] 江金波. 论文化生态学的理论发展和新构架 [J]. 人文地理，2005.8，第120页。

化景观"再生"的目的。

2. 变化的时间框架——场所精神的延续性

毋庸置疑，景观与自然及时间是紧密相连的，包括日夜的变换、时间的流逝和季节的更迭所带来的视觉效果的改变。建立变化的时间框架，就可以帮助设计者应对难以预料的未来。因此，这里也有一种未完成的含义：所有的设计都是历史长河中的一部分，塑造永恒的、真正的设计需要的永远是时间。而设计师当下的任务，就是提出问题，为未来的发展构建相对合理或真实的可能，播下一颗种子。而最终的成果，则有赖于文化生态系统自身的发展规律了。

"传统上，景观学是一门把功能和美学要素纳入到具体场所的各种特征中的艺术，内在地表现出时间和场所的特性"[1]。而场所是体验和理解文化的关键因素，也是景观与其所处环境之间的经常性的关系。场所精神由多种因素所决定，如艺术、社会、法律或经济等。例如 20 世纪 50 年代开始，一些艺术家开始尝试将艺术从博物馆和展览会中搬出来，带入到日常生活环境，以模糊艺术与生活之间的界限。正是这种"日常性"的场所精神，才更具有持久的影响力，构成城市文化价值中的深层魅力。

一方面场所和文脉体现出城市景观融入每日的场景和环境中；另一方面，作为场景和环境的景观可能远比自然风景更能提供真实的生活影像。城市景观带给人的丰富的文化想象力，是它文化积极性、建设性的直接表现。对场所及其变化后的个性特点进行提炼，变为新的形式，就需要考虑自然与文化的动态变化，从而形成作为时间、材料、空间、结构、颜色共同组合的合乎逻辑的演变。正是那些历时久远的组成部分，创造出所在场所的历史延续感和时间感。因此，有"生命力"的开发模式，能产生场所的稳定性和延续性。

"设计师需要理解城市环境是如何适应变化的，而且更重要的是，为什么有些能适应得更好……还必须区分哪些是场所感的基本因素，是应该保留的；而哪些不那么重要，是可以改变的。重要场所在视觉和物质上的历史延续性与以下问题相关：建筑和环境的'废弃'，环境变化的时间框架，建成结构的'活力'和'弹性'，以及场所

---

[1] ［美］詹姆士·科纳主编．论当代景观建筑学的复兴 [M]．吴琨、韩晓晔译．北京：中国建筑工业出版社，2008 年，第 72 页。

的其他物质属性。这些相互关联的概念超越了较狭隘的"保护"城市环境的概念，包括时间和变化对建筑和环境产生影响的各个方面"。[1]

因此，变化的时间框架意味着：

（1）动感体验过程

对城市景观的体验是一种包含了运动和时间概念的动态行为；反过来景观环境也是以一种动态的、随着时间而逐渐展现的形式被阅读，正如同中国画的手卷逐渐展开的过程：未知的期待、好奇，发现、惊喜或失望，都是不可逆的过程。人们的脚步是移动的，时间也在不断翻向下一页。这是在这个过程中，文化信息得以逐渐传递。

（2）时间延续性

城市景观的时间延续性是内在规律，虽然就个体而言，可能发生突变式的跨越，但总体而言，城市景观仍旧遵循时间延续的规律，这是因为作为人类聚居环境的一部分，城市景观是随着时间的流逝而不断生长、集聚和发展的结果。任何超越时间规律的、人为的、拔苗助长式的建设，必定在将来的若干年当中逐渐消化其所带来的负面效果。可持续发展理念就包含着对时间延续性的尊重。

（3）空间延续性

随着地理空间的不同，从空间的角度出发，城市景观既出现差异性，又具有连续性。这种空间上的差异性是文化地域差异的外在表现，而这种差异常常表现为渐变的过程。因此，我们需要把任何一个局部的景观放到其背景之中整体地考察，从而使这种延续性有据可循，自然而然地发生。通过与场所记忆空间的相互联系，使得这种场所感有机会延伸到未来，在文化生态的蓝图中获取新的地位和价值（图1-4）。

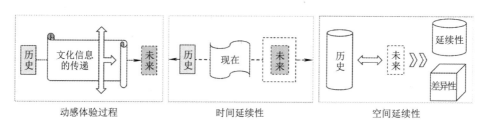

图1-4　变化的时间、空间框架示意图

图片来源：作者自绘。

---

[1]　［英］Matthew Carmona, Tim Heath, Taner Oc, Steven Tiesdell 编著. 城市设计的维度 [M]. 冯红等译. 江苏：江苏科学技术出版社，2005 年，第 195 页。

3. 有机生长的景观

文化生态的可持续健康发展有赖于自然生态的健康、和谐发展,主张一方面在建筑设计中最大限度地做到节省能源并与周围的环境浑然一体,追求"人工自然";另一方面大型的建筑物景观应与基础设施相联系,具有弹性与自然力相拥,创造具有弹性的系统以适应变化。当建筑物、景观和城市开始把自然体系纳入设计和运行中,其效果将是累积加倍的。最终,每个部分都将成为一个基础设施体系中的毛细血管,提供水、空气、能源、通信、交通和废物处理,从而使得对环境的代价降到最低。

如果说人们熟悉的广场、街道、公园城市场的类型呈现出树状结构,那么当代城市中的基础设施、网络管道、模糊空间和其他新型交通设施网络,更像是一个伸展的树的地下根系,与地上的树冠相对应。随着城市生态体的变化要求而相适应是形成城市表面格局和功能的核心,因此,可以说当代城市所承担的复杂的、多重的功能构筑了城市空间和景观的总体特征,文化和景观空间实体正是在这种相互影响、相互适应的过程中生长变化的。

二、北京城市景观发展的概览

在北京市民身边发生过这样的事情:30 年前叫东郊的老地方,明年就要改名 CBD 金融中心;20 个月前的空地,下个月最高的大楼就会竣工。城市以前所未有的速度,种下众多庞然大物:它们或一柱擎天,或规模巨大,其特点是以新奇的造型、最现代的材料和技术令人兴奋,引起各种议论,并逐渐取代人们原来习惯的地理坐标,重新定义这个城市的形象。

可以说,中华人民共和国成立以来,作为我国首都的北京城市面貌发生了巨大的变化,其建设的模式也常常为其他城市模仿。而北京作为历史悠久、文化深厚的六朝古都,其城市景观的影响因素除了一般性的当地风土人情、经济水平、历史沿革、地域气候等以外,还明显地表现出政治性因素的影响作用。这体现在北京城市景观的发展是与历次的城市总体规划密切相关的,一方面,在规划文件指导下进行设计建设;另一方面,现实情况发展变化的速度之快,又常常超出了规划文件的预期。

北京市从 1953 年开始共经历了五次规模较大的城市规划,每一次的规划都对城市形态的发展有着至关重要的影响（表1-1），并伴随着城市规模的持续扩大。概括起来，经历了以下几个发展时期：（1）1949～1979年的较为缓慢的发展期，体现出明显的政治符号特征；（2）1980～1999年的加速发展期，出现大规模的城市改造与蔓延；（3）2000～2008年的高速发展时期，北京城市建设国际化的集中期；（4）2009年至今的后奥运时期，城市景观建设向着精细化、生态化、人文化发展。

北京城市规划文件对城市空间的影响　　　　　　　　　　表1-1

完成时间（年）	文件名称	城市定位	城市总体布局及主要建设方针	空间发展策略
1953～1954年	《改建与扩建北京市规划草案要点》	国家政治、经济、文化中心，强大的工业基地和科学技术中心	"为生产服务，为中央服务，归根结底是为劳动人民服务"	行政中心设在旧城中心部位；四郊开辟大工业区和大农业基地，西北郊定为文教区。道路格局采用棋盘式加放射路、环路系统
1957～1958年	《北京城市建设总体规划初步方案》	政治、经济、文化中心，强大的工业基地和科学技术中心	"分散集团式"的城市空间布局形式；工业发展的方针是"控制市区、发展远郊"	由市区和周围40多个卫星镇组成"子母城"的布局形式
1982年	《北京城市建设总体规划方案》	全国政治和文化中心	"旧城逐步改建、近郊调整配套，远郊积极发展"；并强调要严加控制工业建设规模，不在发展重工业	市区：中心集团和外围10个边缘集团；远郊：发展"卫星城"
1993年	《北京城市总体规划（1991～2010年）》	政治和文化中心，世界著名古都，现代国际城市	市区延续"分散集团式"布局。实行"两个战略转移"的方针，即发展重点从市区转向广大郊区，市区建设从外延扩展向调整改造转移。按照市区、卫星城、中心镇、一般建制镇四级城镇体系布局	大力发展远郊城镇，加强与首都周围城市和地区协调发展。明确东部和南部方向为城市主要发展轴，将郊区卫星城扩大规模为新城。明确提出沿京津塘高速公路是城市主要发展轴

续表

完成时间（年）	文件名称	城市定位	城市总体布局及主要建设方针	空间发展策略
2004 年	《北京城市总体规划（2004～2020年）》	国家首都、国际城市、文化名城、宜居城市	市区："分散集团式"；市城："两轴两带多中心"，突出"轴向、放射、外延"发展模式	区域协调发展，市域战略转移，旧城有机疏散，村镇重新整合

数据来源：根据各时期规划文件整理。

（一）缓慢发展期（1949～1979 年）

中华人民共和国成立之初，百废待兴，国家面临的首要问题是政治稳定，经济建设在次，因此，这个时期北京城市建设的速度是中华人民共和国成立以来最缓慢的。而且，由于还没有国内大学培养的设计师，因此多位苏联专家参与了新北京最早期的总体规划工作，使得这一时期的建筑和规划带有明显的苏联色彩。但是，苏联空间建设模式与北京传统的城市空间格局有诸多不同，在实施过程中出现了一些矛盾，其中许多问题的后果至今都能在北京城市景观中看得到。

1953 年的《改建与扩建北京市规划草案》（图 1-5）中，北京城市的空间格局有以下几个特点：

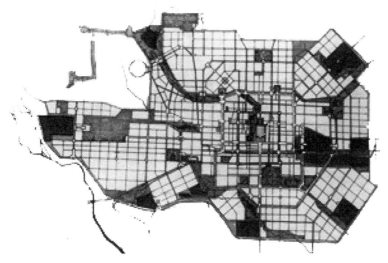

图 1-5　1953 年总图（乙方案）

图片来源：北京城市规划网。

1. 政治、文化中心和生产型城市的性质——形成了独特的大院空间模式

1953～1954年制定的《改建与扩建北京市规划草案要点》和1957～1958年制定的《北京城市建设总体规划初步方案》，对北京的城市定位是"国家政治、经济、文化中心，强大的工业基地和科学技术中心"。在这样的政策指导下，为了在短期内提高空间使用效率，产生了集工作、生产、生活为一体的功能和空间综合体——大院。这种情况尤其体现在中央直属机关、政府部门、军队各部委、大型工厂、大专院校、科研院所等中（表1-2），这些综合体都是当时中国政治、经济、文化最为核心的部分。这些大院通常面积规模较大，一般在2.5～500hm²不等，如位于海淀区三里河的建设部大院2.5 hm²，位于景山后街的总参军训部大院3.476 hm²，清华大学392.4 hm²等。

北京大院按类别划分的部分大院 表1-2

大院类型	大院名称
部队大院	航天部大院、核工业第二设计研究院、建设部大院、商务部海关大院、国家教委大院、中宣部大院、人民解放军301医院、人民解放军307医院
机关大院	总政治部黄寺大院、军事医学科学院、总参工程兵第四设计研究院、总政治部歌舞剧团大院
高校大院	北京大学、清华大学、中国地质大学、北京航空航天大学、中国矿业大学、北京林业大学、北京大学医学部、北京科技大学、中国石油大学、中国农业大学
工厂大院	北京广播器材厂、北京第二棉纺厂、中国青年出版社印刷厂、北京农业机械拖拉机站

数据来源：根据在线数据查询整理。

从位置分布来看，多数部队大院，如"三总"（总政、总参、总后）、"三军"等位于北京西郊，从公主坟到西山一带（图1-6）；国家机关大院主要位于二环外，分布在西部和北部，集中在和平里、六铺炕、小西天、月坛、礼士路、甘家口和白堆子等地区；高校大院，包括北京大学和清华大学及"八大学院"等，覆盖了北京西北从高梁桥、魏公村到五道口的区域；除了巨型企业首钢位于京西，大多数工厂都坐落在东部的朝阳区，如北京内燃机厂、北汽、京棉等。

这些大院的共同特征是具有明确的、封闭的空间边界，有固定的出入口，起到了安全保障的作用；大院的功能齐全，设有礼堂、操场、浴室、游泳池、俱乐部、商店等，有的还有幼儿园、附属小学、附属中学、医院、邮电局、储蓄所等，各种工作生活所

需一应俱全，大院居民甚至可以长年累月不出院门而维持正常的生活；这些大院具有独立的内部交通、功能和空间格局，并形成了独特的大院生活模式及大院文化（图1-7、图1-8）。这种大院模式在当时带来了诸多便利，也提高了生产、生活效率（图1-9）。

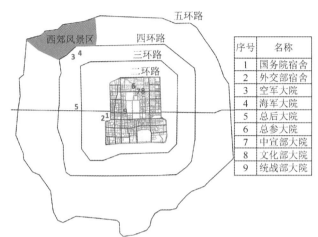

序号	名称
1	国务院宿舍
2	外交部宿舍
3	空军大院
4	海军大院
5	总后大院
6	总参大院
7	中宣部大院
8	文化部大院
9	统战部大院

图1-6　北京1949～1979年部分部队与机关部分大院位置分布

图片来源：作者自绘。

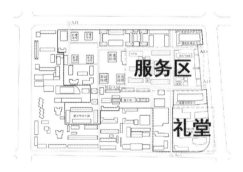

图1-7　建设部大院功能区划分示意图
图片来源：作者自绘。

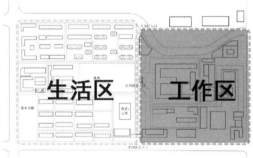

图1-8　军事医学科学院工作区与生活区划分
图片来源：作者自绘。

图1-9　部大院的体育活动
图片来源：https://image.baidu.com。

随着时代的发展，北京城市经济产业更新升级和城市改造发展，许多机构职能转变、外迁，许多工厂甚至不复存在，因而大院边界被打破、大院内原有建筑完全拆除，纳入到城市整体规划发展之中，例如今天的中央电视台旧址是北京汽车摩托车有限公司、CBD 嘉里中心旧址是北京电冰箱厂等；而另一些则保留至今，与当今的城市交通和空间规划等产生了不同程度的矛盾，至今影响着北京的城市空间格局和景观。

2. 城市规划"超前"——超宽尺度的街道

同样在"国家政治、经济、文化中心，强大的工业基地和科学技术中心"的思想指导下，对于城市空间要进行"超前"规划，而"超前"主要表现在尺度上。例如宽阔的道路除了可以适应未来汽车的发展和人口的增加，也意味着交通的通畅和气派的城市形象。对于城市交通的理解是道路越宽就越通畅，因此而现了大量超宽尺度的街道（表 1-3），比如长安街、平安大街等。"宽阔的街道"甚至称为北京城市景观的一大特色，给外地或外国的到访者心中形成明显的对比从而留下深刻印象。这种模式甚至影响了国内的其他城市。

东西方代表性街道尺度对比分析　　　　表 1-3

街道名称	宽度	长度	车行道	人行道	备注
中国北京长安街	约120m	约13400m	平均宽60m	约10m	双向 12 车道，采用人车混行的交通方式
法国巴黎香榭丽舍大街	约100m	约1900m	约 35～40m	约 25～30m	双向八车道，采用人车混行的交通方式
美国纽约第五大道	约40m	1127m	约20m	约8m	采用人车混行的交通模式
首尔明洞大街	20m	约1000m	约15m	约4-6m	采用人车混行的交通模式

数据来源：作者根据在线数据查询整理。

3. 旧城保护——行政中心与旧城叠加

中华人民共和国成立之初，首先面临的问题是作为首都城市如何满足中央各种功能机构开展工作的需要，同时要尽快恢复和发展生产，因此许多政府机构、行政事业单位学校、医院等直接利用原有的建筑设施办公，它们多数位于旧城内，且其中不乏各级文物保护建筑，包括以前的一些王府旧址和宅邸，一直被占用至今。如

北京市东城区府学胡同 36 号院原来是清末兵部尚书志和宅邸，现在此宅邸东院为
北京市文物局办公之用；清朝的醇亲王府（南府）现今为中央音乐学院；涛贝勒府
如今为北京市积水潭医院；中南海现为国家最高行政机构所在地（图 1-10）。这种
历史文化建筑被个人或机构占用的历史背景、关系极其复杂，或者由于背后的行政、
利益、所有权等因素，因此虽然后来文物保护政策不断完善、城市风貌保护概念也
一再被强调，但腾退、搬迁工作依然面临很大阻力，从而成为北京历史文化风貌保
护工作的一个难点。

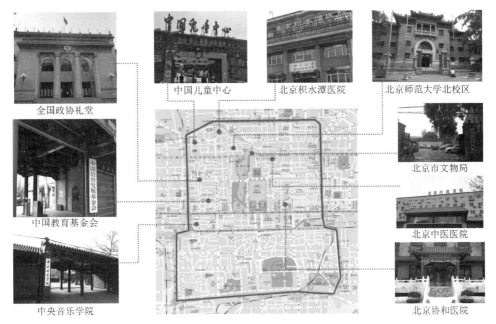

图 1-10   部分行政事业单位、学校及医院与旧城叠加现状分布图

图片来源：作者收集资料绘制。

（二）加速发展期（1980 ～ 1999 年）

1978 年召开的党的十一届三中全会明确了"把全党工作的着重点转移到社会主
义现代化建设上来的建议"，自此，中国进入全面经济建设的改革开放时期。在这样
的大背景下，1982 ～ 1990 编制的《北京城市建设总体规划方案》中，将北京定位
为全国的政治中心和文化中心，削弱了城市的生产功能。总体规划基本思路是强调发
展适合首都特点的多种经济形式，调整产业结构，开始进行大规模城市改造、升级和
城市化扩张，不仅造成大型工厂产业开始向外迁移，而且带来了城市景观的巨大变化。
从视觉直观上来看体现在以下两方面。

1. 高层普通住宅的大量出现

随着经济活力的提升、人口的迅速增加，改善居住条件成为最迫切最广泛的需求。在中华人民共和国成立初期居住条件的前提下，为了迅速而广泛地改善住房需求，建造了大量高层单元式住宅，这也是现代北京公寓式住宅的初期模式（图 1-11）。这种整齐划一的形态、灰色涂料外墙、组团式的格局，成为三环沿线的常见景象。

图 1-11　北三环住宅
图片来源：作者拍摄。

2. 外国建筑师开始进入北京

改革开放不仅带来了国内、国际交流活动，也吸引了外国建筑师参与到中国建设项目当中。北京作为首都，各种政治、文化、经济交流活动的数量在国内首当其冲，带来了大量短期来访人员和流动人口，对酒店、宾馆等的需求急剧增加，而国内建筑师尚缺乏这类型项目的设计经验，因此外国建筑师参与的多为此类项目，如北京建国饭店，由美籍华人陈宣远先生设计，于 1982 年建成开业；香山饭店由美籍华裔建筑设计师贝聿铭先生主持设计，1982 年建成并开始营业；长富宫饭店是 1983 年由北京市旅游集团和日本 C.C.I 株式会社共同投资兴建的，于 1989 年开始试营业；长城饭店是由美国贝克特国际公司设计的，1983 年建成并开始营业（图 1-12）。

这些外国建筑师不仅带来了令人耳目一新的建筑风格和形式，也让国人开始初步认识国际、现代风格，同时伴随着这些新建筑的还有不同肤色、不同文化背景的人和生活方式。

图 1-12 长城饭店

由美国贝克特国际公司设计，1983 年，图片来源：作者拍摄。

3. 超高层建筑开始出现

《高层建筑混凝土结构技术规程》JGJ 3 规定：当建筑高度超过 100m 时，称为超高层建筑。1990 年随着第一座超高层建筑——京城大厦落成并投入使用，高层建筑鳞次栉比地出现，如京城大厦、国贸一期、京伦饭店、兆龙饭店、长城饭店等。它们多位于东三环附近，靠近使馆区的范围，也为后来的 CBD 中央商务区的出现打下了空间和产业基础。这些超高层建筑重新定义了北京城市的天际线，为城市景观带来最强烈而长期的影响，从根本上改变了区域景观形象。表 1-4 为北京 20 世纪 90 年代部分超高层建筑。

北京 20 世纪 90 年代部分超高层建筑　　　　　　　　　　　　　　表 1-4

高度（m）	落成时间	名称
150+	1990 年	京城大厦 183.5m
	1999 年	招商局大厦 150m
	1990 年	国贸大厦一期 155m
	1996 年	国贸大厦二期 156m
200+	1990 年	京广中心 208m
300+	1994 年	中央电视塔 405m

数据来源：根据在线数据查询整理。

（三）高速发展期（2000 ～ 2008 年）

1987 年 10 月召开的中国共产党第十三次全国代表大会提出"以经济建设为中心"以后到 2008 年举办奥运会，是经济飞速发展的时期。我国在 2000 年左右年还是世界第七大经济体，到了 2007 年超越德国成为世界第三；2010 年第二季度中国 GDP 总量达到 1.33 万亿美元，首次超过日本，仅次于美国，成为世界第二大经济体。

这个时期北京城市面貌迅速从中国首都转变为世界性大都市；作为支柱产业的房地产业和汽车业，在旧城改造、城市化、城市扩张、交通基础设施等方面的影响最为巨大和显著。尤其在北京在 2001 年成功申办 2008 年奥运会后，北京城市的建设进入了一个高速发展期，体现在北京城市的基础设施改造已经基本完成、视觉空间系统开始完善、中央商务区高层建筑增多等方面。北京居民已经习惯于传统和当代的结合——北京已经不再仅仅是六朝古都，更是一个现代化的世界大都市，其景观格局有以下几个特点：

1. 新旧建筑共存

据统计，"1990 年至 2000 年北京旧城改造规模扩大，全市累计开工改造危改小区 168 片，拆除房屋 213 万 m^2，竣工面积 1450 万 m^2，动迁居民 18.45 万户，投入危改资金 460 亿元"[1]。以至于现在旧城约 57% 的面积为多高层的现代建筑区，旧城风貌遭到前所未有的冲击（图 1-13）。

随着现代化高层建筑的出现，新建筑与传统建筑及空间格局形成了对比和冲击，也引起各界的不同声音，比如国家大剧院与老城产生强烈的视觉景观冲击（图 1-14）。

2. 交通设施成为一大景观

随着城市规模不断扩大，四环、五环和六环的相继开通、各个高速路的建成，以及地铁和城铁路网的不断增加，使得交通效率提升，不仅缩短了市内和城郊交通所需的时间，也使得人们日常的活动范围半径大大增加。而这些交通基础设施由于其体量巨大、站点繁多、和居民日常生活联系密切，成为北京城市景观的重要组成部分，同时带来了包括道路标识、指示系统、路灯、站点等新的城市景观视觉形象。

各种车辆数量剧增，堵车成为常见现象，以及车辆的样式、色彩——也都成为城

---

[1] 宋晓龙 . 北京名城保护：20 世纪 80 年代后的主要进程和认识转型 [J]. 北京规划建设，2006（5）：第 27 页。

图 1-13　北京故宫航拍照
图片来源：网络。

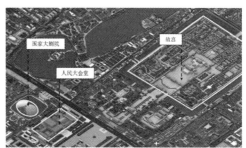

图 1-14　国家大剧院与老城的视觉景观的冲击—卫星遥感图
图片来源：作者根据三维地图绘制。

市景观的一部分。而随着地铁线路从最初的 1 号、2 号两条线，发展到 2018 年的 19 条线路，运营里程 574km、覆盖北京市 11 个市辖区，共设车站 345 座，地铁站口也成为一种不容忽视的建筑类型而影响着城市景观（图 1-15）。

图 1-15　圆明园地铁出入口实景图
图片来源：作者拍摄。

　　快速路不仅由于其体量、长度极大影响了北京城市景观的视觉形象，而且由于其行驶速度和所处的位置，也给车上的人提供了不同的感知城市景观的视点——对于方向、位置等信息的感知不再依赖地标性景观或建筑，而是道路标识系统（图 1-16）。

　　这种现象反映了汽车优先、效率优先的思路下城市规划的倾向，带来一种新城市景观，并与原有城市景观形成强烈的对比和冲击。因此，北京高速公路、立交桥等交通基础设不应仅从交通效率上考量，也要对其选址、景观影响、视觉感知等因素进行全面而综合评估。

（四）后奥运时期（2009 年至今）

　　在经历了 2008 年奥运前集中的、突击式的建设后，此时期北京城市发展速度放缓，体现在建设规模大大减少；由原来大规模的大拆大建到局部化精细化的转变；建设项目更加注重人文特性，更多体现了文化的传承，重视提升北京城市景观的品质等方面。主要突出了两个关注点，一是强调生态，与国家"生态文明"建设的发展战略一致；二是强调文化，以建立"文化自信"为目标。

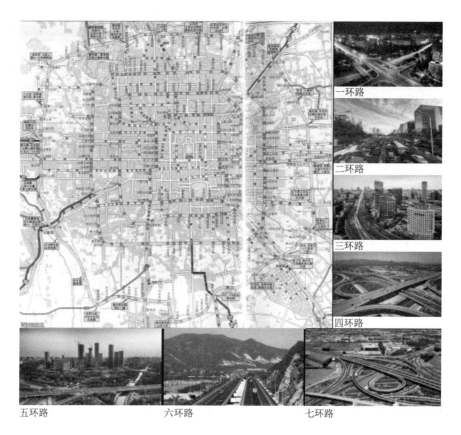

图 1-16　北京市环路交通与城市景观

图片来源：根据交通地图和网络资料整理。

1. 生态文明

从 2007 年党的十七大首次提出生态文明的理念，到十八大更进一步强调其战略地位，生态文明理念对于北京城市景观格局和城市风貌具有全方位、多层次的影响。例如在相关北京城乡规划文件中提出建设坚持生态优先的原则，根据生态敏感要素和限制性要素将北京市域划分为禁止建设区、限制建设区和适宜建设区，用于指导城市建设与发展；制定解决保障城市持续发展的土地、水资源、能源、环境等问题的措施，积极推进资源的节约和合理利用，严格控制城镇建设用地规模，将北京建成节约型社会；通过生态系统来支持和强化城市环境，从生态的适宜性方面进行综合考量等，都对北京整个城市在生态环境、生活品质和文化价值层面起到了明显的积极作用。

2. 文化自信

北京建立文化自信的途径除了非物质文化遗产的充分挖掘与传播、举办 2008 年夏季奥运会、2020 年冬季奥运会、举办世界园林博览会等方面外，还包括城市景观文化生态的健康、可持续发展，从而形成独特的城市魅力，对全世界的人都具有吸引力。这种城市景观文化生态系统既包括实体的建筑文化遗产，也包括风土人情；既包括传统文化元素，也包括不同时期外来文化的影响，是一个复杂而多层次的系统。

三、北京城市景观文化生态影响因素

纵观 1949 年中华人民共和国成立以来的 70 年中北京城市景观的发展脉络，可以看出对北京城市景观影响最大的因素包括以下几个方面：

（一）政治及政策

北京作为中国的首都，政治性功能毋庸置疑，北京的形象就代表了中国的形象，也对国内其他城市起到一定的示范作用。政策性因素对城市景观的影响相对其他城市也更为明显。因此，我们必须要理性、客观地研究一下过去北京景观和文化变化与政治政策具有怎样的相关性（表 1-5）。

1. 政治的力量强于文物保护条例

1966 年 6 月 1 日，《人民日报》社论《横扫一切牛鬼蛇神》中提出"破四旧"的口号并强调其政治意义，破除的范围从"毒害人民的旧思想、旧文化、旧风俗、旧习惯"扩展到各级文物保护单位，甚至天坛、北海及团城、颐和园、明十三陵、圆明园这样的国家级历史文化保护建筑均遭到不同程度的损坏。北京市 1958 年确定的需要保护的 6843 处文物古迹中，"文革"期间中有 4922 处遭到破坏，如 1954 年被拆毁的西长安街牌楼（图 1-17）、1955 年被拆毁的东四牌楼（图 1-18）、元朝时期的白塔寺于 1969 年被拆掉山门、钟鼓楼等。

图 1-17　北京被拆毁的西长安街牌楼（1954 年）

图片来源：网络。

图 1-18　北京被拆毁的东四牌楼
（1955 年）

图片来源：网络。

2. 政府是大规模建设改造项目的主导者

政府在大规模城市改造、更新和治理、发展项目中，承担了从政策制定、策划、投资、组织实施和管理的多重职责。如 1993 年北京城市总体规划提出了历史文化名城保护的三个层次和十条措施，指导了一系列保护实践。从 1998 年起，市政府投资 10 亿元治理市区历史水系，完成了故宫护城河、六海、长河等综合治理工程，恢复了广源闸、麦钟桥、紫御湾码头等文物古迹以及代表京城水系发源地的莲花池和后门桥周围水道古迹，加强对重点文物的保护。1998 ～ 1999 年间，共投资约 1.9 亿元对 130 项重点文物保护单位进行维修保护，是 1949 年以来投入资金最多的年份。北京申办 2008 年奥运会成功后，2001 ～ 2004 年期间，通过规划、恢复、整治和建设，整理了东皇城根、菖蒲河、明城墙、元大都土城遗址、永定门等重要历史资源，建成元大都遗址公园和城市公共开放空间。

（二）经济因素的影响

每当经济利益介入时，文化往往成为弱者。1990 年起，北京历史文化建筑和街区消失的速度加快，在危房改造的大旗下，大量胡同、四合院被铲平，取而代之的是高层集合式商业住宅或其他商业项目。

我们从历次的规划文件中可以看到北京市政府对历史文化保护的重视，但北京历史文化风貌被破坏的事实有目共睹（图 1-19）。实际上，虽然北京市政府多次出台了保护历史文化建筑法规和条例，但都有漏洞，在经济利益无孔不入的情况下，这些漏洞成为旧城文化景观毁坏的突破口。而且，政策管理条例有些不够明确、模糊的表达。例如，在《北京旧城二十五片历史文化保护区保护规划》中，保护区内仍划出了可拆范围；保护区又分为重点保护区和建设控制区，其中建设控制区是可以"新建或

表1-5

北京城市历史文化保护更新的发展阶段

时期 政策类型	1950～1965年代中期 立法初创	1966～1976年 历史文化灾难时期	1980～1999年 法律制定及理论探索	2000年至今 反思过去
主要策略倾向	提出保护范围、标志说明、专门管理、科学档案四个基本要求	文物破坏现象严重	提出历史文化名城保护的层次和措施，指导了一系列保护实践	强化首都风范、古都风韵、时代风貌，对视觉系统及生活基础建设施进行改造与完善
主要作用	在城市建设中考虑历史文物的保留，对北京城市景观产生积极推动的作用	陆续拆除了城墙，忽视文化、忽视历史文物的保留，视传统的破旧立新倾向立新倾期的不良影响	提出有机更新理论，即采用适当规模、合适尺度，根据改造的内容与要求，妥善处理目前与将来间的关系	不仅是提高效率，也是对生活品质的提升，使得历史文化景观更适合当代的要求
社会焦点	因经济建设、城市交通的发展需要而拆除古建筑的现象时有发生	强调战备的特定政治条件	对北京城市景观进行历史水系的综合治理，并加强对重点文物的保护	保护中求发展，以发展促保护，使城市现代化建设和城市历史文化保护相得益彰
保护范畴	对历史遗产保护的认识仅局限于文物或遗址的范畴	无	国务院相继公布第一批、第二批、文物建筑等国家历史文化名城。文物遗产保护强调"原真性"，通过技术和管理措施、修缮自然力和人为造成的损伤，制止新的破坏	注重凸显历史名城的风貌特色
环境手段	保留或拆除	部分拆除并销毁	有选择的加以改善，使用"微循环、小规模、渐进式"更新方法，使保护与更新对象形成有序的动态循环，将传统风貌保护与城市现代化结合一体	通过规划、恢复、整治和建设，整理重要历史资源，建成遗址公园和城市公共开放空间

数据来源：根据各时期国家关于北京城市历史文化保护相关政策整理绘制。

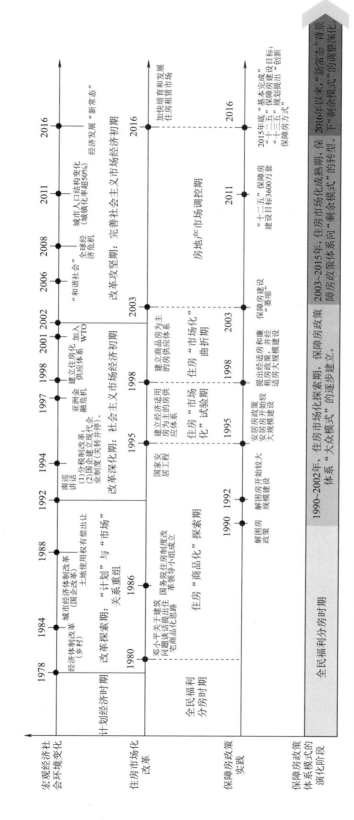

图 1-19　北京住房政策的模式演变对北京传统文化景观的冲击

图片来源：作者自绘。

改建"的，这种模糊的描述，为破坏行为钻空子提供了可能。"目前旧城区内范围内共有 1571 条街巷胡同，位于公布的 30 片历史文化保护区内的只有 600 多条，其余 900 多条胡同如何整体保护还不明确。这些显然属于政府相关政策法规贯彻不力、硬约束力不足所造成的破坏"[1]。据中国香港《东方日报》报载（2003 年 9 月 27 日）——北京的"老城墙已被拆掉了三分之一，尽管北京市列出了 2000 个受保护的院落，但是拆除的还是巨量的。胡同的数量也从 20 世纪 80 年代 3600 条减少到今天不足 2000 条。"

（三）新技术带来的改变

我们今天城市中许多重要的变化都是汽车和无线通信技术发展带来的结果，例如汽车使得人们的移动更为方便、自由，货物的运输更为便捷；许多人和业务活动从拥挤、喧闹的市中心搬到安静、宽阔的郊区。于是为了适应汽车的要求，大量公路、高速路、桥梁、隧道等建立起来。这些基础设施变得如此重要，不仅人们的日程生活离不开它们，而且整个城市的景观也在很大程度上受到其影响，改变了过去城市景观主要由建筑、公园、广场、社区等所决定的状况。

如果说汽车使得人们分散开来，那么无线通信则把人们聚集起来——不同地区、甚至不同国家的人们听着同样的音乐、看着同样的新闻、唱着同样的歌，甚至说着同样的语言。无论你身处世界的任何角落，总能与其他人保持紧密的联系。现在的人们已无法想象离开了手机、网络的生活，虽然它们进入我们的生活只有短短的几十年。如此一来，人们思维、行为的一致，不同城市景观的相似性，世界文化的趋同性就在所难免。

从积极的方面来看，新经济和新技术带来的从局部到全球文化的转换，意味着人们对新的景观设计手段越来越感兴趣；当新的设计方法创造性地解释和扩展传统文化时，就出现了独具魅力的景观时尚，并且提供了真正创新的可能性。既然新技术新经济的影响不可避免，那么我们需要解决的主要矛盾就是新与旧应该如何和谐共生的问题；如何顺应景观文化生态发展的客观规律并不断赋予新生命力的问题（图 1-20）。

---

[1] 刘勇等 . 北京文化生态与城市发展 [M]. 北京：文化艺术出版社，2014 年。

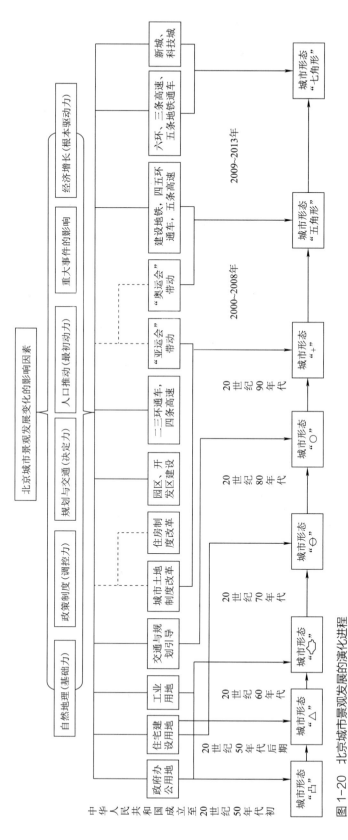

图 1-20 北京城市景观发展的演化进程

图片来源：作者自绘。

四、北京城市景观发展的挑战与机遇

现代城市面临一系列的问题：如人口爆炸、土地资源紧缺、水资源浪费、住房困难、交通拥挤、环境污染、生态危机等，具体体现在人口规模增加、文化特色缺失、生态环境危机等方面。鉴于北京的政治、经济、历史地位，其城市景观建设的核心可以概括为两个词：文化和生态。作为我国首都及其代表我国形象和地位，北京再也不是地方性、地域性的城市，而是国际化大都市，在综合实力最强的几个世界城市中占有一席之地。因此，北京城市发展的目标不仅仅是发扬传统文化，也是建立国际化现代都市的过程，其核心是文化生态的可持续发展。目前的状况可以说是挑战与机遇并存。

（一）对城市景观文化意象理解的局限性

一个常见的误解是，人们对文化景观意象的理解常常只是把它作为一个地区或历史标志、图画而存在，人们对它的体验仅作为旁观而没有主动参与其中。现实的情况是，当一个景观丧失对人的吸引力时，其地位也就岌岌可危了。这样的例子随处可见。毕竟，一幅名画，就算你不喜欢，也可以很容易地放在柜子中，而对日常生活不会造成任何影响；但当大片的城市景观不能引起人们的兴趣，且难以带来文化、精神或经济的价值时，它的消失就是情理之中的事了。

城市文化及景观的变迁与发展都有着客观的规律和速度，基于"速度优先"理念的城市更新改造或建设必然会造成许多潜在的风险和后果。在历史文化深厚的城市，如果不重视原有的城市肌理、空间尺度、生活模式、市民行为等因素，仅仅以快速的、简单的、统一的策略去对待原本丰富的城市景观遗产，势必造成旧城区传统面貌和文化特征全面消失的危险。

实际上，国际上以文化著称的城市或地区莫不是经历了长时间、历史的积累和涤荡，莫不是大力尊重和保护历史的结果；莫不是小心翼翼地处理每一次修整或改造，莫不是把"旧"当作财富而不是垃圾或毫无价值的东西。因此，仅仅将城市景观压缩到视觉艺术的范围内，只是对人的需求作简单的、甚至敷衍的表达，是无法建立真正的文化生态环境的。

根据诸多案例显示，这种片面形象化建设的原因是国家政策中关于文物保护的具体实施细则还不够完善，某些表述含糊造成不同的理解且缺乏可实施性，所以造成政府一方面进行文物保护政策的制定，但另一方面进行大量的同质化改造与重建——比如在旧城改造中，一方面是大面积四合院等历史建筑被拆除，仅留下少量文物保护单位，原来的生活场景、城市肌理不见踪迹；另一方面却试图通过仿古建筑来重塑传统文化景观，其中的矛盾一目了然（图 1-21）这是因为城市景观是一个参与性的、持续不断的过程，其意义更多的是通过市民参与其中的活动内容而不单单是外表、通过多方面感知而非口头言语来定义的。

图 1-21　平安大街两旁商业用途的仿古建筑
图片来源：作者拍摄。

（二）城市人口变化

北京城市人口的变化主要由城市化和国际化两方面因素造成。改革开放以来，随着工业技术不断进步与社会经济飞速发展，城市化水平不断提高，人口数量不断增长，人口密度也逐步上升。2019 年初，据北京市统计局和国家统计局及北京调查总队公布的最新数据显示，截至 2018 年年末，北京市常住人口达到了 2154.2 万人，人口密度为 1323 人 /km²；相比 2010 年的 1961.2 万人，增加了 193 万人，人口密度增加了 119 人 /km²（2010 年为 1204 人 /km²）。

除了人口数量和密度的增长以外，北京的城市化还表现在人群组成上。随处可见的川菜、湘菜、云南菜、东北拉皮、兰州拉面、重庆火锅、涮羊肉等，不仅体现在城市的视觉景观上，也体现在味觉及其背后反映出的人群籍贯和文化背景。因此，可以说北京是国内最为"地际化"的城市，聚集了来自全国各地的人，他们有的是第二代或第三代移民，但更多的是第一代在此上学或工作。不同籍贯的人们虽然从外表上没有太大区别，但他们带来了各地的饮食、生活习惯、口音甚至思维方式。

而国际化则带来不同肤色、不同语言、不同文化背景的人群，他们带来了咖啡、酒吧、麦当劳、莫斯科餐厅、土耳其餐厅、日本寿司、韩国拉面、牛排等，同样不仅从视觉、味觉、听觉等方面带来了不一样的感受，更是带来了不同风格的实体建筑和空间形式以及与此相关的经济内容、生产生活活动以及行为、思维方式等，成为北京城市景观独特的组成部分。

（三）文化特色缺失

梳理北京城市景观发展脉络可以看出，中华人民共和国成立后北京传统文化景观的破坏主要集中在两个阶段，一个是 1966 ～ 1976 年的"破四旧"活动中，文物破坏现象严重，大量历史文化景观被拆除、损毁或占用，没有得到应有的保护。

另一阶段是改革开放后，随着经济的发展特别是房地产开发及城市改造更新的大规模展开，由于历史文化建筑大多处于城市中心位置，大量四合院、城墙、城楼被现代高层现代住宅、商业中心、办公楼、文化公共建筑等取代；这些现代建筑形态、色彩、风格各异，很多追求标新立异的视觉冲击力而没有考虑与周边环境的文脉关系及协调，使得北京城市景观不仅丧失了传统文化内涵，且一度陷入一种混乱无序的状态，甚至被称作外国建筑师的试验场。

除了实体的文化景观消失以外，代表城市生活的风土人情也不复存在，反映在住宅及生活模式、家庭结构、出行、饮食等诸多方面。除了二环内部分被保护区外，北京的城市景观的标志性、识别度及特色几乎完全丧失，与其他城市的相似度越来越高。

（四）生态环境危机

城市自然生态环境是城市存在的基础与前提，它包括物理环境和生物环境，主要涉及城市物理环境。其中的大气、水资源、土地具有独特性和不可替代性，是城市最重要的自然资源。随着北京人口的膨胀和城市的扩张，城市生态环境遭到了破坏，带来了一系列生态环境危机，如空气质量下降、降水量减少、气温升高、沙尘暴等，已经严重影响到人们的正常生活工作和身体健康，引起了广大市民、新闻媒体和政府的重视，"空气质量报告"也成为每日天气情况的重要内容。

生态品质直接与城市景观的感知及参与相关，例如雾霾除了造成严重的健康危机以外，也带来经济和交通危机，如交通迟缓、拥堵及行车危险等，还影响了城市景观的视觉效果以及人们的活动。伦敦在 1952 年 12 月 5 日爆发严重的雾霾危机，到 12 月 8 日短短 4 天的时间，死亡人数达到 4000 人。噩梦在接下来的两个月继续延续，近 8000 人接连死于因烟雾事件引起的呼吸系统疾病。为了治理雾霾，政府采取了多项措施并投入了大量的人力物力，但等到空气污染状况彻底改善，仍经过了数十年的时间，伦敦也由此获得了"雾都"的称号——这绝不是一种恭维或称赞，而是一个巨大的伤痛，大雾笼罩之下一切的形态、色彩、风格、历史都无法被感知了。目前不仅是北京，我国很多地区都面临着雾霾污染问题，其复杂程度和地理范围都远超当年的伦敦，虽然在政府有力的措施下雾霾问题明显得到改善，但毫无疑问这将是一项长期而艰巨的任务。

"水危机"包括水资源短缺和水污染，北京市水危机甚至比以干旱著称的中东地区更为严重。水资源短缺影响到经济的发展，水污染直接危害到人民的身体健康，而降水减少则直接影响了城市生态环境和视觉景观——植物长势不佳，特别是冬天少见绿色；银装素裹和雨后初晴的日子变得屈指可数；而空气湿度则通过日光的漫反射、折射等改变着城市的色彩视觉效果。

五、北京城市景观发展的对策

针对北京城市景观文化生态影响的主要因素和挑战，本文提出的对策具体内容包含：构建组团式的辐射网络景观结构框架；建立景观视觉与文化评估机制；建立"基础设施＋景观结构框架"的新景观公式；倡导理性设计等四方面。以此确保北京城市景观发展在不切断历史脉络的同时，适应现在和面向未来。

（一）组团式的辐射网络景观结构框架

对历史文化景观从点向面的辐射式保护，从单体到片区的延伸，有利于相关产业的带动以及组团效应。城市景观节点或地标性建筑之间形成"对景"关系并且都是在视线可达的范围内，互相成为远景－近景、前景－背景、起点－终点的关系和景观视线轴，以景观节点代表不同的经济和活动内容，并由此形成多个大小、主题侧重点不同的景观组团，再由这些组团形成整个城市景观的结构框架。

如此一来，景观体验便形成一个连贯的、富有节奏的过程，使得人们更好地感知城市的方向、节奏和系统，形成多向的景观视线轴，从而让整个城市的空间秩序与文化脉络相辅相成。两节点之间可以驱车也可以步行到达，这个过程中不断有新的、小的发现或惊喜，让人忽略了疲劳感；景观视线轴之间也存在着交叉关系和层级关系，从而形成了多维度、多层级、多方向交织而成的景观网络。

（二）景观视觉与文化评估机制

亟待建立健全一套城市景观视觉与文化评估的机制，使之成为重大建筑项目审批的必经环节；任何建筑方案都必须提供其对周边环境视觉影响的评估报告，这应该作为设计方案的一个必要组成部分。这就要求我们以新的眼光对重大建筑和城市改造建设项目的功能、设计规划和审批程序等进行审视。

设计评估应聚焦在尺度、比例以及其对文化遗产建筑和城市天际线的冲击上，还有用以评估它们可能产生冲击的相关视点上。鉴定和评估的内容包括重大建筑合适的规划框架、合适的地点、合适的设计以及审美的愉悦——包括单体和整体的效果；它们的设计品质和带来的潜在冲击；与文化遗产建筑的关系；穿过城市的景象等。哪些是形成当地特色的因素、哪些是重要的特征和必须遵循的原则，既包括街道景观、比例、高度、城市肌理、自然地貌、天际线、地标性建筑和它们的设施装置，也包括背景和重要的地方性景象和全景图等。

同时还要设置战略性全景图用来保护独特的视觉品质，这个战略性的全景图还应包括一系列的与背景相关联的评估标准；对整体现存环境的作用；与交通基础设施的关系；与背景的关系、建筑物的设计品质。对公共领域的作用，如人行道的可辨认性、渗透性，以及在更大区域内提升城市的可识别性等，所有这些共同塑造了视觉的、文化的和环境的可持续性——这是好的城市设计最重要的指标。改造或新建项目的经营及活动内容需取得历史的、环境的、文脉的关系，而不是主观臆想出来的或者少数个人的喜好和认识。既要避免功能、内容相似甚至重复的情况，也要避免这种模式成功后带来的雷同性。

当然，关于艺术审美与文化品质的评估很难仅仅以量化的、统一的标准来进行规定，这就需要在评审小组和政府发展规划团队中增加视觉艺术、文化历史等方面的专家，共同来评估拟建建筑将来对城市景观在视觉文化方面的长期影响。

（三）建立"基础设施＋景观结构框架"的新景观公式

早已有学者提出开发和保护两难的境地：一方面是来自社会各界对保护历史文化的要求，另一方面是旧城区内居民生活质量恶化，防汛、消防、卫生等方面存在巨大的隐患，以及经济发展的压力。这当然需要政府层面宏观的定位和把控，协调各方利益诉求、平衡各种矛盾关系，也需要微观层面设计的细化——在传统街巷的空间大格局和风格的延续前提下，从细部入手，搭建传统景观空间与现代生活之间的桥梁，从而实现城市文化肌理发展的平稳而可持续发展的态势。

而且，历史上成功的文化都是事先规划、技术投入、基础设施支持而得以实现和保障的。例如连接欧亚的丝绸之路，不仅打开了市场、运输了货物，更是文化传播和交流的通道。在 15 世纪及 16 世纪，许多欧洲国家通过控制陆地和海上运输，而成为世界的霸主。后来，火车、飞机、太空航行造就了不同的霸主和国家。丝绸之路的开辟大大促进了东西方经济、文化、宗教、语言的交流和融合，对推动科学技术进步、文化传播、物种引进，各民族的思想、感情和政治交流以及创造人类新文明，均作出了重大贡献。

技术和基础设施一样，不仅是实现文化这一目标的载体，也是文化效果得以保障的基础。建立"基础设施＋景观框架"的模式，是一个新的景观公式，它将绿色风景、文化脉络等都纳入到城市环境的平台式基础设施，从而重新塑造城市景观意象，使景观可以成为多变、灵活和当代城市化的主要秩序机制。

（四）可持续的设计

景观的整体性与复杂性是我们需要思考的。城市景观的设计建造不仅应反映现存文化的价值观念（在多数情况下，遵从文化背景的景观总是更容易为人们所接受的，也是合适的），它还需要努力为其他的、未来的景观创造出一个新的背景。也就是说，城市景观既要以现存或过去的文化为背景，又要为将来的景观做铺垫和前提，呈现出一种传承和递进的关系。这符合我们所提到的，创新的就必须要求文化是成熟的。当然，作为创新的主体——设计者也必须是"成熟的"。

因此，城市景观无论从其设计、建造、使用以及后来的改造的全过程，与时间及人紧密相连，都是连续的过程，正如生物体一样，其中没有任何的中断。实际上，中断便意味着死亡；而新陈代谢，则意味着必有新的生命诞生和生生不息；任何割裂的、跳跃式的发展，都可能带来巨大的阵痛和毁灭性的创伤。它不仅关注城市整体中特定的尺度和层次、视觉效果与审美品位，还包括区域空间的组织与管理，更关乎社会与文化；景观设计的成果既是成果，也是过程，正如生态体永恒的生长、发育和死亡一样——它既是理性科学的分析，也是充满感性艺术的原始冲动，更是面向未来的态势，即可持续的设计。

景观的文化生态性质，使之可能在社会差异方面发挥作用。虽然设计师对某些项目只是相对短期的介入，但其创造出来的环境确实是长期使用的，设计决策具有潜在的长期影响和效果，如与环境的可持续发展相关的长期问题。

景观设计是一项关乎社会生态发展的艺术创作活动，它不仅涉及美学、社会、伦理的价值，也是整个城市文化生态的外显部分；景观作品是人们感知城市文化的直接的实体，带给城市的文化价值难以用经济指标来衡量；城市景观设计的答案没有正误之分，只有好坏之别，其质量只能通过时间来检验。所以，从某种程度上来说，景观不是被设计出来的，而是被策划、组织出来的，是各种因素合力的结果，是来自不同背景人群共同塑造的，且是一个不断发展的过程。具有文化意蕴的景观，可以成为一个地点、一个城市、甚至国家的代言人，体现一个城市的精神特质和性格，体现居民的文化诉求，并最终体现为某种精神投射下的市民行为和情感。

小结

因此，我们今天所需要的不仅是局部的、新的设计风格，而是在整个景观文化生态系统方面的转变与整合。这种整合可以在多种不同尺度中发生，从花园到广场，从街道到社区。通过策略的整合，使得这些景观随着时光的流逝而不断改变和适应。在这种思想的指导下，每一个建筑、艺术品都不再是相互独立或竞争的关系，而是互为镜像、互为图底的关系。而且，作为一个文化项目，景观的复兴就是一个逐渐恢复的过程，一个恢复活力的阶段、一个景观文化的更新。而这，这个复兴是应该作为一个城市或国家发展战略的一部分来进行策划的。例如通过塑造城市公共景观，使用多重手段创造城市的新文化，使之按照文化生态的自然规律发展，让城市居民包围在健康的文化精神之中，而这种城市文化精神最终反过来又会成为城市全面长久健康发展的动力。

总结来说，现代城市景观的文化生态品质应从以下三个方面来衡量：

（1）场所空间文化上的丰富所带来的记忆的延续和恢复；

（2）不断开发新的用途或活动，加强社会功能；

（3）生态多样性和可持续性。

城市景观来自过去，又服务于未来。为保存城市环境适应变化的能力，它必须能够不断发展：在不切断历史脉络的同时，适应现在和面向未来。因此，城市景观文化"生命力"表现在稳定性、传承性和不断发展的适应性上，是其文化生态可持续发展的重要指标。这样，建设者们才担起了在文化和自然进程中的重要责任。

第二章

北京城市视觉景观形象演化

　　城市景观的稳定性和可识别性使人产生归属感，而那些快速变化的环境则会让人产生失落感和疏离感。但是，作为生态系统，城市景观并非一成不变就是最好的，这是因为景观不是固定和被动的，而是积极变化的，是一个动态平衡的系统；而且城市景观系统就如生态系统一样，有其生长、蔓延、变化的客观规律。城市景观在变化过程中，不仅面临自身发展、更新的要求，也有主体和客体不断转变和相互转化的情况。

　　在北京漫长的历史发展中，城市景观是以动态的形式不断生长、变化着的，这期间不断经历着生长、繁荣、衰退、消亡、更新等动态变化的过程，而所谓场所精神、地域的场所感就是在这个过程中形成和发展的。理想的状况下，场所精神与场所构造（即实体景观）是一个内在的统一体；但运用现代建筑技术、建筑材料所带来的新形式新空间，与原有的历史文脉及场所精神可能发生矛盾，这是建设者们所普遍面对的问题。

　　我们所说的城市景观文化生态的可持续发展，就是要使得这些新材料新形式在历史的文脉中去展现，"将社会环境中的历史信息加以提炼，并与当代的新技术相互融合，使新技术中在表现的过程中能够体现历史文脉的内涵，加强强化和发展城市的地域文化特色"[1]。并使之在景观构成中达成复杂而有弹性的文化与生态的平衡，使公共空间呈现新的形态，并成为引领现代社会的媒介。

　　中华人民共和国成立以来，随着社会和经济的飞速发展，北京的城市景观发生了翻天覆地的变化，其速度之快、幅度之大，是世界上所有国家的首都中绝无仅有的，

---

[1]　荆其敏，长丽安 . 城市空间与建筑立面 [M]. 武汉：华中科技大学出版社，2011 年。

因而其面临的文化、精神和历史冲击也是最为巨大的。概括起来，北京城市景观的生长与变化主要体现在建筑景观、街道景观、开放空间和视觉系统等方面。

一、建筑景观的变化

城市景观虽然体现于城市视觉形象，却是根植于城市的社会框架、生活模式、经济结构以及文化历史脉络等因素，是表和里的关系，也是相互关联相互作用的结果和系统；城市景观不仅是建筑实体之间的关系，也是城市历史文化动态发展的反映和产物，是实体和非实体（虚体）因素交织在一起的系统；而建筑不仅是人们为了满足社会生活需要，利用物质技术手段，并运用一定的科学规律、设计理念和美学法则创造的人工环境，而且从体量上来说，也是城市景观最主要的组成部分。

北京作为一座历史悠久的城市，从古代的长城、故宫、庙宇等文化遗产，到不同时期外来文化留下的历史痕迹，以及改革开放之后大量出现的摩天楼，不仅可以看到其建筑景观变化发展的轨迹，而且标志着其向现代化大都市迈进的步伐。

（一）样式风格的变化

北京建筑景观的风格样式受到不同时期的政治、经济及强势文化的影响，因此，从总体来说，中华人民共和国成立以来北京建筑样式的风格变化经历了1949～1979年的"中西合璧"，到1980～1999年的"中国现代风格"，再到2000～2008年的"国际化"风格，以及2009年至今的"本土化回归"风格（图2-1）等。

1. "中西合璧"的样式风格（1949～1979年）

此时期由于我国尚未建立自己完善的建筑教育体系和专业，建筑师们大多受到深厚的传统文化熏陶并接受西方建筑教育，因此在建筑设计上既有传统的元素和气质，又有西方建筑的对称、线条、装饰元素等美学特点，形成了"中西合璧"的风格样式。

公共建筑是新生的共和国新气象的重要表征，承担了新中国中华人民共和国成立后的新功能，如公共教育、政治集会、社会经济等，以人民大会堂、中国历史博物馆、中国人民军事博物馆、北京电报大楼、北京饭店、北京友谊宾馆等为主要代表（图2-2、图2-3）。

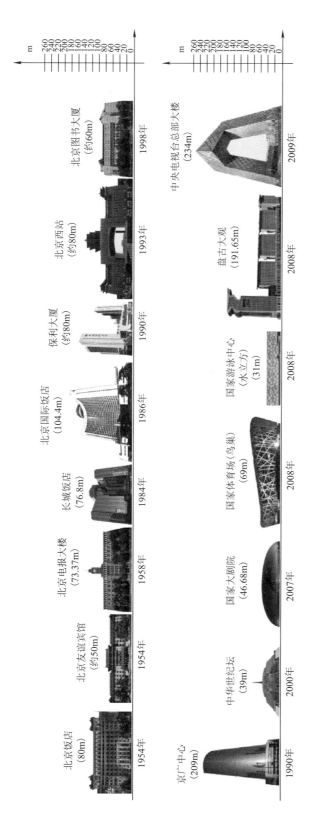

图 2-1 建国中华人民共和国成立以来北京主要建筑风格一览图

图片来源：作者收集资料整理。

图 2-2　北京友谊宾馆（1954 年）

图片来源：作者拍摄。

图 2-3　北京电报大楼（1958 年）

图片来源：作者拍摄。

　　例如建于 1900 年的北京饭店，是 1917 年由法国人设计的 7 层 17 世纪法式风格建筑（现今的 B 座老楼）；1954 年加建了具有中国民族特色的宴会厅部分（由戴念慈先生设计，现今的 C 座西楼）；1974 年又进行了较大规模的扩建，建设高度接近 80m 的主楼（由张博先生设计，现今的 A 座东楼），这座楼是当时北京最高的建筑，凝聚了当时国内最高的技术成就，建筑风格带有强烈的时代感和中国文化特征；贵宾楼是 20 世纪 90 年代建设的，位于西楼的西边，风格与楼相近，但更为简洁（图 2-4）。

图 2-4　北京饭店建筑样式风格变化示意图

图片来源：作者根据拍摄照片自绘。

　　北京饭店西楼主体部分水平分为三段，垂直也是三段，这样的立面构图是从欧洲直接传入而未加中化的建筑样式（图 2-5）。西楼是仿照老楼采用欧式古典主义构图并加入民族元素，入口雨棚采用五开间牌楼样式，以中国的花纹加以装饰。总体而言北京饭店西楼凸显了民族特色，采用了在尊重历史建筑的条件下加入民族元素，是当时流行的手法之一。

图 2-5　北京饭店西楼现状图

图片来源：作者拍摄。

2. "中国现代风格"（1980 ～ 1999 年）

改革开放以来，国内外交流显著增多，国外建筑师开始直接参与项目建设，带来了西方现代建筑理念、建造技术以及风格样式；而国内培养的建筑师开始有机会到国外参观学习并与国外建筑师展开合作，开始以自己的眼光理解现代风格，形成了具有浓厚时代印记的中国现代风格。

此时出现了前所未有的大体量建筑物和摩天大楼。长方形的平面布局、方盒子造型及咖啡色玻璃、马赛克的外墙材料占据了主导地位；旋转餐厅、玻璃观景楼梯、玻璃幕墙等形式相继出现，造型和总体色调给人耳目一新的感觉。例如中国国际展览中心采用几何体块式的造型；长城饭店内部设计了高大的中庭，顶层还有旋转餐厅；1990 年建成的国贸一期，采用了当时最为流行的茶色玻璃幕墙；1985 年落成的高101m 的国际饭店，是当时北京城市中最富有现代感的建筑；该时期是中国走向国际化的过渡时期，虽然今天看起来有些"土"，但却是和喇叭裤、蛤蟆镜一样具有独特时代印迹的风格特点。

而且，这段时期的总建设面积较前有了飞跃的发展，许多成了北京的地标性建筑和时尚人群的聚集地，如 1982 ～ 1986 年建成的中国银行大楼、1982 年建成的香山饭店、1984 ～ 1986 年建成的香格里拉饭店、1984 年建成的长城饭店、1984 ～ 1985 年建成的中国国际展览中心、1985 ～ 1986 年建成的北京国际饭店（图 2-6）、1987 ～ 1988 年建成的长富宫饭店、1987 年建成的赛特购物中心及周边酒店、1987 ～ 1990 年建成的京广中心、1988 年建成的中国科技馆、

1987 ～ 1989 年建成的国际贸易中心以及 1989 年建成的国家奥林匹克体育中心、亚运村、五洲大酒店等。

进入 20 世纪 90 年代后，此类风格的建筑不仅遍及各种功能用途，且占据了从二环到三环的主要路口，形成了北京的主要地标系列，如中日友好交流中心、亮马河大厦、中央电视塔；1990 年建成的保利大厦、1992 年建成的燕莎商城、1992 ～ 1996 年建成的中粮广场、1993 年建成的北京西站（图 2-7）、1993 ～ 1997 年建成的恒基中心、1994 ～ 1998 年建成的新世界中心、20 世纪 90 年代最高建筑京广中心等。在还没有 GPS 和谷歌、百度地图的年代，它们不仅是人们在城市中定位和定向的主要依据，也象征着时尚、现代和新潮。

图 2-6　北京国际饭店（1985 ～ 1986 年）　　图 2-7　北京西站（1993 年）建成
图片来源：作者拍摄。　　　　　　　　　　　　图片来源：作者拍摄。

3. "国际化"的样式风格（2000 ～ 2008 年）

进入 2000 年，特别是北京申奥成功后，北京的城市建设进入了大规模高速发展时期，而建筑景观也开始真正全面国际化——众多全球知名建筑大师云集北京，如扎哈、库哈斯、安德鲁等世界建筑大师都在北京留下了自己重要的作品；许多具有海外教育和工作背景的建筑师投身到这个发展潮流之中；而本土设计师由于有频繁的国际交流学习的经历，其设计理念、技术手段也已经与国际接轨，因而出现了真正意义上的当代建筑景观，其代表包括：首都机场 3 号航站楼、国家大剧院、国家游泳中心（水立方）、北京新保利大厦、国家体育场（鸟巢）（图 2-8）、水立方、中央电视台总部大楼（图 2-9）等。

这些建筑的共同特点：一是以新颖、独特、前所未有的造型以及巨大的体量而具有强烈的视觉吸引力并对北京原有城市景观造成冲击；二是其风格与中国传统几乎毫

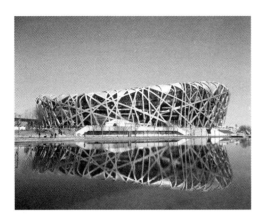

图 2-8　国家体育馆（2008 年）
图片来源：www.rabbitpre.com。

图 2-9　中央电视台总部大楼（2009 年）
图片来源：www.hatdot.com。

无关联，也不再将中国风格元素作为重要考量；因而曾经引起社会各界的热议。当然，另一方面，由于这些建筑所处位置的重要性（三环或四环主路边上、紧邻人民大会堂等）、体量巨大、公共性功能而称为一批新的城市地标，既象征着一个新的年代，也勾勒了北京城市化发展的新空间。

4. "本土化回归"（2009 年至今）

经历奥运会前的城市建设高峰后，北京的新建大型项目逐渐较少，取而代之的是中小型及改建项目；而且，经过了近 30 年的国际化交流，北京的经济实力和地位带给人们空前的自信，人们不再简单的地认为国外的设计就是最好的，本土华裔设计师的竞争力和认可度也逐渐为大众认知；而且，与外国设计师相比，他们对传统文化元素具有更深刻的理解和情感，结合国际前沿的理念与经验，探索了具有中国传统文化气质和内涵的设计，范围涉及建筑、服装、日用品等，引领了一种新的当代审美潮流。本土设计师们不再以炫耀技术、材料为设计手法，而是通过我国传统的文化元素来表现当代的设计内容，这既是"本土化回归"的当代表现，也是"文化自信"的具体证据。

以北京坊为例，位于北京旧城中央、天安门广场南约 100m，紧邻大栅栏商业区。"从明朝至今，大栅栏地区就作为商业街区使用。中华人民共和国成立之后，开始融入了传统文化的内容，经过 2007 年的整体改建，形成了具有京味特色的文化体验中心，2017 年中西合璧的建筑群落"北京坊"正式亮相[1]。它是集传统元素与现代符号为一体的文化体验空间，在入口的前广场处，水景体系中融入了传统建筑的图案，展示了我国的传统文化特色；道路系统以传统街巷的肌理作为基底，在现代风格的建筑之间采用传统的屋檐形式进行连接，营造北京传统的胡同空间。构建了一个历史与现代并存、中西方文化交融、具有本土化韵味、充满可持续生命力的城市生活互动体验空间（图 2-10、图 2-11）。

图 2-10　北京坊户外水景观
图片来源：作者拍摄。

图 2-11　北京坊胡同空间
图片来源：作者拍摄。

（二）建筑高度对城市视觉景观的影响

"毫无疑问，高层建筑对于城市的视觉和文化可持续发展的冲击是巨大的，尤其是在北京这样历史文化深厚的城市中处于历史文化保护区内的高层建筑，而这必然会涉及国家政策、整体规划、历史文化保护以及城市视觉管理等多方面的问题"[2]。

1. 北京建筑高度规范

北京建筑关于高度的规范是和传统文物保护建筑的高度密切相关，如：旧城内

[1]　南亭. 北京大栅栏——古代商业文明的缩影 [J]. 商业地理，2017（4）：80。
[2]　黄艳. 视觉与文化的可持续性——北京高层建筑对城市景观的冲击 [J]. 城市规划，2014（4）：第 92 页。

永定门 27.1m，正阳门 40.96m，天安门 33.7m，午门 37.96m，太和门 23.8m，
太和殿 37.44m，乾清宫 24m，故宫城墙 10m，角楼 27.5m，普通四合院不超过
5m，北海琼华岛 32.8m，白塔 35.9m，景山 42.6m（图 2-12）。

图 2-12　老建筑分布关系及高度平面图
图片来源：作者自绘。

　　为了保护北京旧城风貌，北京市政府在 1985 年《关于北京市区建筑高度控制
方案的决定》中对建筑高度的分区做了如下规定："市区建筑的控制高度，大体是从
故宫周围起，由内向外逐渐升高，形成内低外高的控制高度分区的情况。在各个控制
高度的分区当中，又出现重要文物古迹和风景区等周围的较低的地带。"北京对建筑
高度的具体要求包括：旧城以内，故宫周围为绿化和平房区；西郊和西北郊，大部分
为不超过 60m 地区；东郊及东北郊，大部分为不超过 60m 地区；北郊大部分为不超
过 60m 地区；南郊，大部分为不超过 60m 地区。高层建筑多集中在城市的东部、三
环附近，因而北京作为历史古城与其他城市天际线相比体现出外高内低的特点（表
2-1）。1989 年 12 月为了保护首都历史文化名城风貌，发布了高层住宅严格控制其
发展的 42 号令。

城市类型与高层建筑景观特色　　　　　　　　　　　　表 2-1

类型	典型城市	城市特点	天际线特点	图解
历史古城	北京	市中心有古建筑遗产，由市中心向外逐渐建造高层建筑	外高内低	
风景城市	上海	以高层建筑为特色，市中心主要为高层建筑，城市发展依然需要向城市中心聚集	外低内高	
高层城市	杭州	城市依托景区，自然风貌保护是城市发展的根本原则，高层建筑远离自然风貌保护区	单向倾斜	
高密度城市	深圳	城市发展剧烈，城市中心建筑密度接近饱和	直线	

数据来源：李楣．高层建筑对北京城市竖向景观的影响探究 [D]．北京建筑大学硕士论文，2012 年，第 14 页。

2. 高层建筑的出现与发展

我国对高层建筑的定义：《民用建筑设计统一标准》GB 50352-2019 第 3.1.2 条规定：建筑高度大于 27.0m 的住宅建筑和建筑高度大于 24m 的非单层公共建筑，且高度不大于 100.0m 的，为高层民用建筑。建筑高度大于 100.0m 为超高层建筑。

改革开放前，由于经济动力不足，高层建筑较少，据 1956 年出版的《北京高层建筑分布图》的数字，当时北京全城高于 5 层的建筑不超过 100 座。1959 年国庆 10 周年，建设了以 10 大公共建筑为主的高层建筑：这些建筑的代表作是：民族文化宫，高 67m；民族饭店，高 48.4m；人民大会堂，高 46.5m；，北京火车站高 43.47m，中国革命历史博物馆，高 39.88m。在这段时期建设的高层建筑主要集中在北京东西长安街延长线两侧，与南北中轴线形成鲜明的十字交叉（图 2-13）。

1989 ~ 1999 年期间高层建筑增长缓慢，1994 年出现了此时最高的建筑——中央电视塔，为 405m；1999 ~ 2009 年期间，随着国际化视野的扩大以及奥运会的举办，高层建筑发展迅猛，"截至 2006 年，共有各类高层建筑（10 层以上）达 4000 多幢"[1]，当时最高的建筑是国贸三期，为 330m；从 2010 年开始，高层建筑经历了集中生长的时期，增速明显放缓，但在 2017 年出现了最高的地标建筑——中国尊，高达 528m（图 2-14）。

---

[1]　李楣．高层建筑对北京城市竖向景观的影响探究 [D]．北京建筑大学硕士论文，2012 年，第 14 页。

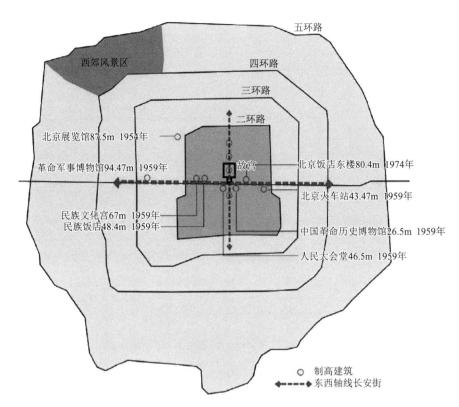

图 2-13　1949 年至改革开放前高层建筑分布图

图片来源：根据资料整理绘制。

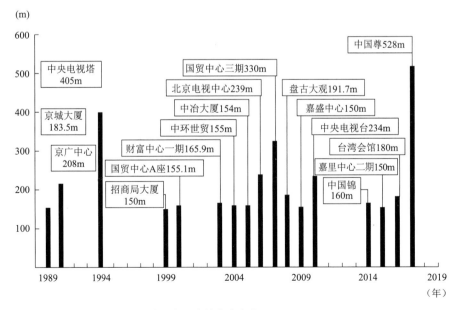

图 2-14　1989 ～ 2019 年建设高层建筑高度变化图

图片来源：根据资料整理绘制。

改革开放以后，随着经济的迅速发展，高层、超高层建筑越来越多，北京的城市景观也产生了巨大的变化。在 1979 ～ 1990 的十多年里，北京高层建筑的年竣工建筑面积从 30 万 m² 持续发展到 408 万 m²；到 2003 年年末高层建筑建成量已经达到 1.1 亿 m²（表 2-2）。截至 2006 年，北京市共有高层建筑 11307 栋，其中高度超过 100m 的超高层建筑超过 700 栋。从分布看，北京的超高层建筑主要集中在东三环中路两侧、东西长安街及延长线两侧、金融街、中关村等地区（图 2-15、图 2-16）。

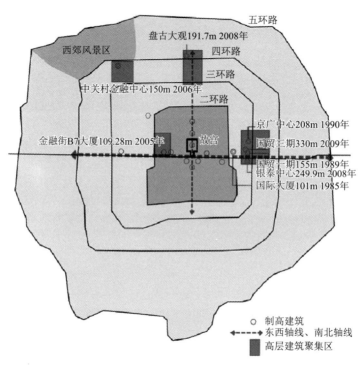

图 2-15　北京改革开放后至今高层建筑群分布图

图片来源：根据资料整理绘。

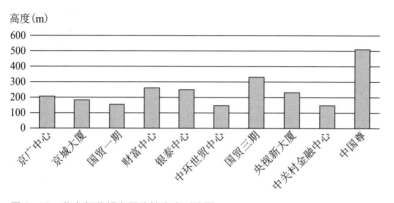

图 2-16　北京部分超高层建筑高度对比图

图片来源：根据资料整理绘制。

北京主要高层建筑一览表　　　　　　表 2-2

高度（m）	年　代	名　称
300+	1949～1982	
	1982～2000	1994 年 9 月 中央电视塔（405m）
	2000～2015	2007 年 国贸中心三期（330m）
200+	1949～1982	
	1982～2000	1990 年 京广中心 208m
	2000～2015	2006 年底 北京电视中心（239m） 2008 年 3 月 银泰中心主楼（249.9m） 2009 年 1 月 中央电视台（234m） 在建 财富中心二期（265m） 在建朝天轮（北京眼）（208m）
150+	1949～1982	
	1982～2000	1990 年 京城大厦 183.5m 2000 年 南银大厦 159m 2000 年 国贸中心 A，B 座 155.1m
	2000～2015	2005 年 1 月 中环世贸 155m 2007 年 财富中心二期（御金台）199m 2007 年华贸中心 C 座 168m 2007 年 9 月 盘古大观 191.7m 2008 年 3 月 银泰中心 B、C 座 186m 2009 年 3 月 中海广场 150m 2009 年 央视配楼 159m 2009 年 财源国际中心双子塔（X2）150m 2014 年 长安 8 号配楼 155m 2015 年长安 8 号 180m 2015 年中国台湾会馆 180m 2007 年金地中心 168m 2008 年名人广场 168m 2003 年财富中心一期 165.9m 2005 年中冶大厦 154m 2007 年华贸中心 B 座 151m 2009 年嘉盛中心 150m 2006 年北京国际中心 150m 2006 年中钢大厦 150m 2016 年嘉里中心 150m 1999 年招商局大厦 150m 2003 年东华广场双塔（东直门综合交通枢纽、东直门双塔）150m

数据来源：网络资料收集整理绘制。

3. 建筑高度与景观视觉形象

"显然，一幢高层建筑对城市和环境的作用远远超出了其周围的非高层建筑，这是因为高度同样与建筑文明相关联。因此，高层建筑作为规划系统中的重要因素，应该以新的眼光对其功能、设计规划和审批程序等进行审视。设计政策应聚焦在高层建筑的尺度、比例、对文化遗产建筑和天际线的冲击上，以及用以评估它们可能产生的冲击的相关视点上。具体内容包括高层建筑本身及其分布；它们的设计品质和带来的潜在冲击；与文化遗产建筑的关系；遗产保护；以及穿过城市的景象等"[1]（图2-17、图2-18）。

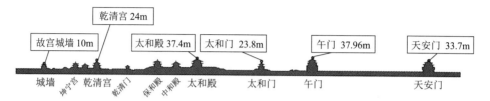

图2-17　故宫中轴线建筑高度比对立面图

图片来源：根据资料整理绘制。

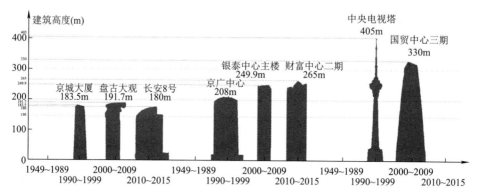

图2-18　各时期北京超高层建筑最高建筑对比图

图片来源：根据资料整理绘制。

（1）风格对比

高层建筑对于建立紧凑的可持续发展城市、对于寸土寸金的核心区满足现实的需要，都是必不可少的。然而，传统主义者、遗产保护团体和无数协会一直争论的焦点

---

[1]　黄艳. 视觉与文化的可持续性——北京高层建筑对城市景观的冲击 [J]. 城市规划，2014（4）：第92页。

是，高层建筑是否会破坏珍贵历史遗迹的"永恒"魅力？拟建建筑的形式和尺度都会与历史建筑形成强烈的关联，并不可避免的形成对比。

当摩天楼与历史遗迹和建筑比肩而立、出现在同一幅图景中时，还是一种可持续发展的理念吗？因此，在建设高层建筑之前要从全方位进行考量，评估不同高度和形式的建筑对当地（包括临近地区）文脉的影响以及它们相互之间的影响等，这些都有助于形成恰当的决策和建设程序。这就需要建立多个、多角度的战略性愿景、重要的区域景观、全景图和透视图来进行分析（图 2-19）。

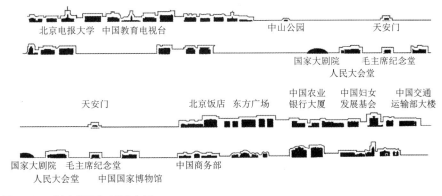

图 2-19　长安街天际线示意图

图片来源：作者自绘。

（2）对北京城市天际线的影响

城市天际线是由城市高层建筑及建筑群的轮廓构成的，反映了一个城市独特的形象和特征，表达了城市垂直空间的面貌，强调其变化节奏。高层建筑的出现，覆盖了城市原有的天际线，展示着城市发展的历史印记，代表了城市的文化及形象，同时也展现了城市的生活性、商业性及功能性等特征。如长安街两侧出现了著名的十大建筑，成为展示北京政治及文化中心的标志，是当代城市景观的象征和标志（图 2-20）；而天安门无疑是对城市天际线起到了独一无二的作用，它比周围建筑都要高，实际上，这种统治作用也使得它成为北京和国家的象征。因此，需要在天安门周边设置"视觉保护区"

所以高层建筑的设计方案都必须包括对建筑物外观各个角度精确而真实地展现，近景、中景、远景缺一不可，还要包括相关公共领域以及围绕建筑基地的街道等等。这就要求提供可信的 360 度的视觉分析，制作 360 度连续的全景图，并对建筑体量、形态及质感等方面因素进行分析。

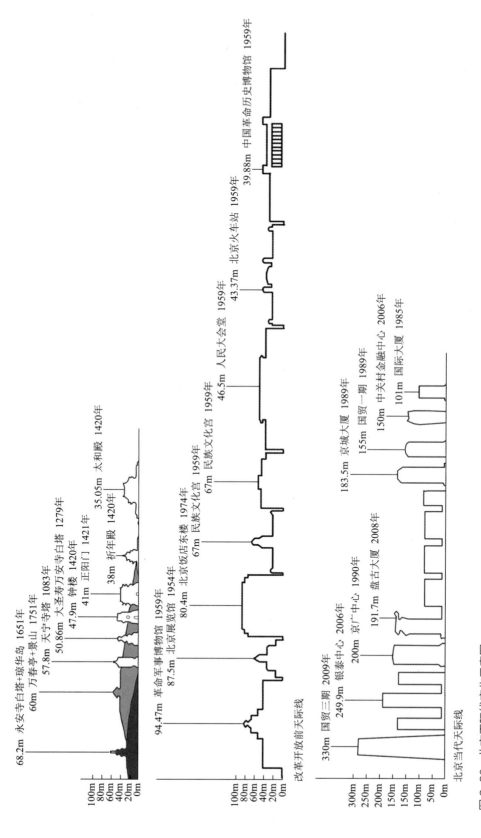

改革开放前天际线

北京当代天际线

图2-20 北京天际线变化示意图
图片来源：作者自绘。

总之，高层建筑对北京城市景观在视觉和文化可持续性方面的冲击是毋庸置疑的，亟待提出详细的三维的研究。"这必然涉及国家政策、整体规划、历史文化保护以及城市管理等多方面的问题。在这种语境下，城市景观出现与发展的作用无疑早已超出城市视觉形象及品质的范畴，而是新与旧、现代与历史、政府与市民关系的一种体现，与城市环境在视觉和文化方面均衡可持续发展的观念密切相关"。[1]

二、城市街道的变化

街道既是最基本的交通设施通道，也是经营场所和人际交往的空间，是城市公共生活及日常活动最主要的场所。街道两侧建筑立面是决定街道艺术风格的最主要因素，而地标性建筑往往位于交通节点、路口等位置，起到视觉识别、定位和确认的作用。街道以通行功能为核心，将许多其他功能及符号元素串联在一条线性空间上，形成多层次的空间节奏、视觉画面和定位系统。

从交通功能方面可分为两大类：一类是以交通效率为主的高速路；一类是结合经济社会生活的商业街、步行街、文化街等。因而城市街道反映了整体城市状态，其模式、尺度、两侧建筑形式及细节处理，反映了当地的经济文化、社会生活和行为模式等特点，是城市景观最直接的感知场所。北京过去 70 年街道变化给人最强烈的感受体现在以下几个方面：

（一）街道格局对景观及其感知的影响

自 1949 年建国中华人民共和国成立以来，北京城市空间结构已经发生根本性的改变，这种变化首先是从对旧城道路系统的改造开始。在这种变化中，小尺度的城市交通系统逐渐消失，同时依附于这种小尺度空间的城市生活也逐渐消失。也就是说，老城中的"街、巷、胡同"体系逐渐被"主、次干路"交通体系所取代。老北京城的内部被一系列重新规划的、标准化的道路所分割，街巷、胡同体系的老城被切割成块状，零散地分布在以快速路、主干路交通体系所构筑的新城内，只有二环路的形状标识出老城曾经的范围（图 2-21）。

---

[1] 黄艳. 视觉与文化的可持续性——北京高层建筑对城市景观的冲击 [J]. 城市规划，2014
（4）：92。

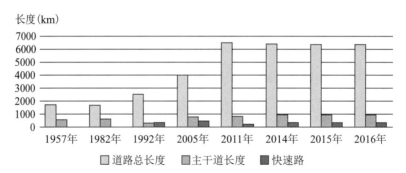

图 2-21　北京市道路总长度、主干道及快速路长度对比分析图
图片来源：作者自绘。

2017 年数据显示：北京环路的总长将达到 431.3km。北京二环路全长 32.7km；北京三环路全长约 48km；北京四环路，全长 65.3km；北京五环路全长 98.58km。20 世纪 80 年代，市区道路规划明确了"环路加放射路"的总布局原则及六个方向的快速路（图 2-22）。

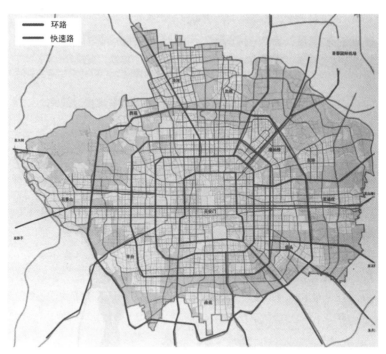

图 2-22　北京环路与快速路网布局图
图片来源：作者自绘。

这种从小尺度的、正向棋盘格式胡同网络转变为以环路为基本构架、以直线型快速（高架路）连接三环（或四环）与郊区，不仅大大缩短了交通时间，也改变了人们在行进过程中对城市景观的感知及行为——例如人们在快速的行进中几乎无法看清周

边的景象，也不能随时随地停下来走进路边的建筑或者休息；依靠 GPS 而不是熟悉的地标来定位、定向或估算时间；同样由于速度快，人们的心情不再像步行时那么轻松，因而在这个过程中难以有亲切随意的交流等。

（二）街道尺度与形式

街道的变化也反映在尺度和数量上，其中尺度指的是街道宽度及长度，数量则体现在路网密度、道路到达的范围以及新出现的路名上。

"1949 年初，北京市区道路总长度为 215 公里 km，路面面积 140 万 m²。西长安街路面宽度为 11m，东单、西单、前门外大街等主要街道里面宽度也只有 15m 左右"[1]。1957 年提出要将东西长安街、前门大街、鼓楼大街等主要街道扩宽到 120 ～ 140m。以长安街为例，古代长安街宽约 20m，近现代长安街经过改建，天安门广场对外开放，东西长安街相互贯通。1956 年，长安街向西道路打通，修建西单至复兴门 35m 宽的沥青路，1959 年，东起建国门、西至复兴门的长安街全部拓宽为 35 ～ 80m 的大道（图 2-23）。

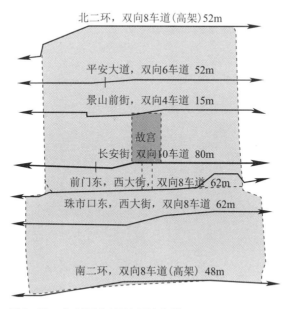

图 2-23　北京旧城主要东西向街道
图片来源：作者自绘。

---

[1]　北京城市规划协会. 岁月回响——首都城市规划事业 60 年纪事 [M]. 北京：北京城市规划协会，
　　　2009 年。

街道的形式和尺度为了适合其功能，主要分为快速路、机动车道及慢行系统（图2-24）。

图2-24　车道形式、类型、功能、特征示意图
图片来源：作者收集资料绘制。

1. 快速路

首先，立交桥、高架桥、环线主路等作为地上快速交通设施，由于其体量巨大、分布广泛而极大的影响着城市景观（图2-25）。其表现在两个方面，首先，城市快速路使原有景观的形式和空间布局发生了改变，打破了城市景观的完整性和平衡性；其次，城市快速路遮挡了人们视野，使其由慢速欣赏变为快速体验，影响人们正常的视觉景观体验。例如立交桥+环岛的形式普遍用在二环与通往市中心的几条干道交叉之处，如东直门桥。"机动车、非机动车、公交车和行人需各行其道，使得问题更加复杂化。因为这样一来立交桥至少得建成三层，如建国门立交桥。"[1]（图2-26）

---

[1] 华揽洪著. 重建中国城市规划三十年1949-1979 [M]. 李颖（译）. 上海：三联书店，2006年。

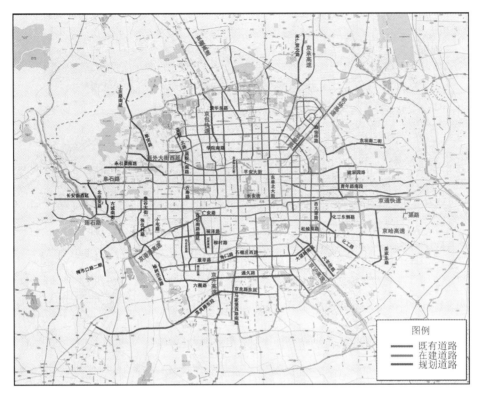

图 2-25　北京公路网、中心快速路
图片来源：www.51wendang.com。

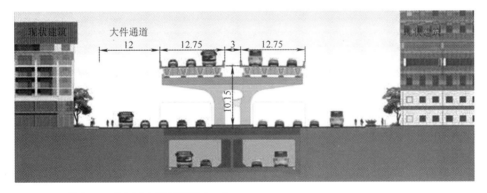

图 2-26　北京二环路交通车道剖面图（m）
图片来源：作者自绘。

2. 慢行系统

　　道路形式的变化不仅影响了交通效率，而且改变了道路景观，如公交专用车道、慢行道等的启用，不仅梳理、组织了道路空间，而且使得道路视觉效果体现出不同的含义——民主化、市民化（图 2-27）。

图2-27　北京三环公交车道实景

图片来源：作者拍摄。

北京对慢行系统建设不断完善，鼓励自行车，专门设立了自行车道，并努力提高步行出行的舒适程度。例如在绿色交通理念的倡导下，共享单车应运而生，城市慢行系统也逐渐发展成熟，使步行、自行车等慢速出行方式成为近距离城市交通的主体，在道路中进行空间分隔，保障人们的出行安全，实现了人车分流及公共交通之间的衔接，在一定程度上缓解了城市的交通拥挤问题，增添了城市的活力（图2-28）。2016年至今，北京市已完成市管城市道路468km步行和自行车的慢行系统治理工作，计划到2020年完成3200km的步行和自行车慢行系统的治理工作（数据来源：新华网）。

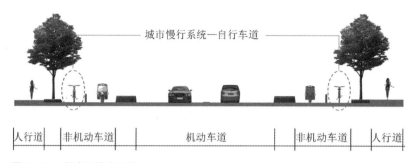

图2-28　道路系统立面图

图片来源：作者绘制。

北京首条自行车专用道位于上地到回龙观之间，于2019年5月31号开始试用，全程没有红绿灯，并设置8个出入口及停放设施，在高架桥的6个出入口处设置均有自行车助力装置。道路宽6m，分为3个车道，利用彩色铺装进行区分，红色是潮汐车道，绿色是正常行驶车道，路中间不设硬隔离装置，主要依靠沿途15处龙门架上的导流信号灯指引（图2-29～图2-31）（数据来源：搜狐网络）。

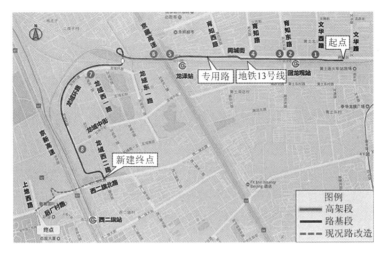

图2-29　北京上地－回龙观慢行系统区域图
图片来源：www.baidu.com。

图2-30　上地－回龙观自行车专用通道
图片来源：作者拍摄。

图2-31　上地－回龙观自行车助力坡道
图片来源：作者拍摄。

因此，慢行系统意味着从过去那种汽车优先模式向行人优先模式的转变，使得人们可以在较慢的速度下以及可行可停的状态下去感知沿途的环境信息，是整个城市交通网络层次丰富化的表现，不仅影响了城市视觉景观，也重建和恢复了景观的慢行体验，对于普通市民日常的出行方便、城市文化的感知以及区域经济无疑都是有益的。

（三）街道文化与产业经济

街道空间不仅是最主要的交通基础设施，也是城市公共活动（如节庆、庆典活动）和市民日常活动的场所；它们不仅见证了许多重要的历史事件（如各个时期国家领导人在天安门上接见穿过长安街的红卫兵、检阅三军等），也与许多历史名人联系在一起，甚至有些路名就是以人名来命名的，如张自忠路、赵登禹路等，从而将相关的历史记忆固定下来并向人们诉说着历史故事。这种城市开放空间的性质与商业功能相结合，便形成了重要的城市文化场景，承担了文化、经济和交通等的多重功能。

1. 商业街

街道可以说是最古老的一种商业空间，是传统集市空间的"升级版"和"长期版"——既保留了集市"边走边买"的行为模式，也将营业时间从每天 2～3h 或每周六上午大大延长为每天固定的、全天的营业，且使得商业空间更加安全。现代城市建筑高度大大增高了，但将其临街的一层或数层开辟为商业用途，是最普遍的做法，这与我国各地传统城镇中都能看到的"前店后厂"的模式有异曲同工之处。这种集慢行交通、商业、休闲等为一体的空间形式成为一个城市的现代风土人情，是城市文化重要的、集中的表现。通过提升街道的市民文化品质和经济功能是国外城市激发或重建区域活力最常见的途径（图 2-32）。北京的商业街主要有前门大街、王府井大街、中关村大街、西单、朝阳门外、平安大街、西直门外大街等，这些街道都兼具交通和商业的功能。

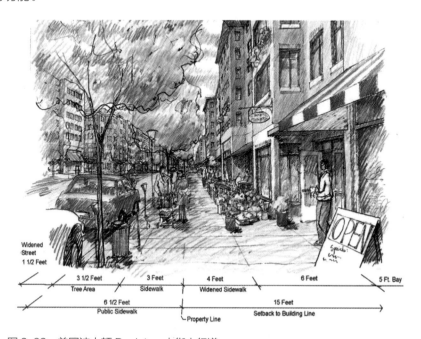

图 2-32　美国波士顿 Boylston 大街人行道

图片来源：作者自绘。

然而，街道文化和经济功能的实现与许多因素相关，包括街道的尺寸、细节设计、停车、公交连接、绿化、市民行为、消费心理以及步行、慢行和车行的关系等因素。过去在道路的规划设计中，在"汽车优先"思想的指导下着重在以扩建车道为主，常常忽视以上这些因素，未能从文化经济的角度综合考虑，从而导致了街道"人气"不旺，平安大街就是一个典型的例子。

北京平安大街沿线曾经一度是皇城和北部商业区的分界线，在旧京"前朝后市"的城市格局中位置显赫。从1999年1月6日北京奥委会审议并通过了北京市举办2008年奥运会的申请，1999年8月28日北京平安大街、东四环路、菜市口大街、南闹市口大街等四条主要道路剪彩通车。原本是宽度仅为10m左右的一条幽静、典雅的街道，却被改造为平均宽度达到40m的"大街"（图2-33）。为了让位于机动车而缩减人行道及公共活动空间，以及停车位和过街设施的缺乏，不仅原本想要解决的交通拥堵问题并没有因为道路的拓宽而改善，甚至为行人过街留下许多安全隐患；而且原本藏在街巷深处的历史文物建筑完全被暴露在车水马龙的喧嚣之中，完全失去了其应有的宁静、古朴之美；配套的服务设施不健全，不能满足人们的购物和出行需求；最终造成了沿街店面生意冷清，实在是文化和经济双输的结局，难免至今被人所诟病。

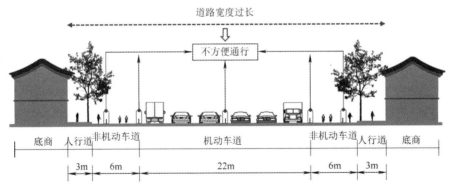

图2-33 平安大街剖面图
图片来源：作者自绘。

因此，在北京这样历史文化深厚的城市，如果不重视原有的城市肌理、空间尺度、生活模式、市民行为等因素，仅仅以快速的、简单的、统一的策略去对待原本丰富的空间景观，势必造成旧城区传统面貌和文化特征消失的危险（图2-34）。例如北京近几年整治开墙破洞现象，虽然治理了城市的混乱状态，提升了城市的形象，但也使原来便利的生活方式受到阻碍，丢失了原有的生活气息。

图 2-34　平安大街实景

图片来源：作者拍摄。

2. 历史文化街区和步行街

北京是中国著名的历史文化名城，拥有众多的历史文化街区，其中 33 片历史文化街区列入文物保护范围，包括南长街、北长街、西华门大街、东华门大街、文津街、地安门内大街、阜成门内大街、什刹海、大栅栏、鲜鱼口、南锣鼓巷、东交民巷等。

全长近 3km 的东交民巷是北京城最长的一条胡同，西起天安门广场东路，东至崇文门内大街。1860 年第二次鸦片战争后，这里曾是著名的使馆区，先后有英国、法国、美国、俄国、日本、德国、比利时等国在东交民巷设立使馆，并将东交民巷更名为使馆街。1949 年以后东交民巷仍被作为使馆区，直到 1959 年所有的使馆都迁往朝阳门外三里屯一带的馆区。现在的东交民巷已经是北京市文物保护街区，道路两旁的西洋建筑还在向过往的人诉说着曾经的历史（图 2-35、图 2-36）

这些历史文化街区由于位于市中心老城，尺度狭窄，不适合快速的汽车通行，因而改造为步行街是常见的模式。步行街是在汽车工业发达、汽车普遍使用后在城市中开辟出来的专供行人通行的街道，不仅避免了狭窄空间条件下人车混流带来的不便和危险，而且也是体验城市景观和文化、提升区域经济的场所和空间形式。

前门步行街是北京最具代表性的传统文化街区，距离天安门广场 100m 左右，整个步行街长 845m，宽 25m。其建筑形式保留了传统的建筑元素，又融合了当代的商业及娱乐功能，力图打造当代化的文化商业街区。前门大街尺度较大、空间宽敞，与其他城市的商业街相比显得空旷了很多，虽然因其特殊的地理位置和历史知名度，

吸引了很多游客来此参观，但是商业并不够繁华，反而更像一个城市广场（图 2-37），
这是由于其街道宽度过大所造成的。而相比之下南锣鼓巷的尺度适宜，显然气氛就热
闹得多（图 2-38）。

图 2-35　中央文史研究馆
图片来源：作者拍摄。

图 2-36　法国邮政局旧址
图片来源：作者拍摄。

图 2-37　前门商业街
图片来源：作者拍摄。

图 2-38　南锣鼓巷商业街
图片来源：作者拍摄。

　　据步行街道空间的相关研究显示，"当城市步行街的街道宽高比在 0.7 ～ 1.5 时，
街道宽度为 6 ～ 8m 时亲切感较强"[1]，最能形成步行空间的场所感和功能需求，使
得行人可以在路边清晰地看到路对侧的广告、招牌，从而便于行人随意地穿行街道两
侧——这种选择的自由度和随意性是场所体验满意度的重要衡量指标，将给人以愉悦
的情绪从而更好地体验场所信息、达成商业行为。而且，适当地宽高比能有效地形成
阴影，塑造舒适地户外环境，这在炎热的夏天显得尤为重要——人们会自然地选择有

[1]　周波 . 浅谈城市步行街 [J]. 山西建筑，2008（1）：52。

阴影的那一侧行走，因而那一侧的商铺有更多的人流量（图 2-39、图 2-40）。

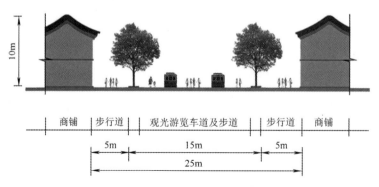

图 2-39 前门商业街立面图

图片来源：作者自绘。

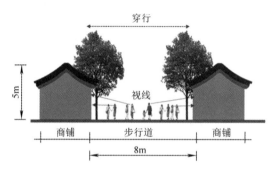

图 2-40 南锣鼓巷商业街立面图

图片来源：作者自绘。

（四）街道群与景观轴线

街道群由一条主要道路贯通，连接和组织了多条街道，是区域空间格局的主要框架，并形成多条景观轴线。北京的街道群既延续了历史文脉，展示传统文化精髓，又有机更新，形成了一个街道空间体系和经济组团的效应，并以景观轴线的形式成为人们感知城市文化的重要媒介。因此，北京景观轴线与街道群同样具有文化和经济的概念。中轴线和长安街就是北京最主要、最大的两个纵横街道群。

1. 中轴线及其街道群

中轴线作为中国传统都城规划格局的形制，不是一条街道，而是由多条南北向的道路组合并形成的空间上的一条线（图 2-41）。它贯穿了故宫、天坛、地坛、日坛、月坛、太庙、社稷坛等建筑，既是古都风貌组织的核心，也是作为都城的主要规划格局；它就像城市的脊梁和骨架，串联着若干东西向的街道，形成一个庞大的街道空间网络体系，是北京最独特的文化资源和景观意象（图2-42）。

图2-41　北京中轴线鸟瞰图

图片来源：http://www.bjww.gov.cn/。

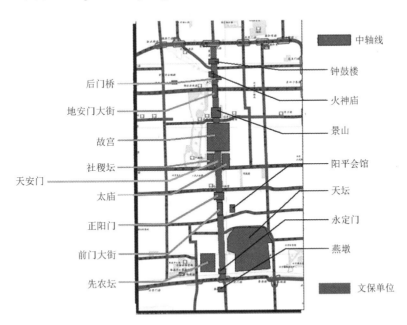

图2-42　北京中轴线平面图

图片来源：作者根据资料改绘。

　　随着北京二环路、三环路和四环路的建成、通车，北京城市化发展及城区范围的扩大以及昔日城墙的拆除，使得原本只是处于旧城内的南北中轴线不断向两端延伸。

其南延长线已从永定门通向南苑大红门；其北延长线则从鼓楼穿越了二环、三环、四环和五环，直至奥运森林公园；它连接着东边的国家体育场（鸟巢）和西边的国家游泳中心（水立方），奥林匹克森林公园中的仰山、奥海均在中轴线上（图2-43）。从而形成了一条贯穿北京城的景观轴线，它由一系列宽窄不同的街道、辅路以及横向街道共同构成的大型街道系统；这条轴线既串联了北京的传统文化和历史，又在新的历史时期不断发展延伸着，其规模之大、贯穿的历史跨度之广，在世界所有城市中是绝无仅有的，因而也成为北京城市景观格局的主要框架和脉络。

图2-43　北京城市中轴线的向北延伸图

图片来源：引自《北京市建设高度规划调整报告》的技术评估意见，2002中国城市规划设计研究院。

2. 长安街及其街道群

　　传统上长安街把北京城分为南北两部分，长安街以北主要是皇城及贵族阶层，以南是平民居住区，这种格局形成的心理影响和文化记忆一致延续至今，甚至体现在房地产价格和区域印象上。长安街与中轴线的交汇点是故宫和天安门广场，形成了北京最主要的景观形象和地标（图2-44）。

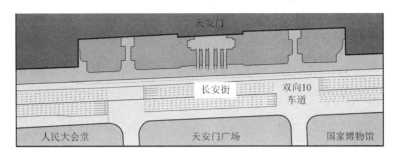

图 2-44　长安街、天安门节点平面图

图片来源：作者自绘。

目前长安街全长 6.7 公里 km，从与西、东二环交接的复兴门至建国门，由西向东包括复兴门内大街、西长安街、东长安街和建国门内大街，东西双向均延长。道路宽度为 50 ～ 80m，只有南长街至南池子大街为举行典礼关键段宽为 80m，双向十二车道，其他部分为双向十车道；非机动车道宽 7m，人行道为 6m，人行道至沿街建筑之间的部分为道路绿地，最宽的位置可达 30m，被认为是世界上最长、最宽的街道，也是中国最重要的一条街道之一（图 2-45）。

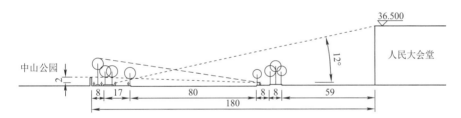

图 2-45　人民大会堂前的长安街剖面图（m）

图片来源：作者绘制。

与长安街连接的道路多达 40 条（图 2-46）。这些街道按与长安街的相接关系可以分为相接和相交两种，其中相交的道路有 10 多条（同一个相交路口的做一条计算），相接的道路有 30 多条。长安街与城市主干道基本是相交关系，次干道和支路都基本属于相接关系，其中还有不少道路是单行道（图 2-47）。

——主干道　——次干道　---支路

图 2- 46　北京长安街及其街道群

图片来源：作者拍摄。

复兴门二环路 东单路口

南河沿大街 大华路

图 2-47 与长安街相连的街道实景

图片来源：作者拍摄。

长安街两侧主要是政府和公共、文化类建筑，如人民大会堂、国家博物馆、国家大剧院、中国公安部和民族文化宫等，商业空间则位于南北向的街道群中，最著名的有西单购物中心和王府井步行街等（图 2-48、图 2-49）。1985 年，北京市委、首都规划建设委员会和北京市政府撰写了《关于天安门广场和长安街规划方案的报告》[1]，该方案明确规定长安街的红线宽度为 120m，天安门广场东西宽 500m，南北长 800m；以旧城中轴线为天安门广场主轴，北京站前、新华门和民族宫为三条副轴；建筑高度上，东单到西单控制在 40m 以内，东单以东、西单以西控制在 45m 以内。建筑风格要充分体现"传统文化、地方特色、时代精神"的内涵，要达到"民族化"与"现代化"的融合。

三、开放空间的变化

"我国在 1990 年才提出'开放空间'的概念，以国外开放空间的概念为基础，具体是指城市内部的绿地空间"[2]。一些学者认为开放空间是指广场、道路、公共绿地

---

[1] 北京市委、首都规划建设委员会、北京市政府 . 关于天安门广场和长安街规划方案的报告，1985 年。

[2] 余琪 . 现代城市开放空间系统的建构 [J] . 城市规划汇刊，1998（6）：第 49–56 页。

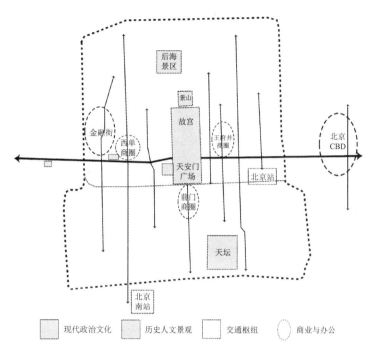

图 2-48 长安街周边重要区域联系图

图片来源：作者自绘。

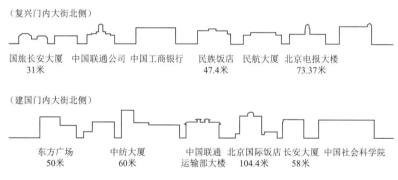

（复兴门内大街北侧）

国旅长安大厦　中国联通公司 中国工商银行　民族饭店　民航大厦　北京电报大楼
31米　　　　　　　　　　　　　　　　47.4米　　　　　　　　73.37米

（建国门内大街北侧）

东方广场　　中纺大厦　　中国联通　北京国际饭店 长安大厦 中国社会科学院
50米　　　　60米　　　运输部大楼　104.4米　　　58米

图 2-49　长安街的天际线

图片来源：作者自绘。

等场所，还有学者认为开放空间是视野开阔的、向大众敞开的公共服务空间，不仅指广场、公园绿地等，街道、小巷等也包括在内。开放空间承担着人类的多种活动，实现了娱乐休闲、美化环境、文化传承等多种功能。

"据 2003 年统计数据显示，在北京市域范围内，500m² 以上的广场为有 972 "个，广场上每年举办的大型公共活动的次数达到了 11 万余次"[1]。这些广场承担着居

[1]　路艳霞.文化广场能否自己养自己 [N].北京日报，2003 年 4 月 7 日。

民休闲娱乐的功能，对于城市的精神文明建设有重要的作用。

（一）开放空间的形式

中国传统的城市开放空间以广场、街巷为主，而这样的空间与步行街、商业街的区分不是很明显，存在着边缘交叉的关系，与城市传统肌理和文化相结合，不仅可以满足人们日常休闲活动和人际交流的需求，还提高了城市的绿化率，美化城市的形象。现代城市的开放空间是以城市为基础，集合各种类型及功能要素，打造一个完整的空间集合体，具有文化性、生态性、经济性等特征，延续了城市的文化脉络，促进生态环境的可持续发展。如《城市规划原理》（第三版）一书中对于城市广场做了如下定义："城市广场通常是指城市居民社会活动的中心，广场上可进行集会、交通集散、居民游览休憩、商业服务及文化宣传等"[1]。

北京开放空间体系是在改革开放以后，随着北京城市的发展，通过借鉴国外的理念指导建设，而逐渐被城市管理者和民众所重视，名称常常引用"广场"来泛指。除了公园系统以外，也指一些袋状的不同尺度的公共活动空间。除天安门广场外，北京的城市广场多诞生于 20 世纪 90 年代后期至今。这些新广场多伴随着商业综合体、写字楼等建筑进行综合开发建设，分布在城市各个区域，既是市民公共活动空间，同时也是组织城市交通的节点（图 2-50、图 2-51）。

（二）开放空间的位置

北京城市开放空间的位置大致可分为两类，一类是依附于道路系统，位于胡同、街道旁。随着城市的发展和汽车的普及，除了少数步行街以外，街道空间中交通和商业、交往等功能逐渐分离，有的步行空间拓宽称为"带"状（线状）公园（图 2-52），也有的是为了疏散人群、缓解交通压力而在在道路节点处或大型公共设施入口处形成了"袋"状空间——城市广场。如位于城市中心的是天安门广场；沿城市中轴线分布的天圆广场、钟鼓楼广场、奥森公园南广场；还有正义路及南北河沿街心花园等。

[1] 李德华. 城市规划原理（第三版）[M]. 北京：中国建筑工业出版社，2001 年。

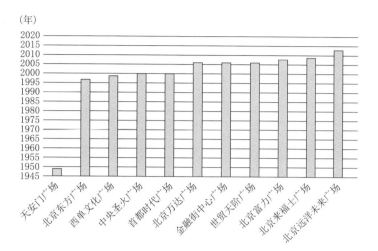

图 2-50　北京重要城市广场年代分布图

图片来源：作者自绘。

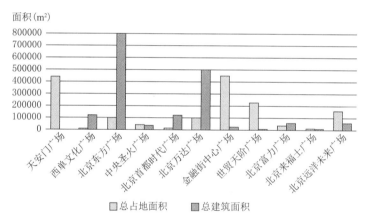

图 2-51　北京重要城市广场面积统计图

图片来源：作者自绘。

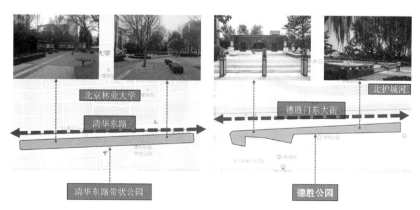

图 2-52　清华东路带状公园、德胜公园位置及现状图

图片来源：作者自绘。

　　另一类是依附于建筑、或由建筑围合而成的公共空间，主要为其周边建筑服务，既提升了从建筑内部向外看的景致，也为人们的户外活动提供场所。例如午门前广场、端门前广场、正阳门城楼和箭楼间广场等；以及民族文化宫前广场、清华科技园广场等（图2-53）。

图2-53　正阳门城楼和箭楼间广场、午门前广场位置及现状图
图片来源：作者自绘。

　　这些开放空间的位置都保证了交通的可达性，容易识别，具有很高的使用价值，满足了人们对于城市广场的需求，为人们进行休闲娱乐、人际交流、锻炼身体等活动提供了有效的空间（图2-54）。其中天安门广场、中华世纪坛广场等具有综合性的功能，活动影响大，为一级广场；西单文化广场、北京东方广场、首都时代广场等属

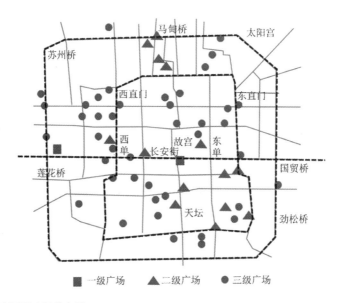

图2-54　北京市重要广场分布图
图片来源：周尚意，吴莉萍，张庆业. 北京城区广场分布、辐射及其文化生产空间差异浅析 [J]. 地域研究与开发，2006（12）：19。

于二级广场，是居民休闲娱乐、交往的场所；三级广场较多，其中包括德外广场、金融街中心广场、方圆广场、京师广场等，作为市民日常文化活动的场所。

（三）开放空间的形态特征

北京城市开放空间主要是由街道、广场和沿街带状空间等结合构成的，因而呈现出线性、袋状（矩形或圆形、向心性多边形等）及少数不规则形态。北京旧城的开放空间是分散的线性空间，与街道及胡同空间保持一致，井然有序；新城开放空间则沿主轴线及东西轴线分布，秩序严整规则，有主有次，形成了具有整体性、和谐统一的城市开放空间系统。现代开放空间则形态多样，例如"围合式广场、岛式广场、周边式广场、下沉式广场及高架式广场等"[1]。这些不同形态的开放空间满足了人们不同的行为需求，如散步、穿行、休闲、交流、聚会等，同时还配合城市交通的要求，是城市交通的辅助部分；也使得空间产生丰富的变化，具有更好的景观视线和画面（图2-55）。

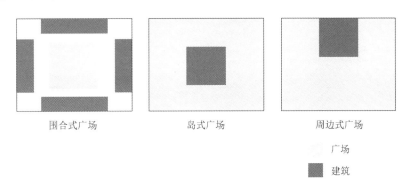

图2-55　广场空间形态

图片来源：作者自绘。

天安门广场以南北为轴线，东西对称分布，周围的建筑形式也呈对称式布局，使广场显得更加严整、朴素。作为北京最重要的核心广场，有其独特的形态特征，宽敞而通透，具有良好的视野，周围没有高大的建筑遮挡，构成了广场雄伟的气魄，与已有的建筑构成了庄严、丰富的天际线（图2-56～图2-58）。

（四）开放空间的功能

城市开放空间综合了广场、步行街及商业街的功能，承担着分散人群、休闲娱乐、

---

[1] 何涛. 北京城市广场规划设计导则研究 [D]. 北京建筑工程学院，2012年，第52页。

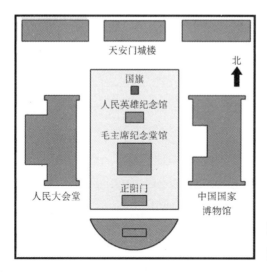

图 2-56　天安门广场平面示意图

图片来源：作者拍摄。

图 2-57　天安门广场

图片来源：作者拍摄。

图 2-58　人民英雄纪念碑

图片来源：作者拍摄。

交流观赏、运动健身、餐饮购物等多种功能，形成了包含多种开放性活动的场所。如三里屯太古里，作为城市开放空间，将传统的建筑与现代化的商店结合在一起，丰富了空间形态，增加了商业街的通透性和可达性，既可以将商场的人流分散到广场中，又可以吸引人们进入商场进行购物消费，并且将景观小品及公共设施完美的置入到空间中，满足了人们对了购物、休闲娱乐、交流社交场所的需求，丰富了城市广场的功能和文化特征，提升了环境的品质（图 2-59、图 2-60）。

四、视觉和夜景照明系统的变化

　　"城市视觉系统主要是指对公共空间及场所进行的系统设计，用文字、图像、图

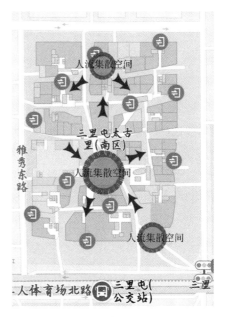

图 2-59　三里屯太古里北区
图片来源：作者根据地图绘制。

图 2-60　三里屯太古里南区
图片来源：作者根据地图绘制。

片、声音等信息与载体构建一个人工环境，具有视觉识别、导向、指示和象征等方面的功能，从而满足人们的日常生活需求"[1]。城市视觉系统不仅起到空间提示、定位、指引等功能，其形式也和社会经济、时尚潮流、城市功能等诸多方面密切相关。因此，城市视觉系统也是人们感受城市最直观的方式，它承载着城市的历史发展脉络，体现了当代发展的潮流以及未来发展的趋势，表达了城市给人带来的文化形象和整体印象。具体来说，城市视觉系统主要包括：广告、路标、标识、海报、宣传语、导识牌等。

　　而人们对这些视觉系统的认知离不开城市户外照明的帮助。从整体来看，北京城市视觉和夜景照明系统的发展变化经历了四个阶段，并分别呈现出不同的鲜明特征：1949 ～ 1979 年以政治为宣传主题，表现形式为政治性标语、国家领导人形象等；1980 ～ 2000 年伴随改革开放经济飞速发展的商业广告类别视觉表现突出，经历了从自发、无序状态到统一规划、专门管理和立法的过程；夜景照明出现并延长了人们的"夜生活"；2000 ～ 2008 年为迎接奥运会，城市服务性标识系统受到重视，并在城市主要位置开始设立；2008 ～ 至今，城市视觉系统不断完善和提升，形成统一化、

[1]　张怡娜 . 西安城市历史地段视觉导识系统设计研究 [D]. 西安建筑科技大学，2008 年，第 17 页。

系统化、精细化的规划设计体系，而且随着新媒体、影像、交互、模拟等技术的发展，视觉系统的形式更为丰富，甚至走在了世界的前列。

（一）以政治为主要表现内容（1949 ～ 1979 年）

20 世纪 60 年代的"文革"时期，政治成为一切宣传和娱乐的主题，利用视觉符号来表现国家的政策，达到政治宣传的目的形成了在艺术中特定的表现形式，是表达社会主义文化的一种具有浓烈时代信息的独特的美术形式，在表现题材上主要包括毛泽东语录和肖像、宣传口号、五角星、天安门、向日葵等（图 2-61 ～图 2-63）。表现形式简洁、单一，材质简朴，表现手法也没有过分修饰，色彩以红、黑为主，都是为政治意识形态进行服务的创作。大部分都是利用学校、工厂建筑的墙体、围墙等显著位置，具有强烈的视觉冲击力及明显的标识效果，遍及大街小巷，成为这一时期北京城市景观最独特的时代元素。由于其制作简单，随着"文革"的结束和建筑、围墙等的拆除，这种元素也迅速从人们视野中消失，仅仅在少数尚未改造的建筑上可以看到。因而成为承载显著时代信息的形式而具有了被保护的价值，甚至成为当代艺术家创作的灵感来源（表 2-3）。

户外照明只有基本的路灯，一般晚上七点后商店、餐馆关门，不再有经营活动；人们下班、放学后就回家，城市的晚上是安静且昏暗的。

（二）商业广告与城市夜景照明（1980 ～ 2000 年）

这个时期的商业广告类别视觉表现突出，既经历了从自发、无序状态到统一规划、专门管理和立法的过程，也使得城市夜景照明变得更为普遍，人们的各种活动时间大大延长，"夜生活"成为年轻人的日常生活内容。

图 2-61 "文革"标语
图片来源：网络。

图 2-62 北京不同时期期户外广告表观形式示意图（1949～2020 年）

北京不同时期户外广告形式变化示意图（1949年至今）

表2-3

时间（年）	字体	色彩	内容	案例
1949～1979			马列主义毛泽东思想万岁！把毛主席的指示，印在脑子里，溶化在血液中，溶实到行动里，等	 
1980～2000		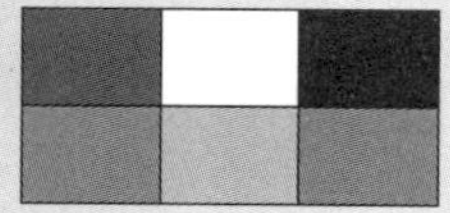	亚运会成功，众盼奥运；方正电脑，相机维修；笔记本电脑广告标语；等	 
2000～2008		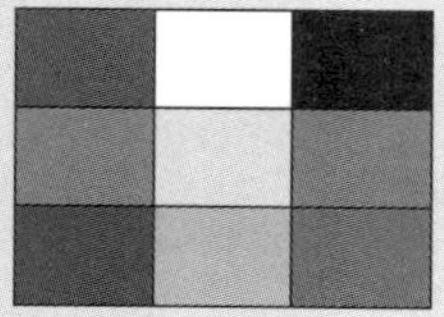	2008北京奥运会；点燃激情，传递梦想；等	 
2008～至今		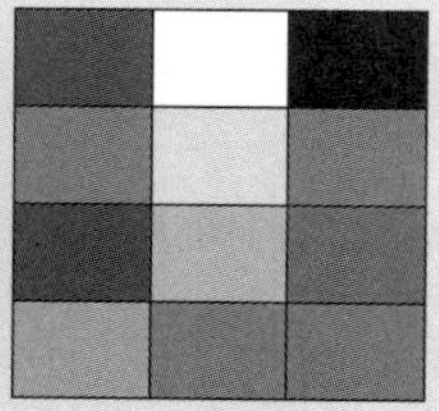	社会主义核心价值观的基本内容是：富强、民主、文明、和谐、自由、平等、公正、法治、爱国、敬业、诚信、友善。各种宣传标语；等	 

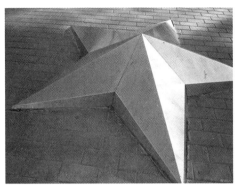

图 2- 63　798 艺术区内的户外雕塑

图片来源：作者拍摄。

城市户外广告除了具有商业功能外，也是构成城市形象的元素之一，是城市文化的有形体现。1979 年春北京西单出现了广告墙，至 1987 年 10 月 26 日国务院颁布《广告管理条例》，这是中国广告业全面恢复的阶段。户外广告作为与报纸广告并列的形式，以路牌和墙体广告为主，如西铁城手表、蝴蝶牌手表、桃花牌电扇、松下电器、雀巢咖啡等（图 2-64）。

图 2-64　20 世纪 80 年代的蝴蝶牌手表、桃花牌电扇广告牌

图片来源：http://dy.163.com。

1994 年，天安门广场首次出现商业广告；1997 年柯达公司的霓虹灯广告在长安街中国邮政大楼点亮，成为当时国内最大的广告牌。霓虹灯广告、交通广告、招贴广告、橱窗广告等陆续出现在建筑外墙、楼顶、立交桥、路牌、候车亭、地铁站等各个位置，成为城市景观的一种元素（图 2-65）。

相关的管理、立法也逐步完善，1998 年 11 月 15 日市人民政府发布《北京市户外广告管理规定》，2004 年 10 月 1 日起施行《北京市户外广告设置管理办法 》。对户外广告的位置、地点、文字和图片内容、与交通信号标志及建筑的关系、尺度、维修、经营等诸多方面进行了规定，有的区甚至请专业机构对街道的夜景和广告进行统一的规划设计，都在很大程度上塑造了北京的夜景。

另一方面，广告材料从手绘、平面印刷、灯箱、霓虹灯、LED 多媒体显示屏的发展，也给北京城市夜景照明增添了新的光亮和色彩。"随着城市夜生活的日益丰富，室外夜景照明逐渐展开，商业照明也从这时候开始，发亮的橱窗成为夜景的一部分"[1]。除了完善的道路照明系统外，外立面照明已经成为大型建筑和商业空间设计必不可少的部分，不仅使得城市具有了"日间"和"夜间"两个不同的面孔，并由此催生和促进了整个照明行业的发展（图 2-66）。

图 2-65　1992 年王府井"麦当劳"广告牌　　图 2-66　北京蓝色港湾夜景照明图
图片来源：网络。　　　　　　　　　　　　图片来源：作者拍摄。

（三）服务性标识系统的完善（2000 ～ 2008 年）

城市标识系统是以综合解决信息传递、识别、辨别和形象传递等为目的的整体解决方案，指的是在城市中能明确表示功能、位置、方向、原则等的，以文字、图形、符号的形式构成的视觉图像系统的设置。可以概括分为：城市识别标识、城市导向标识、城市管理标识和市民生活指导标识。具体包括：（1）定位系统：包括路名、路牌、路标，建筑物名称、门牌号、公司名牌店牌等；（2）交通指示系统：包括交通警示、提示系统，红绿灯、斑马线、停车泊位指示系统等；（3）特殊指示系统：公园标识、重要公建标识、文物标识、残疾人行走、通道，公厕位置等标识系统；（4）文明提示系统：包括文明准则宣示系统，政府告示、城市介绍、文明设施提示系统等[2]。

[1]　黄艳 . 照明设计 [M]. 北京：中国青年出版社，2011 年。
[2]　洪兴宇 . 标识导视系统设计 [M]. 武汉：湖北美术出版社，2010 年。

2000 ~ 2008 年，年特别是北京申奥成功后，北京的城市建设进入了大规模高速发展时期。为了迎接大量外国和外地的客人，北京在短期内迅速建立并完善了具有国际标准的城市服务性标识系统，这对于提升北京城市的整体形象起到至关重要的作用，在细微之处彰显了北京作为国际化大都市的服务水平（图 2-67）。虽然现在年轻人可以借助手机查询系统、汽车地面导航系统、旅游景点指示系统等进行达到以上目的，但城市中固定的服务性标识系统作为城市基础设施的一部分而不可取代，它也是衡量一个城市文明程度、现代化程度和民主程度的一项重要指标（图 2-68、图 2-69）。

图 2-67　2008 年奥运会专用道路标识牌
图片来源：网络。

图 2-68　地铁口标识牌
图片来源：作者拍摄。

图 2-69　车行道标识牌
图片来源：作者拍摄。

（四）智慧城市与体验式视觉系统环境（2008 年至今）

2008 年至今，城市视觉系统已经形成了一个完整的规划设计体系，而且随着新媒体、影像、交互、模拟等技术的发展，视觉系统的形式更为丰富，甚至走在了世界的前列。

一方面户外广告和标识不再仅仅以静态的方式单向传递信息，而是以动态的、多维的、可变的、互动的方式与人们产生交流和信息交换，利用视频影像、声音等塑造一个全方位体验式环境（图2-70）；另一方面"智慧城市"系统使得城市功能更为便捷、高效，这不仅改变了城市视觉系统的形式，也改变了人们的行为——路上常常可见低头在手机上查询的人（图2-71）。年轻一代在寻求一种体验中进行娱乐、学习或工作，而AR和VR的发展则扩展了这种体验活动的创造性潜能，由此成为一种独特的经历而吸引更多的人，于是城市充满了年轻的活力。

图2-70　商场户外广告牌
图片来源：作者拍摄。

图2-71　"城市大脑·智慧交通公共服务版"
图片来源：www.iyiou.com。

小结

创造性的景观系统规划营建，确实可以在一定程度上隔离或掩饰不那么令人愉快的景象，却不能解决其产生的真正原因和结果。城市经济发展速度快，乱景的产生多是由于城市急剧发展而在较短时间内形成的视觉感观、功能追求等方面的不和谐或杂乱，但这种不和谐有时又会造成意想不到的视觉冲击，很难用简单的褒贬对其进行单一评价。这种现象多发生在经济快速发展中国家和地区，如中国、印度等。而当经济进入平稳运行期后，一切都将逐渐进入相对稳定和谐的发展状态。

虽然在城市景观的生长中，出现新旧交替、鱼龙混杂的现象是一种常态，但过去这些年发生在中国城市的剧烈冲击，让人们始料不及，造成的迷惘、混乱都是前所未有的。快速城市化进程中，新系统与旧系统必定发生碰撞。探索新城市、触摸旧城市，设计师必须在新旧之间达成平衡，找到新的答案。事实表明，如果城市变化是在较长时期以渐进的方式进行，并把新的不熟悉事物与旧的熟悉事物混合起来，那么它们通常被认为是令人激动的，同时也是舒适和可以接受的；将变化幅度控制在合理范围内，也许矛盾就不那么尖锐了。

第三章

北京城市文化景观痕迹的共生与传承

　　景观本身包含着可视与不可视的特质，"它不仅包括痕迹和生态方面，还有整个国家的精神状态，以及其特质和文化衍生的演进。因此，痕迹的概念中既存在着深层面的时间的延续性，还包含了回忆的各个因素，如标记（marking）、印象（impression）和建立（founding）等"[1]。

　　景观痕迹是人们从未知到已知、从过去到现在，再到未来的探索过程的记录和见证，始终贯穿在时间的概念中。实际上，景观的视觉形象随着时间的推移，其结果会演变并超越设计师的最初想象。也就是说，随着时间的流逝，景观人工或个体营造的痕迹逐渐褪去并越来越模糊，并呈现出一种自然雕琢的面貌。这就意味着，景观历史演变的痕迹已经脱离了其制造者的预料和控制。景观痕迹不仅仅受到人的生活习惯等因素影响，还和文化交流及技术发展相关联，城市文化景观就是由这些各不同但彼此间又相互关联的景观痕迹交织而成——这种交织关系类似生物体间的共生关系（两种生活在一起的不同生物之间所形成的紧密互利关系，一方为另一方提供有利于生存的帮助，同时也获得对方的帮助），共同组成共生的网络来促进城市景观系统健康可持续发展。强调"痕迹"就是试图将城市景观放到时间的框架中、以动态的视角去研究它。

一、 景观痕迹的共生与进化

　　共生又叫互利共生，是两种生物彼此互利地生存在一起，缺此失彼都不能生存的

---

[1] ［美］詹姆士·科纳主编 . 论当代景观建筑学的复兴 . 吴琨、韩晓晔译 . 北京：中国建筑工业出版社，2008 年，第 59 页。

一类种间关系，若互相分离，两者都不能生存。而进化指的是生物形态发生、发展的演变过程。实际上"进化"一词来源于拉丁文 evolution，原义为"展开"，一般用以指事物的逐渐变化、发展，由一种状态过渡到另一种状态。同样，城市景观在进化发展中会伴随形态、特性、功能的演变，不同时期各种景观痕迹共生在一起，就是这种变化、发展、过渡过程的记录和印迹。

景观痕迹包括实体性和非实体性（虚体）的，城市实体景观痕迹和虚体景观痕迹的共生关系决定着它们相互作用、相互影响、相互交织；一方面作为实体的建筑景观影响并规范着人们的思想、行为等，并从实体景观开始，带来经济内容、行为模式等的变化；另一方面人的活动也塑造着景观实体，从生活、文化内容开始，最终体现在具体的景观实体上。

"景观不是设计物体的组合，而是一个连续的表面、场地或场景，向上下左右无限延伸。设计就是编织场地结构，有时也会拆解；景观是序列，是无限的过程和状态，是体验过程"[1]。景观正是以多种方式交织着前行，表达美的追求、理想和形式；文化也正是在这样一个各种系统和各个时代相互交织的复杂运动过程中传承下来，成为无数历史时刻被压缩在一个特定的空间内的聚合体（《运动中的景象：在时间中描述景观》Vision in motion: Representing landscape in time，Christophe Girot）。

一个与之相关的概念就是"文化景观"，这一词汇自 20 世纪 20 年代起即已普遍应用，最初是由美国人索尔（Sauer Carl.O.）在 1925 年发表的著作《景观的形态》中提出。他认为历史文化景观是人类文化与自然环境相互影响、相互作用的结果；是任何特定时间内形成的某一地区的自然和人文因素的综合体，因人类作用而不断变化。法国地理学家戈特芒·J. 更进一步提出，要通过一个区域的景象来辨识区域，而这种景象除去有形的文化景观外，还应包括无形的文化景观。"文化被定义为持续的符号，其中一些就在景观当中"[2]。"它本身蕴含着记忆、内涵以及价值。文化景观不仅是居住于此的人们的文化、身份和信仰的基础，从整体和可持续发展的角度来看，它还塑造着长久生存的可能性。但是，这种景观同时也兼具文化性，由于视角的差异，观察者会产生不同的观点，而这些观点深受观察者个人品位、生活方式和信念的影

---

[1] ［英］Catherine Dee 著 . 设计景观 . 陈晓宇译 . 北京：电子工业出版社，2013 年，第 188 页。
[2] ［美］史蒂文·布拉萨著 . 景观美学 . 彭锋译 . 北京：北京大学出版社，2008 年，第 149 页。

响"[1]。因此文化景观的形成是个长期过程，每一历史时代人类都按照其文化标准对自然环境施加影响并留下痕迹，最终把它们改变成文化景观。

（一）实体性景观痕迹

景观痕迹具有实体性，表现为具体的、有形的、可视的、稳定的、可度量的物体要素和细节等；它融入并结合到社会环境中，保持一种积极的社会作用，而且其自身演变过程仍在进行之中，同时展示了其历史演变发展过程。实体性景观是整个城市文化生态的外显部分，是人们感知城市文化的直接的媒介。实体性景观具体包括建筑物、开放空间、基础设施、公园绿化等。

痕迹还是面对时间变化与预设的设计构思、基地实际情况之间的差异时，所作出的反应。很难说到底是可见的还是不可见的痕迹更重要，但可以肯定的是，痕迹，包括各种因素和事件，反过来都促进着场地景观的演进。

（二）虚体性景观痕迹

景观痕迹也是非实体（虚体）的，具有无形的、即时性、移动性、不可触碰性及非物理性特征；但是它的影响作用却是可以得到保存和延续，例如语言、文字、生活习惯等。虚体性景观是由非物质化文化形态构成的无形、但是具有一定持续性的人类活动和视觉信息，具体包括人们的活动方式、生活习惯、行为举止、语言文字等，是由实体性景观所引发并规范、影响着的；而文化最终要借助痕迹——历史的、时间的足迹来呈现情感、经验、记忆等。

城市景观痕迹可以视作为人类在不同时期相继作用于土地上的活动的总和，而且是处于动态变化之中。"生态学思想十分强调过程中体现出的动态关系和因素，并且也解释特定的空间形态只是物质的一种临时状态，正处于变化成为其他物质的过程中。"[2]

北京城市景观历史演变的痕迹概括起来分为两种，且其各自都包含实体性和虚体

---

[1] 塞西莉亚·索达诺著. 国际章程中的文化景观. 赵郁芸译. 国际博物馆（中文版）,2018 年第 12 期，第 68 页（67-72）。

[2] ［美］查尔斯·瓦尔德海姆编. 景观都市主义. 刘海龙等译. 北京：中国建筑工业出版社，2011 年，第 15 页。

性（非实体性）的内容：

　　1. 受外来经济文化影响的景观。

　　2. 受历史、政治事件影响的景观。

　　这两种分类并非完全孤立和有明确界限的，它们之间存在着相互关联和交叉的关系并相互影响、相互作用，呈共生关系。

　　具有文化意蕴的景观，可以成为一个地点、一个城市、甚至国家的代言人，体现一个城市的精神特质和性格，表达居民的文化诉求，最终体现为某种精神投射下的市民行为和情感。

二、受外来文化影响的景观痕迹

　　在《保护生物学原理》一书中，蒋志刚等（1997）认为："生物多样性是生物及其环境形成的生态复合体以及与此相关的各种生态过程的综合，包括动物、植物、微生物和它们所拥有的基因以及它们与其生存环境形成的复杂的生态系统"[1]。

　　由于民族的迁移，一个地区的文化景观往往不仅是一个民族形成的。因此，美国地理学者 D.S. 惠特尔西在 1929 年提出了"相继占用"（sequent occupancy）的概念，主张用一个地区在历史上所遗留下来的不同文化特征来说明地区文化景观的历史演变。文化间的多边交流形成了文化多样性，组成了这种开放的、充满乐趣的、穿梭状态的景观——而各种景观因素形成相互依存、相互作用的生态关系及复合的生态链，最终与社会环境融合形成丰富的城市文化生态系统。正如哈佛设计学院景观系主任 Anita Berrizbeitia 于 2016 年 4 月 14 日在哈佛大学设计学院的讲座中所说："土地是人与景观的界面，那么景观其实是经济和政治力量的附带现象。当景观产生模式和受用对象发生重大转变时，新的景观就会产生。"

　　北京作为历史古都，既有国内丰富的多民族文化，也有经过时间沉淀并生存下来的外来文化。外来文化影响城市景观风貌的途径主要有两个：其一是国外建筑师直接担纲建筑设计，带来西方风格的建筑实体；二是外来居民的文化习惯、生活方式、饮食、语言等非实体因素，也反映在对周边环境的视觉影响上。

　　例如，"清末以来，外国人在北京建设了许多洋建筑，如城内多处教堂、东交民

---

[1]　蒋志刚，马克平. 保护生态学原理. 北京：科学出版社，2014 年，第 7 页。

巷的外国使馆、崇文门至王府井一带的洋行、饭店、医院、商店等，甚至距紫禁城不远的地方变成了'洋式'风貌区。著名的正阳门火车站（1906 年）是一座大型洋式建筑，现作为北京的文物建筑得以重修。深受人们喜爱的前门箭楼也非原汁原味的传统建筑，其表面的一些洋式装饰，是民国初年德国建筑师所为。"[1]

现存的外来建筑影响从视觉上可分为两类：一类是建筑文化遗产景观，如巴洛克风格的教堂、公馆洋房等，带有明显的宗教、文化、艺术风格信息；另一类是外国建筑设计师设计的当代风格建筑，如 CBD 区域的建筑群，没有明显的国家、宗教和文化特征，呈现出不受地域限制的"国际化"风格样式。无论是外来建筑文化遗产景观还是当代国际化建筑，它们的使用功能都与其风格所代表的年代信息相适应，如正义路上的北京市政府办公地就是原日本公使馆，而库哈斯设计的新央视大楼则是当代电视、新闻媒体的中心。

而景观的非实体因素，如语言、不可触的味觉、服饰形态、艺术形式、饮食习惯等，经过多年的发展和本土相结合形成了自己的风格，例如在视觉上出现了中英文混合的 LOGO；日常交流的口头语中出现了外来词汇；也带来了生活方式（喝下午茶、咖啡，晚上泡酒吧）；各种西方的庆典仪式（情人节、圣诞节等）以及各类宴会的穿着方式（燕尾服、礼服等）。

外来文化进入中国后，它与本地传统文化形成共生关系，丰富了本地区的文化形态和形式；同时经过时间的涤荡，减少相互间的不适合关系，在共生的作用下，发展出一种独特的景观意象，丰富了城市景观的层次和文化内容。因此，今天我们所看到的城市景观所表现的文化多样性是人和自然（包括各种个人难以预料和操控的因素）共同选择的结果。

（一）实体性景观痕迹——外来经济文化的影响

实体性因素影响是通过具体的物质形态来影响城市文化景观的，具有可度量、可接触和时间持久性；这种影响城市景观的实体性因素主要包括建筑、城市规划和园林等。而建筑作为承载历史、文化、政治信息的实体，其形态、造型方式、功能用途、材料选择等带有明显的时代和文化特征。通过梳理北京建筑发展历史，从外

[1] 吴焕加.北京城市风貌之我所见.北京城市规划，2000 年第 3 期，第 8 页。

来建筑的形式和功能来看，可以大致分为四个阶段，其中前两个阶段基本上是以外国建筑师设计并采用西方风格，在中华人民共和国成立前落成，现在已成为历史文化保护建筑；后两个阶段是中华人民共和国成立后，由外国和我国建筑师共同设计完成。

1. 不同阶段的实体性外来景观痕迹

第一阶段（1616～1848年），最早进入中国的是传教士，因而此阶段主要是纪念性、仪式性和宗教类及相关功能建筑；此时期正值清代而西方国家正是资本主义萌芽、快速发展并开始向外扩张时期，以传教士先行进行思想文化上的准备，再以经济和军事、政治手段全面进入。这些由教会支持的传教、宗教活动呈现的特征是规模不大、时间跨度长，零散而不成系统，带来了承载这些宗教活动或教义的教堂、学校、医院、修道院、孤儿院等；其样式多为巴洛克、罗马式或者哥特式（图3-1、图3-2、表3-1）。

图3-1　北京王府井天主教堂

图片来源：作者拍摄。

据此我们看出，建筑从最初开始就不仅仅是满足使用目的的物质实体空间，也承载着文化的内涵。

清代北京的主要教堂建筑　　　　　　　　　　　　　　　　表3-1

建成时间	位置	名称	立面材料	风格
现存为1904年建成（原建筑为1660年）	西城区前门大街141号	宣武门天主教堂（南堂）	砖、石、彩绘玻璃	巴洛克
现存为1905年建成（原建筑为1665年）	东城区王府井大街74号	王府井天主教堂（东堂）	砖、木、石、彩绘玻璃	罗马式
现存为1900年建成（原建筑为1669年）	西城区西什库大街33号	西什库教堂（北堂）	砖、石、彩绘玻璃	哥特式
1901年建成	西城区东交民巷甲13号	圣弥厄尔教堂	砖、石、彩绘玻璃	哥特式

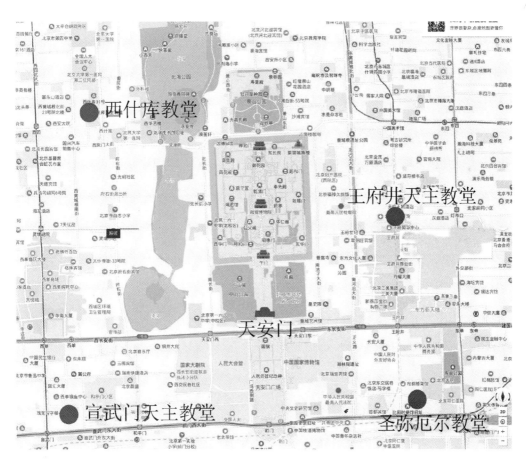

图 3-2　北京清末时期教堂建筑分布图

图片来源：作者绘制。

第二阶段（1840 ～ 1949 年），随着外国商人进入中国，外国人口增加，建造
了满足各类生活、商业和生产活动的建筑，如领事馆、住宅、火车站、工厂等（表
3-2）。东交民巷一带历史建筑旧址见图 3-3。

北京近代时期的外来建筑　　　　　　　　　　　　表 3-2

时间	名称	位置	功能及用途	风格	材料	高度
1872 年	日本大使馆旧址	东城区东交民巷一带	使馆	欧洲古典主义样式（巴洛克）	砖、木、石、玻璃为主要材料	10m
1910 年	日本横滨正金银行	东交民巷与正义路交叉路口	金融	西洋古典风格（巴洛克并结合爱奥尼式涡卷柱头）	红砖、花岗石材料	10m

时间	名称	位置	功能及用途	风格	材料	高度
1905 年	六国饭店	东城区东交民巷一带	餐饮、住宿	法国古典主义样式（巴洛克）	原为砖、木材料	—
1912 年	西绅总会	在台基厂头条胡同与二条胡同之间	俱乐部、娱乐、社交	近代折中主义风格	原为砖、木、铁	8m
1910 年	资政院	西城区象来街	预决算、税收、公债等	西方古典复兴建筑风格（巴洛克）	建筑材料主要是砖木、砖石、钢梁和琉璃瓦	—
1911 年	清华学堂	海淀区清华大学内	教育、办公	德国古典主义风格（巴洛克）	石、木，清水砖墙	10m
1903 年	铁道博物馆（原正阳门火车站）	东城区前门大街东侧	展　览（1905年京奉铁路正阳门东车站）	欧式风格（巴洛克）	砖、木和钢筋混凝土、外墙涂料	11.36m

（数据来源调研和张复合《北京近代"洋风"建筑》）

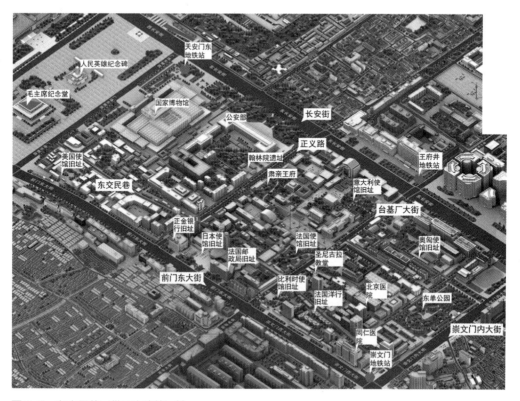

图 3-3　东交民巷一带历史建筑旧址

图片来源：作者绘制。

第三阶段（1949～1978年）是中华人民共和国成立以后至改革开放初期，由外国和中国建筑师共同设计、结合西方风格和中国传统元素的公共类型建筑，例如北京展览馆、民族文化宫等，风格受苏联的影响较为明显（表3-3），从中华人民共和国成立10周年献礼的十大建筑中可见一斑（图3-4）。

中华人民共和国成立后的十大建筑　　　　　　　　表3-3

时间	名称	位置	风格	设计师	材料	高度	功能用途
1954年	北京展览馆	西城区西直门外大街135号	俄罗斯古典主义风格	中方主任设计师毛梓尧	米色石材、金属尖顶	主体高19.5m，构筑物高度87m	展览、会议
1959年	民族文化宫	西城区西长安街北侧	折中主义风格	张镈	白色釉面砖和琉璃瓦屋顶	67m	展览、会议
1959年	人民大会堂	东城区天安门广场西侧	现代主义风格结合中式元素	张镈	花岗岩的须弥座和台阶、大理石墙面、琉璃瓦柱顶墙檐	46.5m	会议、外交接待、文化活动
1959年	全国农业展览馆	朝阳区东三环北路农展桥东侧	折中主义风格结合中式攒尖顶	张镈	米色瓷砖墙面和琉璃瓦屋顶	50多米	展览
1959年	军事博物馆	海淀区西长安街延长线复兴路9号	现代建筑风格和苏式风格结合	不详	米色石材和玻璃、金属尖顶	94.7m	展览
1959年	北京火车站	东城区毛家湾胡同甲13号	折中主义风格结合中式攒尖顶	杨廷宝、陈登鳌	米色石材和玻璃、琉璃瓦	40多米	交通枢纽
1959年	工人体育场	朝阳区工人体育场北路	现代建筑风格	不详	钢材、钢绞线、混凝土	20多米	体育场馆
1959年	北京民族饭店	西城区西长安街	现代主义风格	张镈	石材、玻璃	47.4m	展览、办公、酒店
1959年	钓鱼台国宾馆	阜成门外古钓鱼台风景区	中式皇家建筑风格	—	砖、木、玻璃、石材等	建筑高度20多米	会议、住宿、餐饮
1990年（新址）	华侨大厦	北京东城区王府井大街2号	现代主义风格	中方和芬兰方联合（后建）	石材、玻璃、瓷砖、钢材等	建筑高度33.6m	办公、接待、会议

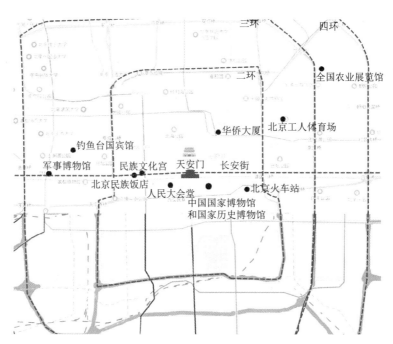

图3-4   中华人民共和国成立初期十大建筑位置

图片来源：根据资料绘制。

第四阶段（1978～2018年）是改革开放以后我国经济的高速发展时期，伴随着对外交流、经济产业内容的大量文化、商业、服务类建筑，基本上采用国际招标投标方式设计建造的当代国际化风格建筑（表3-4）。

1978～2018北京主要标志性建筑   表3-4

建成时间	名称	位置	用途	设计师	风格	立面材料	高度
1989年	长富宫饭店	东城区建国门东南角	酒店、商业	中方和日方联合设计	现代主义风格结合中式屋顶	玻璃、石材等	90.9m
1983年	长城饭店	朝阳区东三环北路10号	酒店、商业	贝克特国际设计公司	比利时式艺术风格	玻璃幕墙	50多米
1990年	国贸一期、二期	朝阳区东三环与建国门外大街立交桥的交汇处	办公、商业、酒店综合体	王欧阳（香港）有限公司和北京钢铁设计研究院	现代主义	玻璃幕墙	150m

续表

建成时间	名称	位置	用途	设计师	风格	立面材料	高度
2005 年	财富中心	朝阳区东三环中路 7 号	办公、商业	GMP、LPT、WTIL、ARUP 设计公司联手	现代主义	高效能玻璃幕墙	257m
2006 年	银泰中心	朝阳区建国门外大街 2 号	办公、商业	约翰·波特曼国际建筑设计事务所	现代主义	石材、玻璃、钢结构	250m
2007 年	国家大剧院	西城区西长安街 2 号	观演	保罗安德鲁	超现代主义	纳米玻璃、纳米钛板	46.285m
2007 年	国贸三期	朝阳区东三环与建国门外大街立交桥的西北角	办公、酒商业	SOM 建筑设计事务所	现代主义	钢结构、高效能玻璃幕墙	330m
2007 年	五棵松篮球馆	海淀区五棵松桥东北桥	体育场馆	北京市建筑设计研究院	现代主义	铝合金板、玻璃幕墙	27.86m
2008 年	北京南站	丰台区车站路 12 号	交通枢纽	铁道第三勘察设计院和英国泰瑞联合体	现代主义	铝板、玻璃幕墙	地上 40m
2008 年	国家体育场"鸟巢"	朝阳区国家体育场南路 1 号	体育场馆	赫尔佐格、德梅隆、李兴刚	现代主义	钢材	68.5m
2008 年	国家游泳中心	朝阳区天辰东路 11 号	体育场馆	约翰·保林、托比·王、赵小钧	现代主义	ETFE 膜、钢制构件	31m
2008 年	首都国际机场 T3 航站楼	顺义区首都国际机场中心广场	交通枢纽	英国诺曼·福斯特建筑事务所	现代主义风格	建筑材料为铝镁锰合金屋顶和中空低辐射镀膜玻璃	45m
2011 年	央视新址	朝阳区东三环中路 32 号	新闻传播、办公	荷兰大都会建筑事务所	现代主义风格	特种玻璃和特种钢	234m
2011 年	望京 SOHO	朝阳区望京街 4 号	办公、商业、综合	扎哈·哈迪德	超现实主义	铝单板、中空玻璃，钢框	200m

续表

建成时间	名称	位置	用途	设计师	风格	立面材料	高度
2012 年	银河SOHO	北京朝阳区小牌坊胡同甲7号	办公、商业综合	扎哈·哈迪德	超现实主义	铝单板、中空玻璃,钢框	67.5m
2018 年	中国尊	北京朝阳区 CBD 核心区 z15 地块	办公、商业综合	吴晨	现代主义风格	钢结构、高效能玻璃幕墙	528m

城市中不仅客观存在外来景观,而且,随着国际化的趋势愈演愈烈,设计师在设计思维、方法、评价标准等方面都趋同的现象。这些都不可避免地带来了景观文化的多样性和混合性。20 世纪的大部分时间,由于各种原因,同许多其他领域一样,我国景观建设几乎独立于以西方景观学为中心的体系之外。不可否认的是,现代景观学的概念主要起源于西方且占据了主导的地位,无论从理论、教育还是实践方面,莫不如此。实际上,大量"海归"景观设计师活跃在我国的主要城市,这就给中国这样一个历史悠久、文化特性深刻的国家带来困惑——在跨文化交流中,我们该吸取什么,继承什么?景观教育者和设计者该如何引导我们从单边的文化继承到多边的文化交流的转变呢?

2. 实体性景观痕迹对城市文化的影响——以国家大剧院为例

"景观不单单是一种文化的载体,更是一种积极的影响现代文化的工具"[1]。实体景观是以物质形态存在的人类文化和自然景观相互作用交织的结果,它既是虚体文化认识和观念的作用,也有实体自然景观的特征,也就是景观实体与自然、社会环境的相互关系和作用。国家大剧院这种公共文化建筑的功能本来是歌剧、音乐剧等的演出空间,而这些表演和艺术形式及内容都是来自西方而不是北京传统中所具有的;但国家大剧院建成后,其内容不仅包括歌舞剧音乐剧,也适应当地文化需求及市民文化教育,承担了艺术展览展示、公益艺术讲座等。其内容和形式一样,都带来一定的冲击,无论是

---

[1] [美]詹姆士·科纳. 论当代景观建筑学的复兴. 吴琨等译. 北京:中国建筑工业出版社,2008 年,第 2 页。

视觉方面的还是精神文化层面的；而这种冲击在经过一段时间的争议、磨合之后，逐渐成为一种不同于别处、不同于以往的景观文化意象而成为这个地方的地标。

据国家大剧院官方网站介绍，大剧院位于"北京市中心天安门广场西，人民大会堂西侧，西长安街以南，由国家大剧院主体建筑及南北两侧的水下长廊、地下停车场、人工湖、绿地组成，总占地面积 11.89 万 m²，总建筑面积约 16.5 万 m²，其中主体建筑 10.5 万 m²，其建筑高度 46.68m"（图 3-5）。国家大剧院于 2001 年 12 月 31 日开工建设，2003 年 12 月竣工、2007 年底投入正式使用。

图 3-5　国家大剧院

图片来源："http://dp.pconline.com.cn/dphoto/list_3331266.html"。

（1）对城市视觉形象的影响

从广义上看，所有的景观都具有文化性，正如美国人索尔（Sauer Carl.O.）的观点"景观因人类的作用而不断变化，因此，文化景观是人类文化和自然景观相互影响、相互作用的结果"[1]。而这种文化性信息首先是由实体的视觉形象传递出来的。国家大剧院坐落在长安街的南侧，与人民大会堂、国家博物馆、人民英雄纪念碑等建筑在同一东西线上（图 3-6）。而长安街作为北京最主要的东西向道路，不仅贯穿东西主要城区，且与中轴线相交，故宫、天安门广场就位于其中点，是北京城市空间格局最重要的基本框架。因其历史和政治发展背景，沿线两侧以国家、政府性、公共服务性、文化性建筑为主，风格样式力求稳重、大方，且高度有严格控制。（图 3-7）。

---

[1]　Sauer Carl.O. The Morphology of Landscape [J]. University of California Publications in Geography,1925 年第 2 期，第 19-54 页。

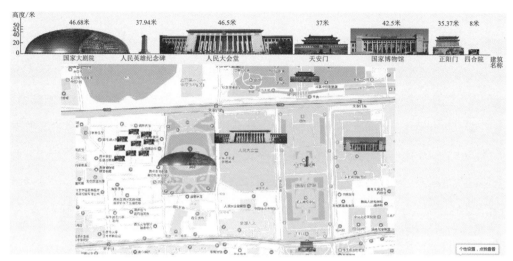

图 3-6   国家大剧院周边建筑及其高度

图片来源：根据网络资料绘制。

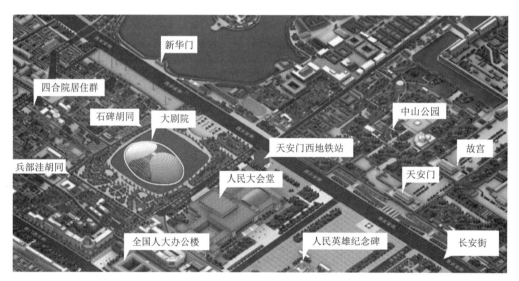

图 3-7   国家大剧院及周围环境

图片来源：根据搜狗地图绘制。

因此，当安德鲁的中标方案被公布以及建成后一段时间，各界无论是对其建筑形态、建筑材料运用还是文脉特色差异等方面都出现了很多争议。首先，建筑形态上，传统建筑为四方规则性，而大剧院是椭圆形；建筑材料上，传统建筑材料选择是石材类硬质材料和玻璃。而大剧院则是玻璃和金属板材，材料感觉上呼应周边建筑文化风格的厚重度不够；文脉特色差异突出在新建筑和长安街当时整体的环境组群风格不相融合，椭圆形双曲面给人的感觉较为随意，其所体现的浪漫文化性格，和周围严肃的行政建筑群氛围产生一定冲突。

其次是环境格局与传统营造模式不同。水和大剧院建筑的关系是环绕（图3-8、图3-9），而北京传统建筑中的建筑和水的关系则是北山南水的建造思维（如在天安门南侧有金水河）（图3-10），这在北京的城市景观之中尚属首次。因此，当2003年大剧院建成后，其怪诞的形态被当时媒体和专业人士作为调侃的对象。

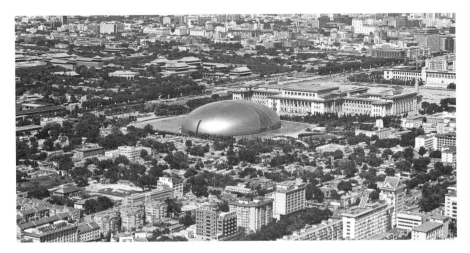

图3-8 国家大剧院
图片来源："http://s9.sinaimg.cn/orignal/001wSoZ7zy76eMBPNlS48"。

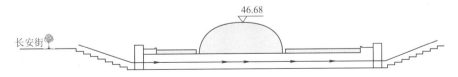

图3-9 国家大剧院建筑与水的位置关系
图片来源：根据资料整理绘制。

图3-10 天安门及金水河位置关系
图片来源：Google地图 + 作者绘制。

但是，在经历了一段时间的不适应后，人们对它的负面评价逐渐减弱，对它曾经造成的冲击习以为常；社会正面认可度逐渐超过负面评价。首先，差异化的建筑形态和周边代表国家尊严的庄重建筑形态形成强烈对比；其次，新的建筑单体成为严肃行政色彩中的一个"平滑体"式的建筑，具有一定的包容性和环境协调性，成为北京一个新的地标建筑。

而且，从某种程度上来说，国家大剧院对整条长安街景观视觉形象的影响形成了中西建筑文化对比下的融合，在古老的中轴线西侧建立了一座当代国际化、不具有过去任何地域、历史信息的建筑，给人耳目一新的感觉。同时，其不同以往的形象证明了北京作为国际大都市对于异域文化的开放性和包容性——北京既可以延续传统文化，也可以接纳世界多元文化。相关的证据还包括教堂、近现代的各国驻华使馆建筑群（东交民巷一带）、CBD 中央商务区建筑群、鸟巢（国家体育场）等，都是不同时期外来文化留下的实体性景观痕迹，但经过时间的涤荡后，逐渐形成共生互利关系。

（2）对虚体文化景观的影响

在此我们需要探索城市景观是如何介入文明习惯的：从作为自然物的景观到受自然因素影响的景观；从文化产物到作为制造和丰富人类文明成果的介质。国家大剧院建成带来的不仅仅是实体文化形态，也带了虚体文化内容，如音乐会、舞剧、歌剧等文化艺术形态及文化消费者（图 3-11），促进了文化产业的发展以及相关的从业人员——这些人群都成为北京街头的风景。大剧院一方面通过节目演出、剧目制作、国际交流并邀请外国专业人员和机构参与来培养专业人员的培养；另一方面通过艺术普及和公共教育，让更多的人走进大剧院。据统计，每年大剧院参加各种活动的人数达到 180 万人次（数据来源：国家大剧院网站）。

图 3-11　国家大剧院上演的剧目宣传海报
图片来源：大剧院网站。

（3）景观评价

国家大剧院无论其建筑形态、风格还是通过剧院建筑带来的西方文化形态都给传统的北京城市景观带来了视觉上和文化上的双重影响。

首先从视觉上来看，其建筑形态和周围的建筑有着强烈的对比，无论从造型上、材料的选择上还是色彩上都和传统有着差异性；从建筑和环境的整体性来看，国家大剧院及其外环境的水池构成了一个具有整体围合性的建筑群体，不同于其东侧的人民大会堂。

其次，从文化角度来看，大剧院通过其建筑功能带来了歌剧、舞剧等西方传统艺术形式，同时，大剧院的建筑功能不仅可以承载西方艺术的展演，对于本土的传统艺术形态（如京剧、戏曲等）也可以提供很好服务。通过一座艺术类建筑将中西方的艺术形态引进来、传出去，这本身就是最大的文化价值。这样的文化价值随着时间的流逝将无形的提升城市市民的文化欣赏水平，并提升城市文化软实力，其文化软实力价值伴随着它所处的位置和独具特色的视觉形态将成为这个城市的文化地标建筑。

（二）虚体景观痕迹对城市景观的影响

虚体（非实体性）景观痕迹如语言、生活方式、经济活动、饮食习惯等反过来也会作用于实体性景观——建筑和城市空间。语言和生活方式是最常见的虚体形式，反映在广告、标识系统等中。而生活方式则是多样的，由习惯性行为模式和地域特色共同构成。例如，北京人喜欢喝茶，而外国人则喜欢喝咖啡；而茶和咖啡不仅味道、所用的器皿不同，其所需的空间形式也不同。

1. 外来生活方式对城市景观的影响——以三里屯为例

三里屯位于北京市朝阳区东三环中路与东二环之间，东起三里屯路，西至新东路，北邻无轨电车二厂，南抵工人体育场北路，因距内城三里而得名（图3-12）。20世纪60～70年代，其北部新建使馆区和三里屯外交人员公寓，三里屯一带逐渐发展成为驻华外交人员聚集、购物、生活和娱乐休闲活动的重要社区。使馆人员及家属将他们的生活方式、行为习惯、语言文字和饮食带到了这里，例如，在此出现了北京最早的酒吧（1995年开业的"云胜酒屋"）。不仅其广告招牌、家具设施、标牌文字、灯光装饰等形成了"酒吧一条街"的典型景观；而且其消费人群从最初的外国人逐渐扩展到本土追逐时尚的年轻人、留学归国人员等，数量不断增大、面积不断扩展，以致在东三环附近形成多个带有西方城市气质的区域，是时尚和异国文化代表的象征（图 3-13 为酒吧标牌）。

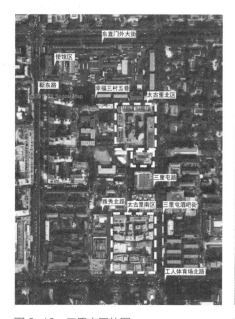

图 3-12　三里屯区位图
图片来源：作者绘制。

图 3-13　三里屯酒吧街的英文招牌
图片来源：作者拍摄。

2008 年后三里屯整体风貌从原来酒吧街的带状逐渐转变为片状步行社区，也开启了服务于市民阶层的商业文化和空间模式。这种模式通过营造独具特色的文化氛围，将"胡同和四合院"地域特有的建筑空间格局放大到商业社区建筑群的规划理念中；在经营内容上引入时尚快节奏国际化消费文化观念，通过建筑内部空间氛围和消费内容来关联其定位的主流消费人群，而三里屯各种肤色的人群也成为一道独特的城市景观。这种由"虚体"生活方式、文化习俗带来的产业内容和人群构成变化，并最终反映在社区空间格局、建筑装饰、广告标识等实体景观元素上，留下了不同文化的痕迹（图 3-14、图 3-15）。

（1）虚体景观痕迹

外来文化对三里屯街区的影响从 20 世纪 80 年代自发形成的北京第一条酒吧街，到今天的具有城市商业综合体特征的三里屯太古里及三里屯 SOHO 等，涵盖了从购物、餐饮、展览、观光等多种经济内容（图 3-16）；人们在此可吃到各国、各地口味的食品、最新潮的网红奶茶店、世界各国品牌风格的服装、饰品、与最新时尚潮流一

图 3- 14　三里屯太古里各种商业店铺（一）

图片来源：作者拍摄。

图 3- 15　三里屯太古里各种
商业店铺（二）

图片来源：作者拍摄。

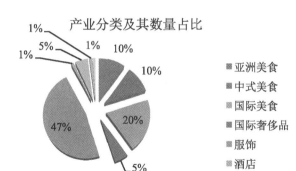

产业分类及其数量占比

1%　1%　10%
1%　5%
1%
10%
47%
20%
5%

■亚洲美食
■中式美食
■国际美食
■国际奢侈品
■服饰
■酒店

图 3-16　2018 年三里屯地区产业分类
及各产业数量在总产业数量中的占比
根据三里屯太古里网站数据和现场调研
整理绘制。

致的各种物品、最新潮的着装方式都可以在这里看到，以及丰富的夜生活。所有这些文化元素最终作为虚体景观而形成一种当代国际化的城市画面。

（2）从虚体到实体景观

新的生活方式带来了对审美的变化，体现在店面形象、公共导视系统、开放空间形态、景观设施、建筑风格等实体性景观元素中。例如，从街道空间形态看，改变了过去线状街道空间的形式，采用街道 + 广场的多重空间组合的模式，社区内街道完全开放，形成可行可停的大众行为。不仅容纳了更多的人群，且促进了商业行为的完成并鼓励了观光游览的功能。

针对南北两段的业态定位不同，设计师隈研吾以"胡同"和"四合院"空间精神来组织南北区的开放空间：市民阶层的"胡同"路路相通，形成多向出入口，同时尺度上也较窄，在业态上定位上以大众品牌入驻如"苹果"、阿迪达斯、辛巴克、H&M等；

而北区的空间构成如同"四合院"围合形态，以高端定制或者品牌旗舰店、精品酒店、画廊等为主。因此从空间流线形态就可以反映出规划对于街道形态的区分和对商业的定位（图 3-17 ）。

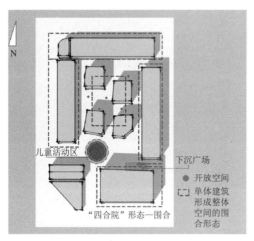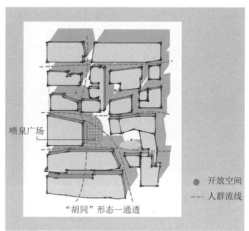

图 3-17　三里屯太古里南区"胡同"、北区"四合院"形态及开放空间

图片来源：作者绘制。

　　同时，利用商业建筑形成街巷的正面及边缘，使商店成为街巷的一部分（图 3-18 ），方便消费者在沿街行走时进入商店；街巷两侧形成空间渗透，空间视觉连续且富有层次变化，创造出吸引消费者、生动的、人性化空间场所，创建此类格局以达到向街道开敞，吸引消费的目的。

图 3-18　三里屯街巷形态

图片来源：作者拍摄。

　　区域内建筑呈国际化风格，没有明显的地域和传统特征（图 3-19 ），以金属和玻璃材质为主，极具现代气息，这样不仅造型简洁，而且适合多变的室内功能需求。

南区商业街的建筑高度不超过 18m 的限高，最高为 4 层，建筑单体相互独立，由外廊连通（图 3-20）；这样的构成方式既丰富了空间和视觉感知层次，加强了伴随脚步移动的个人体验，也增加了人群在区域内的停留时间，从而最大限度上让每个商家都获得大量的客流。

图 3-19　三里屯太古里建筑

图片来源：作者拍摄。

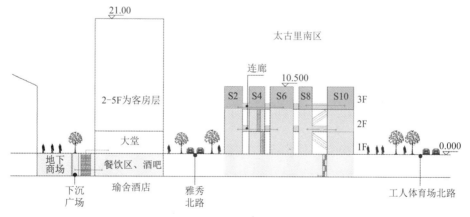

图 3-20　建筑之间交通连接

图片来源：作者绘制。

（3）景观评价

　　三里屯太古里景观视觉印象通过空间格局和建筑单体形态表现出来，其空间形成了一种收缩的聚合形态，人群可以通过四个方位的入口进入商业空间内，在商业空间内部以最简洁的构建形式和现代化的建筑材料来烘托单体内部不同的商业业态，这样的空间建构方式满足现代消费心理。因此，其空间形态的聚合和建筑单体的展示的外放性，形成一种景观视觉上的磁力效果。空间视觉形态围绕着北京传统的胡同和四合院的形态把传统文化精神和现代化"表皮"有机结合（图3-21），既体现了地域文化传统延续，也将商业文化融在现代商业体中。同时，单体建筑形态的不规则以及建筑群体间通过垂直楼梯和室外扶梯相互连通性，将人行动线通过交通流线勾勒和引导，因而给人们的视觉上不会有雷同和重复的感觉；且连通性解决了"逛"的流畅性，减少多次折返时间。

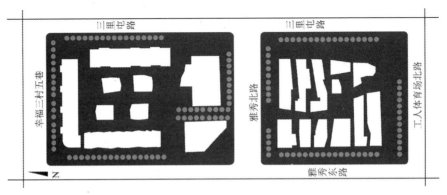

图 3-21　三里屯太古里空间形态
图片来源：作者绘制。

商业区内的各类景观构筑物、标识等视觉形象都符合现代审美，展示了商业街的当代文化特征及国际化风格。这样的视觉表达方式和当下互联网背景下的扁平化和特征明显的视觉审美相一致，因此，空间氛围营造和商业定位以及辅助设施的构成都是满足于时尚的年轻人的品位。

2. 新经济对城市景观的影响——以北京中央商务区为例

在经济形式、人口密度、建造技术等共同作用下，当下城市以空间高聚集、高密度、高流动的形式存在，中央商务区（Central Business District）就是这种形式的集中体现。北京中央商务中心区（CBD）地处长安街、建国门、国贸和燕莎使馆区的交汇地段的 7km² 的区域，西起东大桥路、东至东四环，南起通惠河、北至朝阳北路（图3-22）。"CBD 建设之前是 20 世纪 50 年代建设的工业区，像机床厂、仪器厂、3501 厂、葡萄酒厂等四十多家工厂"[1] 和院校，如北京汽车摩托车有限公司、北京电

---

[1]　柯焕章 . 北京 CBD 的规划建设与发展 [N] . 中国经济导报，2013 年 8 月 1 日（第 B01 版）。

冰箱厂、北京棉纺厂、北京内燃机厂和中央工艺美术学院（现清华大学美术学院）等
（图 3-23）。

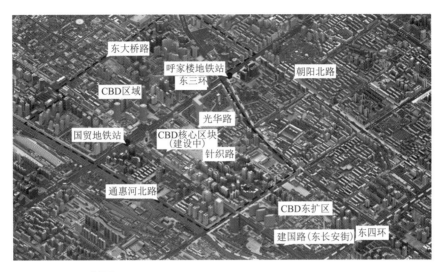

图 3-22　CBD 区域图

图片来源：百度地图 + 作者绘制。

图 3-23　20 世纪 80 年代的 CBD 规划前为工厂用地

图片来源：作者绘制。

北京城市功能由生产型向服务型的转变，以及城市产业升级意味着以新型经济内容替代旧的产业，如金融、贸易、服务、展览、咨询等商务活动以及衍生产业，如酒店、餐饮、购物等。而新经济要求能满足其需求的、与之相适应的空间形式与视觉文化意象。而且，作为城市里主要商务活动进行的地区，从 1923 年最早出现于美国的定义"商业会聚之处"看，它是一个城市、一个区域乃至一个国家的经济发展中枢；因而一般而言，CBD 位于城市中心，高度集中了城市的经济、科技和文化力量，是城市金融、商务的核心。

（1）对实体景观的影响

CBD 由于其经济内容的丰富及所处城市中心的位置，其空间和交通规划符合"紧凑城市"的主要特征：高密度建筑空间、混合土地利用及优先发展公交等，概括来说就是功能紧凑、空间紧凑和结构紧凑，这些都直接反映在城市的视觉景观上——狭窄的街道、鳞次栉比的摩天楼、一线的天空、高密度的建筑等。

① 空间形态

CBD 核心区总体规划采用九宫格的布局方式，路网模式采取井字形道路，两横两纵的布局方式（图 3-24）；区域内除了原城市道路外，新建道路均为单向车道，且道路走向均为南北或东西向，再辅以标识系统，因此具有较强的方向识别性和定位感。这种空间布局形式不仅尽量避免了区域内的拥堵，且对于初次的到访者而言更容易找到目标。

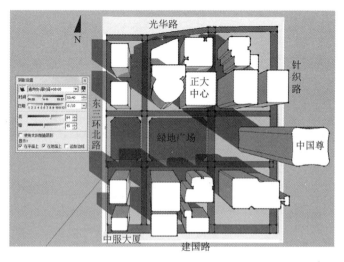

图 3-24　CBD 核心区域空间形态

图片来源：作者绘制。

区域内街道模式以单向单机动车道＋人行道为主（主要是 CBD 新规划的道路），少量双向单车道＋人行道（主要是原城市道路，如光华路），最窄处仅为 4.5m（单向一条机动车道＋人行道）；区域内城市支路的道宽度在 25 ～ 40m 不等。街巷宽度区域内建筑高度与街巷宽度（H/D）最高可达 55，向上仰望也只能看到狭窄线状的天空（图 3-25），且造成整个街道及三层以下建筑没有阳光直射（图 3-26），夏季炎热的时候有舒适的阴影，但冬季则较为寒冷。这种情况下植物的选择范围有限，在常年没有日照的地方种植喜阴类和常绿植物。

图 3-25　CBD 的天空

图片来源：作者拍摄。

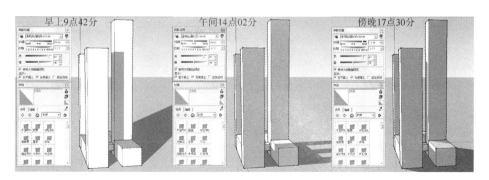

图 3-26　日照与阴影关系分析图

10 点半前，写字楼西配楼 8 层以下为太阳遮挡区域，到中午 11 点 40 分，西配楼 7 层以下为没有光照区域，此后，从 12 点开始到 15 点 40 分，写字楼东配楼 7 层以下没有光照区域；从 15 点 40 到 18 点，东配楼 9 层以下没有光照区域；因此 7 层以下不适合做办公区域，适合于室内商业或者其他用途。8 层光照时间仅为 4 个多小时（上午时段和下午时段）（图 3-27）。

② 建筑风格与复合功能

北京中央商务区（CBD）内建筑形式以现代主义、国际化风格居多，少数建筑兼具解构主义特征（例如央视新址），基本没有体现北京地域或传统文化元素。立面材料以玻璃为主（最大限度地增加室内采光），辅以金属和石材（主要集中在五层或裙楼部分）；因而色彩以中性灰色调为主。从建筑高度来看，聚集了北京最多、最主要的摩天楼，其中最矮的光华路 SOHO 60m，最高的中国尊 528m，150m 以上的超高层建筑 35 幢，400m 以上的 1 幢，形成极具识别性的典型的 CBD 天际线（图3-28、表 3-5）。

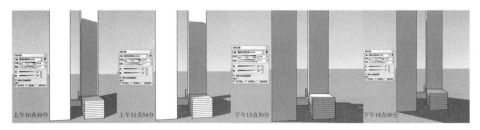

图 3-27　不同时间段光照分析图

（a）

（b）

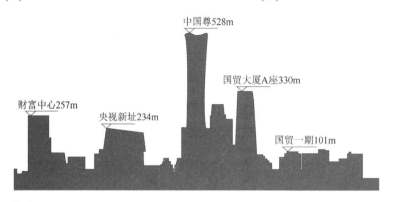

（c）

图 3-28　CBD 区域天际线新高度

图片来源：昵图网 + 作者绘制。

北京 CBD 区天际线高度变化表   表 3-5

建成年代	建筑名称	高度（m）	规模（万 m²）	用途	风格、材料
1993～1999 年	国贸一、二期	155	56	酒店、办公、商场、宴会	现代简洁式样茶色玻璃幕墙
2000 年	SOHO 现代城	134	48	办公、公寓、商业	现代风格，石材和玻璃幕墙
2003 年	华贸中心 A 座	168	1.9	酒店、商业、公寓、办公	现代风格，玻璃幕墙
2004 年	建外 SOHO	99.9	70	公寓、办公	现代风格，石材和玻璃幕墙
2005 年	财富中心（二期）	199	72.7	办公、酒店、公寓、商业及展示、休闲娱乐、会议	现代风格，玻璃和铝板幕墙
2006 年	万达广场	99.9	48	酒店、办公、商业、公寓	现代风格，石材和玻璃幕墙，条状分隔
2006 年	银泰中心	249.9	3.15	办公、酒店、公寓、商业	现代风格，玻璃和石材幕墙
2007 年	国贸三期	330	28	写字楼、酒店、现代商城、展览、娱乐	现代风格，玻璃幕墙
2008 年	东方梅地亚	70	11.97	传媒行业写字楼	现代风格，玻璃幕墙
2012 年	央视大楼	234	55	媒体、办公、演播	构成主义风格，玻璃幕墙
2013 年	嘉里中心	125	23.2	办公、酒店、商业、展览、娱乐	现代风格，玻璃幕墙
2018 年	中国尊	528	43.7	办公、会议、商业	现代风格，玻璃幕墙

数据来源：根据网络数据整理绘制。

③ 地下空间与交通规划

地下空间作为紧凑型城市的主要特征之一，集合了交通、地下综合管廊、停车、人防等功能，接驳区域周边道路，形成便捷的地下交通网，缓解了东三环地区的地面交通压力。所有车辆入地库停放，因此街道虽然狭窄、绿地和袋装停留空间面积小，但地面秩序井然，视觉景观整洁清晰。除了交通外，地下空间还增加了商业功能，如精品店、餐饮店、奢侈品店等（图3-29、图3-30）。

图 3-29　地下商业空间（一）

图片来源：作者拍摄。

图 3-30　地下商业空间（二）

图片来源：作者拍摄。

（2）对虚体文化景观的影响

新经济对 CBD 虚体景观的影响主要体现在与之相关的人群行为活动以及人群形象上。除 CBD 核心产业经济外，还有衍生的附加性行业，从而形成一套综合多元的经济网络，包括满足日常生活和社交的餐饮、美容、健身、商务中心、家居饰品等。通过实际调研和查阅相关数据可以看出，北京 CBD 内商业空间中面积占比前三位的分别是商场和购物中心（49.1%）；餐饮店（16.5%）；娱乐（4.8%）。因此人群活动的行为模式也与之相适应，呈现出一种与 CBD 经济相一致的现象，这些行为活动显然与原来的工厂区截然不同（图3-31、图3-32）。

图 3- 31　2019 年的光华路

图片来源：作者拍摄。

图 3- 32　1988 年的光华路

图片来源："照片中国"。

这种新经济形式不仅带动相关服务业并驱动产生了高经济附加值的高端消费、零售业、奢侈品、艺术品销售金融服务等，而且改变了区域内人群的构成，其文化背景、学历层次、年龄构成及收入等都与 CBD 建立之前完全不同；而人群的这些因素直接反映在他们的外表、行为、活动及语言，也就是虚体景观上。

（3）景观评价

新经济体带来了全新的视觉形态，首先是建筑的高度和密度，CBD 的现代主义国际风格的建筑屡次刷新并描绘了北京城市天际线；同时，此区域超高层建筑合理地规划了地上、地下交通衔接并没有出现因人群的过度聚集而增添交通带来拥堵的现象。其次，新建筑体的建设提升了城市现代化的整体风貌形象，将传统和现代融合，让历史古都呈现出现代化、国际化的崭新一面。

从文化的角度来看，新经济体带来了新的文化类型，将现代服务文化、商业文化和高端消费文化以经济的方式推动，加速了对于现代文化的接受和认可，也架起了传统文化和现代文化产业之间的桥梁，弥补了一直空缺的文化产业对经济的推动作用和知识作为服务手段带来的经济价值。

三、受历史事件（活动、记忆）影响的景观——以天安门广场为例

文化最终要借助痕迹——历史的足迹来呈现，即情感、经验、和记忆。而这些景观痕迹是文化、技术、自然系统的混合物，并且被赋予了形态、制度和意识的外壳。天安门及广场是北京城市景观稳定性的核心元素和文化象征，也见证了历史的变迁和事件，许多人在此留下深刻的记忆。这种集体记忆的汇集，形成对场地深刻而持久的印象，使得场地具有了独特的历史文化信息。

（一）对实体景观的影响

天安门位于长安街北侧与中轴线的交汇点上，故宫博物院南端；其长安街对侧是天安门广场、人民英雄纪念碑、毛主席纪念堂等（图3-33），占地面积 4800m²。始建于明代永乐十五年，最初名为"承天门"，明代御用建筑匠师蒯祥设计，建筑高 34.7m，长 66m，宽 37m[1]。天安门及天安门广场从明代建立以来经过多次改扩建，形成了现在的尺度和格局。由于其显著的框架位置和历史地位，成为天安门地区景观构成的核心。

---

[1] 百度百科。

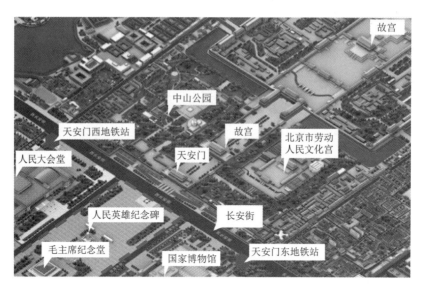

图 3-33　天安门位置图

图片来源：作者绘制。

1. 空间格局的稳定性

　　天安门自明代建成后，虽然历经修复和扩建，但不仅位置没有改变过，其周边城市空间形态一直保持着稳定的格局，也保持着对周边区域景观视觉框架的绝对控制力。这种稳定性不仅利于空间、方向和地标的定位，而且在人们心理上形成深厚的文化记忆和情感认同。天安门既是中轴线长安街线的交汇点，也是北京城的中心点。中华人民共和国成立后，天安门虽然历经多次改扩建，尺度、范围都有较大的扩展，但基本空间格局和方位未变，一直与故宫保持着中轴对称的关系（图 3-34）。依据这样的空间格局，广场内和周边建造了纪念性建筑（人民英雄纪念碑、毛主席纪念堂）（图3-35）、政治性建筑（人民大会堂）和公共性建筑（国家博物馆），再往东西两侧延伸就是公安部大楼和国家大剧院（图 3-36）。

　　表 3-6 天安门广场周边建筑分析。

天安门广场周边建筑分析　　　　　　　　　　　　　　　　　　表 3-6

建筑名称	风格	色彩	高度（m）	规模（万 m²）	材料	功能	设计师
人民大会堂	中西合璧的现代风格	米黄色	46.5	17.18	大理石、花岗岩、琉璃瓦	会议	张镈

续表

建筑名称	风格	色彩	高度（m）	规模（万 m²）	材料	功能	设计师
人民英雄纪念碑	—	米色	37.94	3104	黄岗岩石材	纪念	吴作人、梁思成、郑振铎、魏长青
毛主席纪念堂	古希腊风格	米黄色	33.6	33867	花岗岩汉白玉栏杆；	纪念	马国馨
中国国家博物馆	现代主义	米黄色	42.5	20	石材、玻璃、琉璃瓦	展览	张开济
国家大剧院	现代主义	银灰色	46.285	21	铝板、玻璃、钢材	演出、展览	保罗安德鲁

图 3-34　天安门广场现状鸟瞰图

图片来源："http://s3.sinaimg.cn/orignal/001wSoZ7zy76eMlfNl032"。

图 3-35　1958 年天安门广场前人民英雄纪念碑建成

图片来源：http://www.xici.net/d244153552.htm。

图 3-36　天安门广场周边主要建筑

图片来源：Google 地图 + 作者绘制。

2. 景观评价

相比"环境"一词而言，阿普尔顿（Appleton，1980）认为"景观"是"被感知的环境，尤其是视觉上的感知。"因此，景观评价是以使用者的感知作为参照而形成的。首先，天安门既是地区景观的控制点也是历史文化精神的承载物，与北侧的景山、南侧的人民英雄纪念碑和正阳门形成互为对景关系的景观轴线，对周边景观起到很好的组织和规范作用；且作为旧城内的最高点，描绘了旧城天际线的形态，而这正是最具文化价值的北京城市景观。其次，作为世界上面积最大的城市广场，天安门广场的形式也是独一无二的，与西方和国内其他广场截然不同：（1）周边以城市道路而不是建筑围合；（2）广场上没有任何休息设施或种植绿化；（3）地面为同一标高，没有任何高差或坡度（图 3-37）。

图 3- 37　天安门周边建筑没有高差和坡度

图片来源：作者绘制。

这种形式虽然不利于一般性的市民活动，但其大尺度的空旷空间为周边的建筑提供了毫无遮挡的正立面视线，因而可以无障碍地获得这些建筑物地各个角度立面形象，为人们感知周边景观提供了自由的位置和角度，类似于全景画般的景观画面。这是天安门广场给人最独特最强烈的空间视觉感受。

图3- 38　天安门周边全景图

图片来源："http://www.yanjiao.com/forum.php?mod=viewthread&tid=9020344"。

图3- 39　天安门广场周边建筑物展开图

图片来源：作者拍摄。

　　以天安门及广场为核心向东西两侧形成景观视觉画面的有序变化（图3-38），这种变化体现在空间密度、建筑高度、建筑风格以及与之相关的人群活动上。具体来说，以中轴线为轴对称，（1）向东、西两侧延伸建筑密度增大，因而开阔感降低；（2）建筑高度逐渐递增，最接近天安门的建筑其高度都不超过50m，对天安门形成环绕和烘托效果（图3-39）；（3）距离天安门越远，建筑风格越自由，如具有西方风格的民族文化宫、当代国际风格的国家大剧院等，展现出面向世界和未来的包容与自信；只有紧邻天安门广场的建筑如人民大会堂和国家博物馆，严格采用对称式、台基式构图，保证了广场景观稳重、大气的效果，彰显了其地位和重要性。

（二）对虚体文化景观的影响

　　通过设定其风格，景观完全可以暗示甚至明示其地域性或文化性特征，使得其中的人们具有一种归属感，认为他是属于一个集体的或社会的一部分，而这也是从古至今一直沿用的做法。天安门的前称是承天门，寓意"承天启运、受命于天"。到了清代（图3-40）改为天安门，寓意为"受命于天，安邦治国"。从承天门到天安门都表达了治国安邦，祈福国家美好未来的愿望，这种精神内涵一直延续至今。

明清时期，天安门广场主要是是阅兵场和皇帝、官员举行重大国家仪式的场所，属于皇城的外围空间，一般平民不能进入。中华人民共和国成立后亦是国家重要公开仪式的举行地，既见证了开国大典、毛主席接见红卫兵、2015年的反法西斯胜利70周年（图3-41）、多次阅兵仪式等国家活动。这些历史事件和活动成为天安门广场景观的一部分。

而且，这些人人皆知的重大政治、历史、社会事件在人们脑海中留下深刻的共同记忆——集体记忆，而集体记忆是远比个人记忆更为深刻、持久的印象，并通过语言、媒体、文字记录并传播开来，形成巨大的社会影响力。因此，天安门广场不仅在全国人民心中占有独一无二的崇高地位，也是北京和中国的形象代表——以景观作为城市的名片。因此，可以看出事件（event）一词其实很好地表达了记忆的某些超越了时间和空间意义上的影响力（表3-7）。

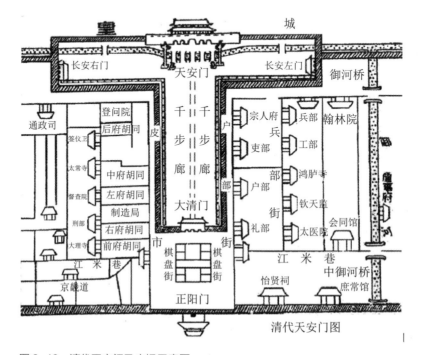

图3-40　清代天安门及广场示意图

图片来源：董光器. 古都北京50年演变录. 南京：东南大学出版社，2006年，第136页。

图 3-41　纪念世界反法西斯战争胜利 70 周年，天安门举办盛大阅兵仪式

图片来源：http://www.sohu.com/a/257325140_734705。

1949 ～ 2019 年天安门发生的重大事件　　　　　表 3-7

时间	历史事件	参与人员	影响
清代	操练、集中阅兵	历朝皇帝	保卫、礼仪和国防职能
1949 年 10 月 1 日	中华人民共和国成立	毛泽东、周恩来、李济深等	中华人民共和国成立的标志
1950 ～ 1958 年每年 10 月 1 日	中华人民共和国成立 1 ～ 9 年阅兵	毛泽东、周恩来、林彪等	十年的发展，百废待兴
1959 年 10 月 1 日	中华人民共和国成立 10 周年阅兵	毛泽东、周恩来等	展现中华人民共和国成就
1966 年 8 月 18 日	"文化大革命"，红卫兵串联	毛泽东等	"文革"的记忆
1976 年 4 月 5 日	粉碎"四人帮"，悼念周恩来	华国锋、叶剑英等	拨乱反正
1984 年 10 月 1 日	中华人民共和国成立 35 周年国庆	邓小平、秦基伟等	改革开放的标志
1999 年 10 月 1 日	中华人民共和国成立 50 周年国庆	江泽民、朱镕基、李鹏等	改革开放的巨大成就
2009 年 10 月 1 日	中华人民共和国成立 60 周年国庆	胡锦涛、温家宝等	国家军事、科技发展实力，提现大国实力
2015 年 9 月 3 日	纪念世界反法西斯战争胜利 70 周年	习近平、外国元首等	国家实力、大国风范
2019 年 10 月 1 日	中华人民共和国成立 70 周年国庆	习近平国家领导人	国家实力、70 年成就、大国形象

这种集体记忆反过来影响今天天安门的景观，可以说是一种历史反映出来的景观痕迹。"表明景观是随着时间的变化去安排城市活动及社会变化的最佳手段，尤其使正处于复杂演变过程中的各种城市活动的时间安排"[1]。

小结

城市的发展展现了历史和文化脉络演变的同时，也展现了多元文化的融合；文化的传承最终要借助不同历史时期的痕迹来呈现，文化景观痕迹是某种实体，具体的、可视的基地要素和细节。它在当地与传统生活方式相联系的社会中，保持一种积极的社会作用，而且其自身演变过程仍在进行之中，同时又展示了历史上其演变发展的物证。正是有了这些不同时期的物证，城市的文化景观才更加丰富多彩。而每一个景观项目的开始，都伴随着对过去、已经存在的东西的研究、体会和回味。城市景观就是伴随着文化产物和各种层层叠叠的景观痕迹，在城市文化生态系统中交替演进的。

与欧洲和美国城市的发展轨迹不同，中国城市仍处于扩张状态，在快速城市化进程以前还相对保留了这种时间历史痕迹叠加的集合的状态，而后来的快速城市化，将这种景观痕迹迅速磨灭。因此，不需轻言革命，一切的创新都是在对生活细致入微的理解下做出的更佳的解决方案；突破原有空间和时间的维度，通过在景观文化群体稳定性与变化性之间达成动态平衡，最终达到各种文化景观痕迹的和谐共生关系。

---

[1]　［美］查尔斯·瓦尔德海姆著.作为都市研究模型的景观.刘海龙、刘东云、孙璐译.北京：中国建筑工业出版社，2011.2，第23页。

第四章

文化寻根和记忆传承——北京历史文化遗产

"文化被定义为持续的符号，其中一些就在景观当中"[1]。而持续则意味着稳定，因此，所谓文化生态就是要在恢复一种普通人与环境之间持续而稳定的关系。相比"环境"一词而言，阿普尔顿（Appleton,1980）认为"景观"是"被感知的环境，尤其是视觉上的感知。"它是一个有批判性和激动人心的文化表现和多重媒介，那么，一切的文化最终都会通过视觉形式为人感知。

景观视觉可持续发展的概念结合了古典和现代建筑的内核，强调了文化稳定的重要性。然而，你常常会发现用 google map 查不到很多中国地点，而在欧洲甚至美国，具体的门牌号和建筑的外观、街景都能一目了然；欧洲人大多能指出自己出生的那栋房子，而中国人如果几年不回老家，就会出现找不到路的尴尬。这不仅说明中国城市景观变化速度之快是前所未有的，变化的范围极其广大；更重要的是，人们记忆中的所有痕迹，都以最快的速度消失了。这是因为"景观不单单是一种文化的载体，更是一种积极的影响现代文化的工具。景观重塑世界不仅是因为它在实体和经验上的特性，更因为它异常清晰的主题，以及它包容、表达意念和影响思想的能力"[2]。这就要求我们在各种城市设计视野中、在机械和城市更新的进程中和传统与现代的持续争论中，寻求发展与回顾、变化与稳定，渐进与变革之间的平衡。

[1] [美] 史蒂文·布拉萨著 . 景观美学 [M]. 彭锋译 . 北京：北京大学出版社，2008 年，第 149 页。
[2] [美] 詹姆士·科纳主编 . 论当代景观建筑学的复兴 [M]. 吴琨，韩晓晔译 . 北京：中国建筑工业出版社，2008 年，第 2 页。

一、景观文化生态的稳定性

生态系统稳定性即为生态系统所具有的保持或恢复自身结构和功能相对稳定的能力，它主要通过反馈（feedback）调节来完成，不同生态系统的自调能力不同。而"景观就是这样一种形式，通过景观文化群体寻求创造和保存它们的同一性。"（Ducan,1973；Appleyard, 1979；Rowntree and Conkey,1980）

（一）稳定的必要性

从生物学上来说，群落的稳定性主要表现在两个方面：（1）当群落受到外界干扰后恢复原来状态的能力；（2）当群落受到外界干扰后产生变化的大小，即衡量受外界干扰而保持原来状态的能力。因此，稳定性对于一个群落的繁衍而言至关重要，城市文化也是如此——城市文化的稳定性是一个城市文化长期健康可持续发展的基础。

原已存在的场所，基于其历史、物质性和与其相关联的活动等，会形成内在的同一性。而设计可视为一种具有类似透镜功能的介入或干预手段，它可以改变使用者对场所的感知，而不必彻底改建这个场所。这种介入可以展示场所的自然和材料特性，并可能催生一些新型的活动和场所的使用方式。但是，这些视觉构造之所以引人注目，是因为它们表明了那些使文化、群体或个体身份得以稳定的价值，而不是因为他们的视觉品质符合形式主义美学的这个或那个学派的标准。

（二）稳定的表现

对于一个生态系统来说，既要有生长变化特征，还需要有稳定性特征，可以体现在"种群稳定性"、"群落稳定性"、"系统稳定性"、"生态功能稳定性"等方面。历史文化的稳定性与传承性通过"文化基因"表现出来，而"文化基因是文化可传承的基本因子"[1]，是文化的基本构成单位，即具有可识别性和包容性，可以通过视觉、听觉、味觉等方面进行感知，再经由时间加强记忆，使历史文化能够长久存在并不断发展。

---

[1]   王东. 中华文明的五次辉煌与文化基因中的五大核心理念 [J]. 河北学刊，2003 年第 5 期。

在城市文化生态系统中，文化传承性是文化稳定性的重要表现之一，也是城市文化生态健康可持续发展的基础性前提条件。中轴线、长安街、护城河既是北京城市空间格局的基本框架，也是北京城市景观稳定性的最基本要素。

（三）稳定与发展

实际上，在官方或文化机构的历史文化遗产保护名单中，以故宫为代表的古建筑得到了越来越多的重视，以北京四合院为代表的传统民居也被广泛关注。但任何空间的历史和时间的历史都不是即时制造的，如果把效率作为唯一的社会目标，在历史的线索中就会切割出很多与效率不符的空白。尤其是在距离我们很近的历史线索中切割出一块块的空白，也不可避免地置入各种片段，让一个城市变得单薄、易损，并且缺少感情。然而，库哈斯在以曼哈顿为中心的纽约城市研究中发现，这里拥塞着城市生活中最多样、最复杂的片段，片段之间可以有联系，也可以是互不相干，甚至是对立的。他认为，这是当代经济复杂的力量体现的强大活力，不仅如此，它也展示了对生活的异化能量。

不可否认的是，目前北京城市景观中既有形成市民集体记忆和情感的历史文化景观（这是景观文化稳定性的基础），也有大量快速城市化下出现的空白和片段。这虽然一直为各界所诟病，但它也是我国经济高速发展的副产品甚至是见证。因此，我们在此强调城市景观文化的稳定性的目的不是要全面恢复北京的"古都"面貌，而是为了它可持续的、永不停止的变化和发展服务；探讨文化记忆传承的运行机制，研究北京历史文化的稳定性、传承性以及面对未来的能力。

北京古城的整体空间布局为中轴对称，城市后来的发展建设也延续了旧城的空间结构，形成中轴对称的环状布局，这种历史文化的稳定性使北京传统中轴线与城市发展的新轴线结合在一起，是对生态文化的保护和城市文脉的传承发展。古老的街巷、路网、建筑、宫殿、园林等都是历史风貌的体现，城市生态系统及文化景观作为物质载体可以清晰地表达其文化发展的脉络，并保持稳定性，同时也是对传统文化的尊重和复兴。文化信息的携带和传承有赖于多种形式的物质与非物质文化形态，这两种形态所承载的历史文化遗产是自然要素与人工要素、实体物象与思想感悟在环境场所中的交汇，从而产生了物质场所的精神寄托。因此，在相同的环境中，以不同的视角去观察会产生不同的感受。

二、物质文化形态景观

北京物质文化形态不仅是指单体的建筑等，而且也指由单体的组合转向室外等空间区域，包括北京城市格局与肌理、建筑、宗教、园林等方面。

（一）城市格局与城市肌理

一个城市最大的文化特征就是其空间格局和肌理，正如巴黎被塞纳河分为左岸和右岸，泰晤士河穿过伦敦，其蜿蜒曲折成为天然的空间边界。这些自然地理因素从宏观上塑造了城市的分区、功能以及最具代表性的城市景观。作为六朝古都的北京，城市格局和肌理从其最初选址就可见端倪，既有自然地理条件限制下的宏观框架，也有与中国传统哲学观、自然观和生态观相适应的一套生活空间布局模式，更有社会体制和伦理道德规范下的一整套城市和建筑形制、规则，体现在城市的宏观空间格局和中观的空间肌理两方面。

1. 山水格局

"北京地势西北高、东南低。西部、北部和东北部三面环山，东南部是一片缓缓向渤海倾斜的平原。境内流经的主要河流有：永定河、潮白河、北运河、拒马河等"[1]（图 4-1）。"北京独有的壮美秩序是随着城市中轴线的建立而产生的，前后起伏、左右对称的体形或空间的分配都是以轴线为依据的，全城布局围绕内城中心展开"[2]，城的四周又有六海及众多园林错落分布，很好地体现了城市的"山水格局"框架。

"山水格局"不仅体现在北京城市的地形及布局上，也体现在美学、消防等方面。其中，明清北京城的格局与水系密不可分，筒子河、护城河、六海等有机活泼的水系增强了与规则布局的建筑群体的对比，形成了贯穿城市中心的景观和生态廊道（图 4-2）。

北京古城建设的重要元素就是山水，金中都时将莲花池打造成西湖景区，元朝时期兴建太液池、堆山造景，清朝时期在西郊营造三山五园（香山静宜园、万寿山清漪园、玉泉山静明园、圆明园和畅春园），其造园历史体现了丰富的历史文化，也造就

---

[1] 薛凤旋，刘新奎 . 北京由传统国都到中国式世界城市欣赏 [M]. 北京：社会科学文献出版社，2014 年，第 38 页。

[2] 梁思成 . 梁思成全集（第五卷）[M]. 北京：中国建筑工业出版社，2001 年，第 104 页。

了现在北京的山水格局。因此，从宏观尺度看，西山优美的天然山形作为背景，对三山五园的视线起着主导作用；经过艺术加工的万寿山和玉泉山山体的高低变化丰富了景观层次，形成不同的空间节奏和韵律，并且作为园林景观的借景点，共同构成了三山五园中的自然山系，形成一个完整的空间布局（图4-3）。

图4-1 北京的地形与地势

图片来源：薛凤旋，刘新奎. 北京由传统国都到中国式世界城市欣赏[M]. 北京：社会科学文献出版社，2014。

图4-2 北京城市的山水格局框架图

图片来源：梁思成.《梁思成全集》（第五卷）[M]，北京：中国建筑工业出版社，2001年，第104页。

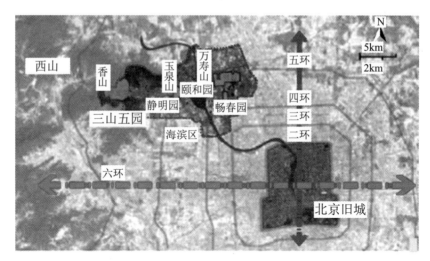

图 4-3 三山五园 区位分析图

图片来源：陈康琳，钱云. 北京西郊三山五园文化景观遗产价值剖析 [J]. 中国园林，2018 年第 5 期。

从中观尺度来看，北京中轴线附近的北海、中海、南海、前海、后海、西海六海水系连成一片（图 4-4、图 4-5），其中"故宫与中南海、景山与北海、钟鼓楼与什刹海都互为借景，景山以其高度的优势成为中轴线与六海相互联系的核心"[1]。城市空间与山水之间相互渗透，完美融合。北京旧城水系形成的山水格局，更加突出了城市的生态文化。"北海总体布局为南山北水，以琼华岛为主体景观空间，其中白塔为全园的制高点，成为全园的主要视线点"[2]。通过对北海的山水格局进行艺术加工，使山水、建筑融为一体，相互呼应，营造了丰富的景观效果，体现了对超凡脱俗的意境的追求和向往。

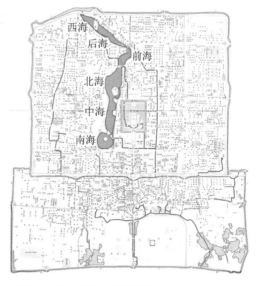

图 4-4 北京六海分布平面图

图片来源：作者根据北京六海地理区位图绘制。

---

[1] 施卫良. 试论北京"山水城市"特色的继承与发展 [J]. 北京规划建设，1996 年第 2 期，第 50 页。

[2] 马岩. 浅析北京北海兴造理法之意境营造 [J]. 北京农学院学报，2015 年第 1 期，第 100 ~ 102 页。

图 4-5　北京六海分布模型图
图片来源：作者自绘。

北京的山水格局，体现了中国的"天人合一"、"师法自然"、"因地制宜"等规划理念，表现为顺应自然、尊重自然，不仅有丰富的景观内涵，也包含了生态学意义，体现了中国园林的重要原则，顺应山水、巧于因借，同时促进了生态环境的可持续发展（图 4-6）。

图 4-6　北京六海与中轴线分布鸟瞰图
图片来源：www.baidu.com。

"山水格局"的理念一直延续至今，体现在各时期的北京城市景观建设中，如北京奥林匹克公园位于城市中轴线的北端，采用"山环水抱、延绵起伏"的空间模式，"公园内挖湖堆山，形成了湖在前、山在后山水相依的格局，同时与旧城的六海形成了左右呼应的布局，是对传统山水格局的传承与发展"[1]，延续了北京的中轴线格局，成为现代北京城市景观的重要组成部分（图4-7）。

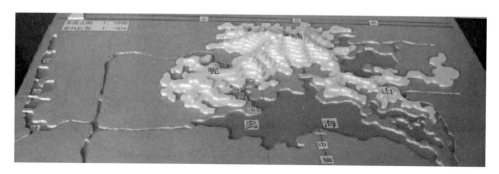

图4-7　奥林匹克森林公园模型图

图片来源：禹文东．风水理论在园林规划设计中的应用．山东农业大学硕士论文，2011年，第44～50页。

"山水格局"也成为保障北京生态安全的有效手段，《北京城市总体规划（2016～2035年）》总体规划中明确提出"推进生态涵养区保护与绿色发展，建设北京的后花园"，将生态涵养区作为重要的生态屏障和水源保护地，进而保障北京的生态格局，并展现北京历史文化和自然山水格局的风貌。

2. 城市肌理

顾名思义，肌理指表面的纹理和质感，给人以视觉、触觉和心理的刺激，既反映了结构、组织、材料等物理性的信息，又包含着包括亲切、柔软、舒适等心理层面的感受。而城市肌理是由反映城市生态和自然环境条件的自然系统与体现在城市历史传统、经济文化和科学技术方面的人工系统相互融合、长期作用形成的空间特质，是城市、自然环境与人所共同构筑的整体，"这一整体直接反映了一座城市的结构形式和类型特点，既反映了生活在其中的人们的历史图式，也是城市所处地域环境文化特征的写照"[2]。城市肌理是历史积淀的结果，在时间的打磨中蕴含了丰富的生活内容，因而城市肌理是有一定规模、一定组织规律的人类城市聚居形态。它涉及城市生活的方方面面，亦与城市结构、城市功能及城市形态密切相关。

北京城市肌理最大的特征：一是以故宫为中心的旧城肌理；二是以环路和正南正

[1]　禹文东．风水理论在园林规划设计中的应用 [D]．山东农业大学硕士论文，2011年，第44～50页。
[2]　科普中国，科学百科。

北棋盘格道路交织的网络。在旧城中有层次分明的城廓，由内向外依次是紫禁城（即宫城）、皇城、内城、外城组成，界面清晰，等级分明，构成有别；内外城呈"凸"字形布局，形成北京标志性的城廓特征。外城在中轴线与环路的基础上延伸出来平直整齐的街巷、胡同等路网。元大都时北京旧城的棋盘式道路系统已基本形成，明清北京城的道路网延续了前朝系统且有其定制：分为大街、小街和胡同三类；街巷、胡同路网成为北京城的重要特征（图4-8）。

"如今北京新城建成区范围在新中国成立60年来已向外扩张到500多平方公里，是旧城区面积的8倍"[1]（图4-9），通过各阶段的演化而形成了今天的城市肌理。虽然旧城与新城肌理对比明显，但还是延续了内外层级（环路）和正向道路网络的整体格局——由南北、东西两条主要轴线贯穿为基础，具有清晰的层次划分：旧城是基本层；而后是二环、三环、四环；最后是在主要街道基础上又连接街坊胡同；最终由快速路、主干道、城市道路、街道、步行街巷等层级构成完整、稳固而通畅的肌理特征。

这种环路和正向棋盘格的肌理不仅便于人们定向和定位，而且能形成不同的对景关系，从而形成层级丰富的景观网络。

图4-8　北京旧城道路网
图片来源：北京市城市规划设计研究院，首尔市政开发研究院. 北京、首尔、东京历史文化遗产保护 [M]. 北京：中国建筑工业出版社，2008年。

[1] 吕拉昌，黄茹. 新中国成立后北京城市形态与功能演变 [M]. 广州：华南理工大学出版社，2016年，第78页。

图 4-9　北京城市肌理模型

图片来源:《城市肌理-北京》徐小鼎,纸装置 58cm×70cm,2015～2016 年。

(二)建筑遗产

　　建筑既是历史事件的见证者,又是承载生产、生活等活动的容器,也是文化信息传递的主要媒介和途径,是一个城市最重要的文化身份特征。北京历史建筑主要包括皇家活动的宫廷、防卫活动的城墙城楼、宗教活动的庙宇和普通人生活的民居等(图4-10)。

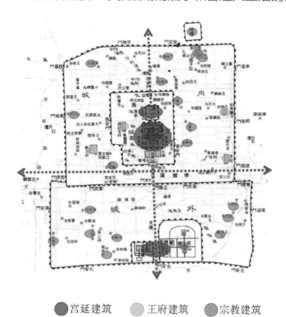

● 宫廷建筑　　● 王府建筑　　● 宗教建筑

图 4-10　北京主要历史文化建筑分布概况

图片来源:作者自绘。

1. 宫殿和王府建筑

拥有众多宫廷类建筑是北京城市景观有别于国内外其他城市的最重要元素，是明清两代王朝在建筑技术与建筑艺术上的最高成就；故宫、天坛等不仅长期以来作为地标而存在，甚至成为北京的形象代表而出现在明信片、宣传片和广告中。故宫又称紫禁城，是明清两代的皇家宫殿，位于北京中轴线的中心，东起北池子大街，西到北长街，北起景山前街，南到东长安街，是世界上现存规模最大、保存最为完整的木结构古建筑群之一。故宫整体的装饰色彩采用红墙黄瓦，其屋顶及门窗的装饰样式体现了最高的等级制度和营造技艺，象征着至高无上的皇权和中央政权，体现了统治者的身份和地位（图4-11）。

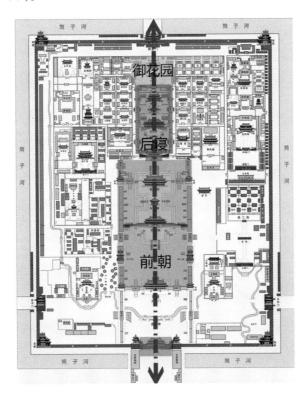

图4-11　故宫宫廷分布示意图
图片来源：http://www.onegreen.net/maps/HTML/32886.html。

实际上整个北京城的布局都是围绕故宫展开的，中轴对称式的布局对城市整体空间的规划有重要的影响，其建筑群落、园林景观、街巷胡同、道路路网等都以故宫为中轴线向外延伸，形成环状网格布局，是对传统文化的传承及其在现代城市景观化的发展（图4-12）。

图 4-12　故宫与景山视觉景观

图片来源：http://amuseum.cdstm.cn。

北京天坛是中轴线上的重要景观节点（图 4-13），其继承和发展了古代祭祀的
建筑特点，在建筑布局和形式上都有着高超的技艺，长期以来塑造了城南的天际线；
它和正阳门、天安门、故宫一起组成了旧城以及中轴线的强有力而稳定的核心框架，
并形成了北京最独特的景观序列（图 4-14）。

图 4-13　天坛视觉景观

图片来源：网络。

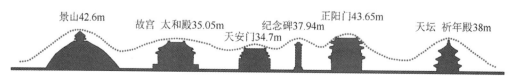

图 4-14　北京中轴线景观序列

图片来源：作者自绘。

王府虽然在规模和尺度上远不及故宫，却是故宫的微缩版，结合了宫廷类建筑和民居类建筑的许多特点，成为最高规格的住宅类建筑；它们散落在旧城各处，外表低调，但其承载的记忆、轶事却成为北京城的另一道文化景观，是北京传统文化重要组成部分。据史书记载乾隆年间有王府 42 座，到了清末约有 50 余座，截至 2006 年年底可寻的王府建筑共 46 处（图 4-15）。与旧城内其他传统文物建筑相比，王府建筑无论是从建筑数量、规模还是建筑等级上都远远高于其他建筑，同时也反映了古老王朝的繁华兴盛。故宫、王府等建筑作为旧王朝统治阶级的代表，其统治思想和阶级文化具有较强的等级制度和设计原则，对于北京的城市肌理有着深远的影响。

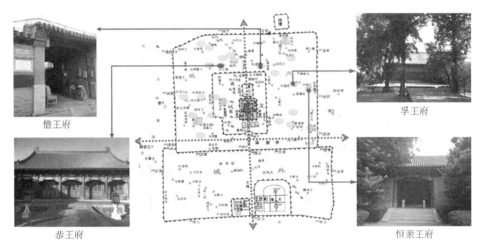

僧王府

孚王府

恭王府

恒亲王府

图 4-15　部分王府位置示意图
图片来源：作者收集资料绘制。

宗教建筑既为宫廷服务，也为普通人服务，其周边的空场或街道是古代城市公共活动的主要场所，庙会、集市、节庆等活动都是在这里举行，因而对周边的视觉景观及文化、经济产生诸多影响，甚至逐渐成为古代商业区而影响至今（图 4-16），苏州观前街就是一个典型的例子。北京宗教建筑的类型包括佛教寺庙、道观、塔、基督教和天主教教堂等，如阜成门内大街的白塔寺、历代帝王庙、广济寺；景山前街的大高玄殿；雍和宫大街的国子监、孔庙；长安街北侧社稷坛、太庙等，不仅反映了封建时期上层社会的意识形态，也是现代北京文化遗产的重要组成部分。

由于塔是当时宗教建筑中（也是区域内）的最高建筑，从而作为地标存在，成为区域的景观焦点和代表性形象，因此常常居于风景照的中心。一首"让我们荡起双桨"的儿童歌曲成为几代人记忆中的童年一直萦绕在耳边，其描绘的就是北海公园内白塔映照在湖面的景象，这个景象不仅成为北海公园的最经典代表，也是我国传统审美构图的表现——山水相间、浮光掠影（图4-17）。

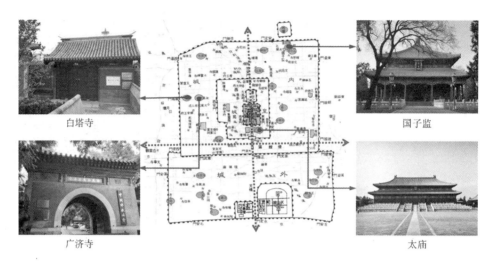

白塔寺

国子监

广济寺

太庙

图4-16　部分宗教建筑位置示意图
图片来源：作者自绘。

图4-17　北海公园白塔
图片来源：作者拍摄。

北京古塔的造型基本上分五类：楼阁式，如良乡的昊天塔；密檐式，如广安门地区的天宁寺塔；覆钵式，如妙应寺的白塔和北海公园的白塔；金刚宝座式，如香山碧云寺和动物园北边的五塔寺的石塔；也有密檐式和覆钵式相结合的，俗称"花塔"，如丰台区云岗的镇岗塔（表4-1）。

2. 民居建筑

北京传统民居主要是指四合院建筑群落及其内部的交通空间——胡同，是与皇家

北京佛塔造型分类表 表4-1

分类	楼阁式	密檐式	覆钵式	金刚宝座式	花塔
代表性塔的名称	昊天塔	天宁寺塔	妙应寺白塔	五塔寺石塔	镇岗塔
特点	北京最大的楼阁式塔	北京年代最久远的塔	我国现存最大的一座藏式佛塔	是我国明代建筑和石雕艺术的代表之作，为中外文化结合的典范	样式为密檐式和覆钵式相结合
图片					

数据来源：根据资料整理。

和贵族相对的普通人居住的建筑类型。四合院纵横组团，其中的间隔形成狭长的户外交通和连接通道——胡同；且每一座四合院相并联，大多为南进口，庭院内植树木。因此四合院和胡同是密不可分的虚与实、图与底的关系，也是北京地区最典型的传统民居和街坊形式。而这种虚实、图底的关系成为北京最具特色的城市空间肌理且延续了800多年，承载着韵味浓厚的北京传统文化（图4-18）。

图例
■ 单房独院类
■ 双房独院类
■ 三房独院类
■ 简单四合院类同
组合类
□ 院落轮廓线

图4-18 （前鼓楼苑胡同－帽儿胡同）四合院类型分布图

图片来源：蔡丰年. 北京旧城胡同与四合院类型学研究 [D]. 北方工业大学硕士论文，2008年，第48页。

现存的四合院主要分布在西四、赵登禹路、新街口、白塔寺、西单、什刹海、鼓楼、德胜门、地安门、南锣鼓巷、北锣鼓巷、东四、东单、安定门、交道口、景山、府右街、雍和宫、国子监、王府井、南池子、北池子、前门、琉璃厂等重点片区（图4-19）。

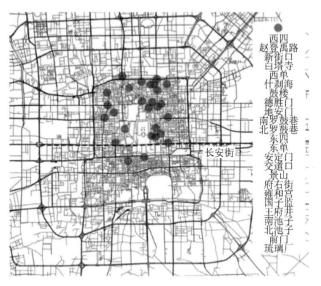

图 4-19　北京现存四合院分布图

图片来源：作者收集资料绘制。

北京四合院作为这座历史文化名城的基本单元，整体以灰色为主，成为皇宫、寺庙等建筑朴素而优美的背景，并且作为城市的底色展示着民居的城市肌理。如西四北头条至西四北八条、东四三条至东四八条、地安门内大街等以传统居住形态为主的历史文化街区，还有一批散置在胡同两侧的名人故居，如鲁迅故居、梅兰芳故居、郭沫若故居等。胡同的空间尺度关系、格局及其与两侧院落的开合、借景关系，形成了独特的场所氛围和空间感，也是北京城市景观和传统文化的代表性元素（图4-20）。

然而，改革开放以后，尤其是 1990 ~ 1998 年北京市进行了大规模的旧城改造，共拆除老房子 420 万 m²，其中大部分是四合院，并且不乏保存完好者，完全符合北京市政府官方公布的"现状条件较好、格局基本完整、建筑风格尚存、形成一定规模、具有保留价值"四合院挂牌保护院落的标准[1]（图4-21）。据统计，从 1949 年至今，减少约 4000 条胡同，这不仅是对北京传统城市景观的一次巨大破坏，也改变了传统的居住模式，不利于传统文化的传承与发展。然而，对保护区如何进行有效保护，既有理论上不清晰的问题，也有实践上难以推进的问题，直到 1999 年 3 月才将 25 片

---

[1]　2003 年北京文物局制定相关标准。

保护区的保护范围及控制地带划定出来，开始了保护区保护规划编制的试点工作。

（a）

（b）

图4-20　东四三条、帽儿胡同
图片来源：作者拍摄。

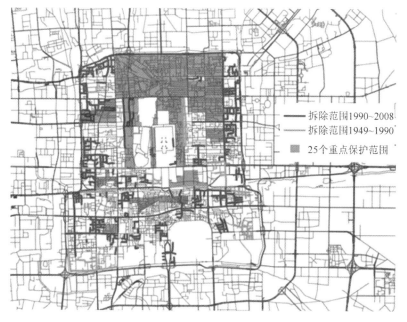

图4-21　北京胡同拆除年份及范围
图片来源：作者资料整理绘制。

　　胡同作为老北京的基本空间布局，既是旧城的连接和交通空间，也是居民日常的交往公共空间，街坊之间在这里碰面聊天、孩子们在这里玩耍、商贩在这里叫卖，形成了一辐生动的公共生活场景。"青砖灰瓦的风貌成为城市传统文化的象征，胡同布局下的建筑形式、影壁、绿化等形成了传统的街道对景，给紧凑的胡同空间增加了艺术气息"[1]，涵盖了人文思想和生态环境的内容。而且，由于其"两侧四合院的高度与胡同的宽度比例大致为（0.8：1～1.1：1）"[2]（图4-22），既不会令人感到狭窄和压抑，而且形成了良好的、有节奏的透视线，营造了一种宁静安逸的氛围。夏季路旁的国槐树和院墙投下阴影，调节了胡同的小气候，从而将胡同的空间体验提升为一个散步、愉悦、放松的过程（图4-23）。

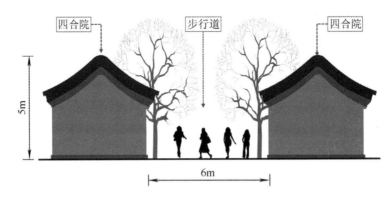

图4-22　北京胡同剖面图
图片来源：作者自绘。

图4-23　北京胡同景观空间
图片来源：作者自绘。

3. 城门楼及城墙

北京城门楼及城墙不仅具有防御功能，也是古代城市空间的边界；由于其尺度巨

[1]　郭竹梅，张大敏，褚玉红．北京胡同绿化保护与建设——老城保护中的为与不为 [J]. 北京规划设计，2019年第1期，第129页。

[2]　赵波平，徐素敏，殷广涛．历史文化街区的胡同宽度研究 [J]. 城市交通，2005年第3期，第46页。

大、贯穿全城，因而是与皇城具有同样分量的景观标志物，决定着北京外城天际线。

（1）城门楼

据文献记载，北京城门分为内城九门、外城七门、皇城四门、龙脉口四门、宫城四门、现代城门等。北京旧城有"内九外七皇城四"之说，指的是内城九门、外城七门以及皇城四门（表4-2，图4-24、图4-25）。

文献记载中的北京城门　　　　　　　表4-2

序号	区域	城门
1	内城九门	正阳门、崇文门、宣武门、朝阳门、阜成门、东直门、西直门、安定门、德胜门
2	外城七门	永定门、左安门、右安门、广渠门、广安门、东便门、西便门
3	皇城四门	天安门、地安门、东安门、西安门
4	龙脉口四门	中华门、端门、长安左门、长安右门
5	宫城四门	午门、神武门、东华门、西华门
6	近代城门	和平门、复兴门、建国门、水关门

表格来源：根据文献记载整理。

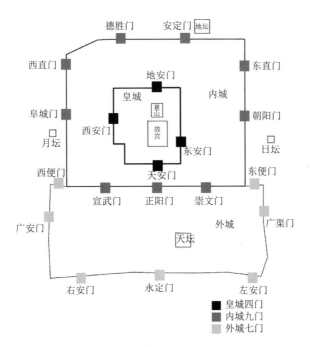

图4-24　北京明清城门构成
图片来源：作者根据历史资料绘制。

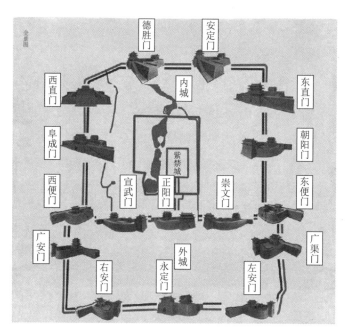

图 4-25　北京城门及城墙复原明朝全景图

图片来源：www.redsandalwood.com。

　　位于故宫南端、长安街正中心的天安门是明初成祖朱棣迁都北京时修建的皇城正门，至今已有六百多年的历史，不仅是一座富含历史文化信息的古建筑物，而且见证了多次重要的历史时刻和事件，从而上升为中国的象征并成了国徽图案的一部分，至今都是国内外游客必去拍照留念的景点（图 4-26）。许多城门楼虽然早已不见踪影，但其名称至今也作为地名而存在，提醒着人们这个地方过去的样子，东便门是少数几个依然与其地名一起存在的城门楼（图 4-27）。

图 4-26　天安门

图片来源：作者拍摄。

图 4-27　东便门

图片来源：http://image.baidu.com。

　　然而，城门楼消失的速度和数量都是惊人的，在过去的 70 年间，多数城门楼及城墙已被拆除，只留下零星的几段，再也不能形成围合之势。1950 年北京共有古城门 46 座,其中,瓮城 9 座,城楼 14 座,箭楼 11 座,闸楼 2 座。自 1950 年拆除崇文门、永定门瓮城开始,先后共拆除瓮城 9 座、城楼 13 座、箭楼 9 座、闸楼 2 座。到 1969 年仅存城楼 1 座(正阳门城楼)、箭楼 2 座(正阳门箭楼和德胜门箭楼)(图 4-28)(来源于 2015 年中华读书报及网络资料)。

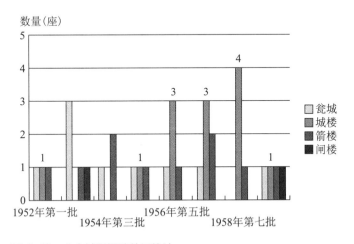

图 4-28 北京城门拆除数量统计

图片来源:作者根据网络资料整理绘制。

城门楼由于处在城市交通结点和区域边界处,因而在城市扩张和交通基础设施升级的过程中成为一个阻碍,这也许是城门楼被大量拆毁的一个重要原因吧!但同样因其显著的位置而具有很高的景观和经济价值,现在都成为寸土寸金的地方了(图 4-29)。

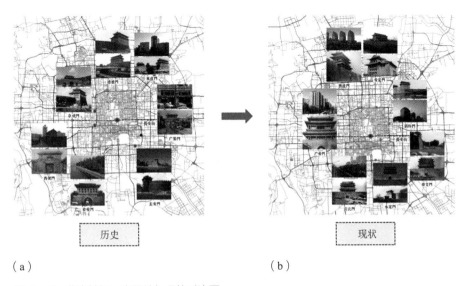

(a) (b)

图 4-29 北京城门历史照片与现状对比图

图片来源:作者根据资料及现状图绘制。

城门是北京城具有代表性的景观节点,与城墙一同构成城市的防卫体系,是古都传统文化的重要组成部分,反映了其历史的变迁和发展。北京城门楼是古城最高的建筑,在空间布局上具有稳重而舒缓的节奏感,形成了连续的景观序列并成为人们在城市中定位和定向的最重要依据,其位置与街道系统相辅相成,一起构成了多重的对景关系;且每一处门楼依据其交通、防御功能重要性及方位的不同而在尺度和形态上都有所不同,从而强化了识别性、丰富了城市整体的景观层次和个性化差异(图4-30)。

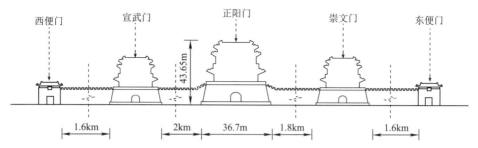

图4-30 北京城门楼景观序列分析图

图片来源:作者自绘。

作为旧城最高的建筑,城门楼和城墙一起主导着北京旧城的天际线;且城墙作为水平线其尺度巨大,因而成为旧城景观的基本框架并作为节点景观的背景,塑造了稳重而井然有序的视觉构图(图4-31)。又由于其周边的护城河、绿地隔离带等元素,使得从人的视角来看是仰视的角度,城门也显得特别高大,表现了威严感和皇家气派(图4-32)。

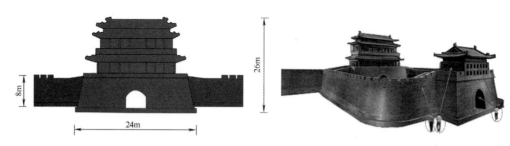

图4-31 永定门城楼立面示意图

图片来源:作者根据资料绘制。

图4-32 永定门城楼复原模型及人视线角度图

图片来源:中国紫檀博物馆。

(2)城墙

北京的城墙分为内城和外城,是古代作为保护和防御用的建筑,内城是贵族使用,主要在长安街北侧,外城是平民使用。北京城内的城墙全长23720m(北面长6790m,东面长5330m,西面长4910m,南面长6690m)。外城的城墙全长

13900m（北面长 496m，东面长 2800m，西面长 2750m，南面长 7854m），全城总长 37620m（图 4-33 ～图 4-36）（来源于网络统计数据）。

北京外城城墙到 1958 年全部拆完，内城城墙到 1970 年大部分拆除，保留三段城墙，约 1550m；1987 年又拆除一段，约 250m。至此，北京全城仅存城墙两段（城东面南段和内城南面东段），全长约 1300m（图 4-37）（来源于百度文库网络资料）。

图 4-33　元朝城墙布局图
图片来源：作者自绘。

图 4-34　明朝城墙布局图
图片来源：作者自绘。

图 4-35　清朝城墙布局图
图片来源：作者自绘。

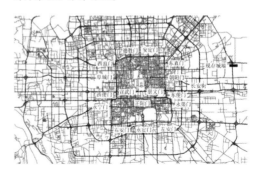

图 4-36　北京现存城墙分布图
图片来源：作者自绘。

现在我们能看到的城墙遗址是明城墙和元大都公园两段，都以原来城墙遗址为中心建成了线性公园，作为城市开放空间使用。北京明城墙遗址建于明正统四年（1439年），位于西二环路南端，东南角楼以西，为市级文物保护单位，是内城的西南角城垣。经过修复后全长约 500m，城墙内外壁为下石上砖，内为土心；墙基厚 18.08m，墙体高 10.72m，城顶宽 15.2m，雉堞高约 1.8m（图 4-38）。

"城墙是城市景观意境的重要载体，承载着北京城市景观的历史文化底蕴"[1]。城墙的修建与当时北京的地形地貌、政治因素、礼教制度、军事背景等相关，象征着北

[1]　陈志.古城墙与现代城市景观空间互动关系研究 [D].重庆大学硕士论文，2014 年，第 4 页。

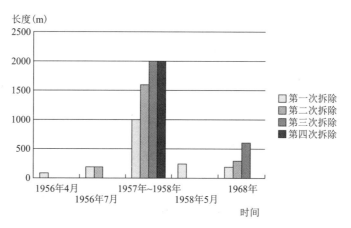

图 4-37　北京城墙拆除数量统计

图片来源：作者根据网络统计资料绘制。

图 4-38　北京明城墙遗址公园

图片来源：作者拍摄。

京城的地位和文化特色。城墙对城市的景观空间既有围合性又有限定性，而且还与灵动的古城山水格局相互映照，具有良好的互动效果。城墙是城市整体景观风貌的组成部分，在构图上强调水平线，降低了城墙的重心，形成了稳定的城市景观骨架和景观空间格局。在材料运用上，使用天然石材，材料的纹理显而易见，唤起人们对历史文化的记忆，体现了特定的时代感。从而形成了具有稳定性、定位性及定向性的独特城市景观。

（三）皇家园林

北京的古典园林多为皇家园林，比如圆明园、颐和园、紫竹院公园等（表 4-3）。依据《北京市公园事业发展规划》所列出的历史名园名录可知，现阶段对民众开放的皇家园林有 11 处 [1]，规模宏大且都有着浓厚的政治色彩，表达了辉煌的皇家气派，现存最完整的、规模最大的皇家园林就是颐和园。

北京皇家园林位置、规模、景点统计表　　　　　　　　　　表 4-3

名称	现存地址	规模	开放时间	著名景点
圆明园	海淀区清华西路	350hm²	1988 年	大水法、西洋楼遗址
颐和园	海淀区新建宫门路	290 hm²	1928 年	昆明湖、万寿山、十七孔桥
北海公园	西城区文津街	71 hm²	1925 年	琼华岛、永安寺、白塔
景山公园	西城区景山西街	23 hm²	1928 年	万春亭、观妙亭
香山公园	海淀区香山买卖街	188 hm²	1956 年	孙中山纪念堂、香山寺、碧云寺、琉璃塔
紫竹院公园	海淀区中关村南大街	47.35 hm²	1953 年	筠石苑、八宜轩、江南竹韵
中山公园	东城区中华路	23 hm²	1914 年	社稷坛；唐花坞；习礼亭
日坛公园	朝阳区日坛北路	21 hm²	1951 年	园坛、西天门、具服殿、祭日壁画、玉馨园
月坛公园	北京西城区南礼士路	8.12 hm²	1955 年	钟楼、棂星门、邀月亭、月华池
天坛公园	东城区永定门内大街	273 hm²	1918 年	祈年殿、皇乾殿、圜丘坛、皇穹宇
地坛公园	东城区安定门外大街	37.4 hm²	1925 年	方泽坛、皇祇室、牌楼

表格来源：根据文献记载整理绘制。

皇家园林在选址和布局方面，大多选在环境优美、宁静的郊外，重视场地的风水，倾向于背山环水、条件便利的地方；在布局上多利用高起的山脉布置建筑群，起到统领全局的作用。每个园林根据其位置和功能的不同发挥着自身独特的特点，例如圆明园、颐和园位于环境优美的西郊，在古代时就作为皇家行宫御苑，为皇帝游览、休闲、避暑所使用；而距离皇宫较近的天坛、地坛、月坛、日坛，则作为皇家祭祀的场所。经过长期的发展，现在大多数免费对市民开放，成为现代北京城市公园系统的重要组成部分（图 4-39）。

皇家园林手法和技艺精湛，通常采用叠山、置石、理水的手法，讲究山水的结合及轴线对称；设置围墙进行空间围合及分景，结合游廊或回廊以实现框景和漏景的效果；皇家园林在发展过程中还与山水诗、山水画相互融合，既有诗情画意，又把景色

---

[1]　张英杰. 北京皇家园林的保护策略探讨 [J]. 黑龙江农业科学，2011 年第 6 期，第 77 页。

体现的生动形象。其中惯用的"一池三山"模式来源于汉代时期的"太液池",池中有三山,模拟仙境中的"蓬莱、方丈和瀛洲"三座仙山,对后世影响深远,一直延续至今[1],北海就是在"一池三山"模式下发展起来的(图4-40),在北海公园中,北海象征"太液池",其中琼华岛是仿"蓬莱"仙山所建,原在水中的团城和犀山台则代表"瀛洲"和"方丈"两座仙山。

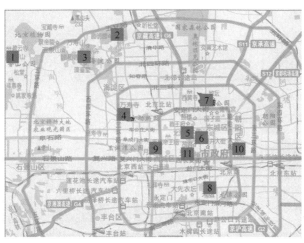

图4-39　现阶段对外开放的皇家园林分布图
图片来源:作者收集资料绘制。

图4-40　北海公园平面图
图片来源:作者根据三维地图绘制。

皇家园林大多"利用真实的山水营造景观空间,追求诗情画意的意境,将自然融入其中,力求达到'虽由人作,宛自天开'的效果,体现了人们认识自然、利用自然、

[1]　周维权.中国古典园林史 [M].北京:清华大学出版社,2005年,第32页。

改造自然的能力和方式"[1]，为现代园林景观中"以人为本、因地制宜"的理念提供了理论基础，对现代园林景观绿色、生态理念的发展模式及生态环境的建设起着重要的作用。同时，古典园林的规模和特点反映了古代的皇家历史和文化内容，其独特的精神内涵和审美特征承载着现代人们对美好生活的向往，园林中自然与生态的交织在历史上创造了辉煌的艺术成就适应现代要求，通过充分挖掘传统历史文化内容，使传统元素与现代符号相互融合，不断充实当代文化内容，促进对古典皇家园林的传承与发展。

1. 圆明园

圆明园位于北京西北部郊区，海淀区东部，现今北京大学的北边、清华大学以西，与颐和园毗邻，是在平地上挖湖堆山所形成的人工山水园林，集理政、生活、祭祀、娱乐休闲为一体。乾隆继位后，增加了建筑群落，在圆明园的东邻和东南邻修建了长春园和绮春园，形成了现今"圆明三园"的格局（图4-41）。

图4-41　圆明园平面图
图片来源：作者拍摄。

---

[1] 赵兴华. 北京园林史话（第2版）[M]. 北京：中国林业出版社，2001年，第11页。

圆明园实际上是中西合璧的写照，早在乾隆年间，圆明园中的长春园，第一次引进西洋的园林文化，仿建了一组西洋楼群。其在部分装饰中揉合了中国传统的造园手法，叠山理石、重檐屋顶，彩色琉璃以及自然式小桥、流水、亭廊等。这组景点是西洋园林几何形构图与中国园林自然山水式有机结合的体现，是中西园林文化的交流与融合（图 4-42、图 4-43）。第二次鸦片战争期间，英法联军火烧圆明园，350hm² 的皇家园林被毁坏，"万园之园"成为一片废墟。1983 年，经国务院批准的《北京城市建设总体规划方案》，明确把圆明园规划为遗址公园，并开始进行修复工作，于 1988 年正式向大众开放。

图 4-42　圆明园西洋楼铜版画着色复原图
图片来源：https://www.zcool.com.cn。

图 4-43　圆明园西洋楼实景图
图片来源：https://www.zcool.com.cn。

2. 颐和园

北京的自然条件和政治条件是影响园林形成的主要因素。颐和园位于距城区约 15km 的西北郊地区，现今海淀区新建宫门路，面积宽广、占地 290hm²，是一座皇家行宫御苑。其主要特色以"真山真水"的形式展现出来，线条硬朗而造型刚健，形成了特有的"囊括四海、包举宇内"的皇家气派和雄浑壮美的文化气息。颐和园以西山作为背景，以万寿山、昆明湖为基址，结合宫殿建筑形成了行政、生活、游览为主的皇家园林。乾隆年间，以古代神话为题材，在昆明湖及周围两湖内建造了"团城岛、南湖岛、藻鉴堂岛"三个小岛，象征东海的"蓬莱、方丈、瀛洲"三座仙山，形成了"一池三山"的模式（图 4-44）。

颐和园设计手法丰富多样，集合了各地的建筑及景观风格，既有北方古典园林的特色，又有江南私家园林的意境。其中东边的宫殿区是典型的北方四合院建筑样式，昆明湖仿照杭州西湖的特色所营造，苏州街则根据江南水乡的情景所营建，丰富了皇家园林的形式和内容（图4-45、图4-46）。昆明湖和万寿山是人工山水景观，但现已分不清自然或是人工的痕迹，人工山水的营造技艺已经很好地融入了自然。

图4-44　清代颐和园全景图
图片来源：www.8mhh.com。

图4-45　颐和园"昆明湖、万寿山"实景图　　图4-46　颐和园"苏州街"实景图
图片来源：作者拍摄。　　　　　　　　　　图片来源：作者拍摄。

3. 紫竹院公园

紫竹院公园位于北京西北近郊，今海淀区白石桥附近，与国家图书馆毗邻，占地47.35hm^2。该园区在古代时是一片低洼的湿地，元代挖长河使其成为蓄水湖，明清时期在园内西北部修建庙宇"福荫紫竹院"，因此，如今以紫竹院为名。紫竹院公园秉承了北方传统园林空间意境的营造手法，追求自然式山水园林的效果。"双紫渠、南长河两条河流穿过公园，青莲岛、明月岛将分为三个湖水面，最大的湖泊区域作堤防，形成了'三湖、两岛，一堤'的景观格局。"[1]（图4-47）。

---

[1]　蒋玉洁. 我国古典主义在现代景观中的再应用——以紫竹院公园为例 [J]. 现代园艺，2017 年第 20 期，第 90 页。

图 4-47　紫竹院公园鸟瞰图

图片来源：作者根据三维地图绘制。

公园在水景的营造上，形式多样，采用了大水面与小水面的分割手法，并依托起伏的地形构成了山林水景（图 4-48）。园内亭廊错落有致，竹石花草分布其间。不同的是，紫竹院公园还借鉴了的江南园林的造园风格，在南长河北部有独具特色的"筠石苑"景区，淡雅、清秀的景色幽静的分布其中，包括"江南竹韵"、"竹深荷静"、"绿云轩"等景点（图 4-49）。以竹子作为主要的造景元素，整个园内有 10 余种竹子，大约 16 万余株。竹子的作用在公园中发挥得淋漓尽致，营造出了开放自如的空间意境。因此公园既有皇家园林的特色，也有南方园林的文人气息和韵味。

图 4-48　紫竹院公园水景

图片来源：作者拍摄。

图 4-49　紫竹院公园"江南竹韵"

图片来源：作者拍摄。

三、非物质文化形态景观

过去在景观规划设计的图纸表达中一般着重在物质形态景观而不是非物质文化

形态景观，这是因为非物质文化形态景观和人的日常活动直接相关，具有移动性、变化性且难以用三维的方式进行定性和定量的描述。但是，一个没有人的城市景观不是"活"的景观、一个没有非物质文化形态景观的环境绝对称不上生动；我们研究城市文化生态的健康可持续发展，就是强调人类历史上各种文化活动的成果在城市景观中所承担的作用以及如何将这种作用信息以视觉、空间、可感知的形式来进行表现和传播。当然，并不是所有的非物质文化都与城市景观有直接关系，概括来说，可表现或影响城市景观的文化形态包括传统风俗、生活方式及传统艺术与技艺三方面，在这里我们把它称之为非物质文化形态景观，也就是所谓的"京味儿"。

北京非物质文化形态景观的特点概括起来就是多地方、多民族性和现代化、国际化。作为历史悠久的中国都城，北京既有国内各个民族、地方及其混合的特点，如清真寺和清真餐厅、满汉全席和数不清的粤菜、本帮菜、川菜、湘菜、新疆烤肉等；也有不同国家不同文化的痕迹，如越南餐厅、墨西哥餐厅、法国餐厅等，日本寿司、韩国泡菜、印度抛饼、意大利面等，当然也有层出不穷的各种快餐、小吃和饮料。这些共同构成了北京独一无二的城市文化，也使得北京更具开放性、包容性和充满活力，吸引了国内外的人们，从一个侧面印证了文化对城市综合实力的重要性。

（一）传统风俗

"北平"时期（1928～1949年）是京味最醇厚、最地道的阶段，那时的北京虽然时局动荡、战乱频繁，但老北京的文化却不屈不挠地生长着。帝制的崩溃并没有削减帝王文化对京城的影响，相反，它历史性地加速了满汉民族的融合，促进了贵族文化与平民文化的互相吸纳。延续至今，北京的大多传统风俗已列入非物质文化遗产，这些风俗与生活活动及其场所密切相关，体现在礼仪、老字号、庙会、茶馆等方面。

1. 北京听觉景观

老北京人融合了汉族和旗人的品性，既朴实厚道又谦恭多礼；做人做事比较讲理、好面子，性格直爽，喜欢热闹，也爱帮助别人，做事有条理且不乱，能够顾全大局，北京话叫"有外场"；老北京人做事情有规矩重礼节，"您"、"师傅"、"劳驾"、"谢谢"等词常挂在嘴边，这是礼仪、也是规矩。这就是老北京常说的"礼多人不怪"，这些日常用语成为人们的标准口头语，在街上、公交车、商店里都常常能听到，配合独特的北京"儿"化的发音和浑厚、响亮的嗓声，成为北京听觉识别性的重要元素。再加上偶尔飘来的京剧片段和叫卖、吆喝声，形成了北京独有的听觉景观。

2. 老字号

"老字号"不仅意味着时间的久远，而且表明了其独特性或唯一性，也是当地物产、技艺水平的最高标准，和今天的"品牌"概念类似，是一个国家或地区经济实力、工商业发达程度的表征；拥有的"老字号"（品牌）越多，说明一个国家或城市的影响力越大，如拥有香奈儿、路易威登、迪奥等证明巴黎是当之无愧的世界时尚之都，而拥有苹果、谷歌、脸书、特斯拉等说明美国在高科技行业在全球占据绝对的领先地位。这些"老字号"正是文化传播的具体媒介和途径，其本身就是文化的一部分，而传统的"老字号"更包含丰富的历史、地域和文化信息，因而也是一种文化现象。

这些老字号与人们的日常衣食住行相联系，因而遍布全城；它们都有长期不变的字体和 CI 系统，其极具识别性的招牌和门面设计对城市景观起着独特的影响作用，甚至成为地标而令人熟知。在这些闻名遐迩的老店中，有始于清朝康熙年间提供中医秘方秘药的同仁堂；有创建于清咸丰三年（公元 1853 年）为皇亲国戚、朝廷文武百官制作朝靴的"中国布鞋第一家"内联升；有 1870 年应京城达官贵人穿戴讲究的需要而发展起来的瑞蚨祥绸布店；有明朝中期开业以制作美味酱菜而闻名的六必居等（图 4-50）。而"不到长城非好汉，不吃烤鸭真遗憾"，也使全聚德成为北京的象征——在这里经历的是传统，体验的是百年不变的美食和服务。

历经数百年变迁发展，这些有着深厚历史文化底蕴的老字号既是古都北京的宝贵遗产，也是现代北京的特色名牌，是北京历史文化名城的重要标志之一，对北京展现世界历史文化名城和现代化国际大都市风貌有不可低估的重要作用和影响。

3. 庙会

庙会又称庙市或节场，是北京的传统民俗文化活动，也是节庆期间必不可少的公共活动（图 4-51）。顾名思义，庙会风俗与佛教寺院以及道教庙观的宗教活动有着密切的关系，并与小商业活动（集市）及文化活动（戏楼、会馆等）结合，且以寺庙周边的空场作为场地，是过去城市公共生活的主要内容。有的庙会规模大、商业发达而形成除节庆外的日常活动，甚至成为城市的商业中心，带动了周边商业发展，如苏州的观前街早已成为综合的商业步行街区。

图 4-50　北京的老字号

图片来源：作者拍摄。

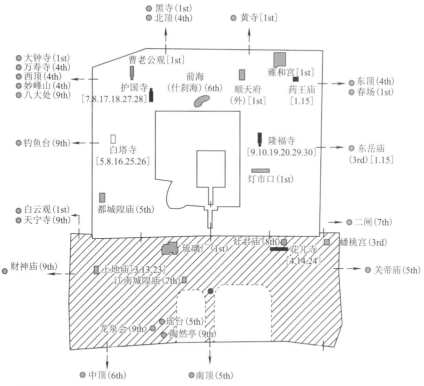

图例

● 每月开放的庙宇和集市[附集市日期]

◉ 每月敬神时开放的庙宇、集市和朝圣地(附开放的月份)

▨ 会馆、戏庄、酒楼集中的区域

图 4-51　市民社区空间节点：北京 19 世纪主要庙宇、集市、朝圣地，以及会馆、戏庄、戏楼——酒楼分布图

图片来源：朱剑飞著.中国空间策略：帝都北京（1420-1911）[M].诸葛净译，上海：三联书店，2017 年。

　　现在随着经济形式的转变以及市民生活内容的多样化，北京庙会已经不再具有往日的吸引力，总体规模趋向衰落，但是作为一种传统节庆形式存在下来。其多元功能的互动关系不断调整，内涵逐渐演变；宗教的主导作用逐渐褪去，商贸与文娱功能日益增强；且场所也不再局限在寺庙、道观周围，而是利用城市中较为空旷的场地来承载传统的内容（图4-52）。

图4-52　近代北京庙会活动现场

图片来源：作者收集资料。

4. 茶馆

　　老北京茶馆由于老舍先生的同名话剧《茶馆》而更为人所熟知，北京前门附近建立了名为"老舍茶馆"的茶馆，也从侧面说明茶馆是北京人最日常的一种交往、休闲、公共活动场所，也是大大小小许多故事、事件的见证者。它提供的不仅是饮茶、甜点，也有表演如相声、皮影剧等，是一种综合的文化服务空间，也带动了茶文化的经久不衰（图4-53）。北京的茶馆不但数量多，而且种类齐全，有大茶馆、清茶馆、书茶馆、棋茶馆、季节性临时茶馆、避难茶馆等。茶馆大多供应香片花茶、红茶和绿茶，茶具为古朴的盖碗、茶杯，茶馆为茶客准备了象棋、谜语等消遣娱乐活动。规模较大的茶馆建有戏台，下午和晚上有京剧、评书、大鼓等曲艺演出。清朝末年，北京的"书茶馆"达60多家，形成北京独特的文化景观。

　　虽然现在文化和餐饮活动非常多样化，各种国际和现代风格争奇斗艳，茶馆却依然保持着一脉相承的古朴、恬静的风格，并进一步演化为一种与这种风格相应的人们的生活方式——印证了文化景观的各种元素之间相互影响相互适应的关系。

图 4-53　前门"老舍茶馆"及泥塑

图片来源：作者拍摄。

（二）生活方式

1. 衣

服饰从最初的诞生之日起，就同时具有安全、保暖等最原始的物质功能以及文化、精神和美学的功能——表现人的身份、地位、社会等级、价值取向、性格以及社会经济繁荣程度、社会氛围、时尚潮流、审美品位、时代和地域信息等，是一个综合的文化表现媒介。同时，人们活动在城市的各个空间并反过来塑造影响着这些地方，为其所处的空间提供了色彩和声音，因此，我们说人就是一种移动的景观，是城市的一道风景线。

北京各个历史时期的服装具有鲜明的特点，如中华人民共和国成立前更多受到满族文化影响，旗袍、马褂成为人们的日常穿着（图 4-54、图 4-55）。

图 4-54　清末男装

图片来源：https://www.baidu.com。

图 4-55　民国时期西装革履与长袍马褂并行

图片来源：https://www.baidu.com。

五四运动以后，新文化带来了人们的新面貌，着装也日渐简洁、便于日常活动，中西搭配是这一时期的典型特点：西装、长袍成为知识分子和上层男士的基本着装；妇女一般的穿戴为上衣下裙或体现女性曲线美的旗袍，但外面却是纯西式的大衣或外套（图4-56）。

图4-56　民国时期的旗袍
图片来源：https://www.baidu.com。

中山装由孙中山先生而得名，反映了一个新时代和新政治追求，象征着"新人类"形象，也是最时尚的着装，具有中国独特的政治色彩和文化特色，很长一段时间占有统治地位，几乎所有的人都穿着中山装。其外观轮廓端正、结构合理、线条流畅、实用性强，具有庄严、稳重、朴实的美感；既顺应了民国时期大众的传统审美习惯，又具有国际现代服装的审美眼光与工艺手法。不仅男性，女性也常常穿着中山装，表现了"新女性"的形象（图4-57）。"文革"开始以后，军装又成为最时尚最风行的服装，军绿色是城市中最常见的颜色。

图4-57　中山装和军装
图片来源：https://www.baidu.com。

2. 食

与饮食相关的是人们的进餐方式、进餐空间、进餐礼仪，以及食物的色彩、味道和气味等，都是城市最生动的、活的景观。就像重庆街头到处弥漫着火锅味，中国香港铜锣湾飘来一阵阵各式糕点的香味，米兰街头随处可闻到奶酪的味道，这些气味和视觉景观一样，表现了一个城市的饮食文化，同样给人留下深刻的印象。

实际上相较正餐食品而言，小吃属于快餐类，受众人群更广、使用的场所和时间更自由，因而对城市景观的影响更大。如今北京城市中常常见到手中拿着咖啡、奶茶走在街上的年轻人，而冬天还能看到手拿糖葫芦的孩子，鲜红的糖葫芦为灰色调冬天的北京加入了一道亮丽而生动的色彩（图 4-58）。

图 4-58　冬季北京街头的糖葫芦
图片来源：作者拍摄。

　　传统老北京在岁月里留下来的小吃美食花样繁多，比如羊霜肠、甑儿糕、炸布袋、炸三角、炸羊尾、艾窝窝、灌肠、卤煮、老北京十三绝等等（图 4-59）。这些食物不仅带给人们口腹的享受，更是一种回忆，一种与传统文化的联系。

烤鸭	爆肚	涮羊肉	卤煮火烧
炒肝	杂酱面	豆汁	焦圈
灌肠	豌豆黄	炸糕	面茶
面茶	驴打滚	糖耳朵	糖葫芦

图 4-59　北京传统小吃
图片来源：作者收集资料绘制。

（三）传统艺术与技艺

北京传统艺术与技艺大多已列入北京非物质文化遗产名录，这些在当代已成为介绍、传播中国传统艺术文化的重要媒介，最具代表性的艺术形式包括京剧、皮影、景泰蓝等。

1. 京剧

京剧，又称京戏、大戏、国剧，并有皮黄（皮簧）、京调等称谓。从徽班进京（1790）算起，已有220多年的历史；从正式形成（1840年前后）算起，已流行了170多年。京剧的行当齐全，表演成熟，气势宏丽，是中国最大的戏曲剧种，也是集服装、表演、演唱、舞台布景、音乐、化妆等为一体的综合艺术形式。京剧脸谱、服装、道具等的色彩、造型常常为建筑和室内设计师提供构思的来源，京剧唱腔也常常回响在街头巷尾（图4-60）。

图4-60　清光绪年间的画师沈蓉圃绘制的（京剧"同光十三绝"）
图片来源：https://image.baidu.com。

如今，京剧已成为大众喜爱的艺术形式之一，不仅可以到剧院看演出，还可以在公园里看到许多喜爱京剧的票友聚在一起交流演唱，丰富了人们的生活，也形成了北京独特的大众文化景观（图4-61）。

图4-61　公园内京剧娱乐活动
图片来源：作者拍摄。

2. 生活技艺

北京传统生活技艺包括磨剪子、磨刀、弹棉花、修鞋修锁、铜盆铜碗等，以及与这些技艺相配合的叫卖声和吆喝声，浓郁而生动的生活画面就是如此展开的。随着城市现代化的发展和人们物质生活水平的不断提高，这些生活技艺早已不见踪影。另一方面也是由于这些技艺是与最普通的人最普通的生活相关，因而从而引起人们的重视，更不用说最为文化元素进行保护。

但是，历史文化遗产不仅在于有形的实体性景观，而且还在于市井生活、风土人情等无形的文化内容。"只有在人的文化活动和与之相适应的景观结合一体的前提下，才能形成富有生命力的景观文化环境"[1]。城市景观的文化特性，说到底就是人的特性、是真实、真诚、毫不伪善的城市化，是生活和艺术的景观化表征（图 4-62）。因此，这些平凡的生活技艺同样见证了不同时期人们的生活状态，是历史发展中不可缺失的环节，也是整个文化生态系统中的组成部分。

图 4-62　北京传统活动照片及插画
图片来源：作者收集资料整理。

四、城市文化记忆与传承

因此，以文化生态学视角强调城市文化记忆概念的延伸，在于不仅着眼于过去的"历史"，而是更关注"未来"的发展；着重"延续"过去的历史，而不是割裂过去的

---

[1]　戴代新，戴开宇著 . 历史文化景观的再现 [M]. 上海：同济大学出版社，2009 年，第 148 页。

历史，而这些形态的延续性正是情感的纽带。就如生命不息的规律一样，研究生命过程的各个阶段和环节，从而对北京历史文化的保护形成全生命周期的保护与管理。"全生命周期的概念起初源于生物领域，代表着生物从出生到死亡的全部生命过程"[1]。在城市的历史文化层面，全生命周期的保护管理是指对城市的历史文化从源起到后来的发展变化形成一个完整的保护体系，包括对其历史文化的挖掘、对设计风格及特征的分析、对城市景观影响的评价、对历史文化空间的保护与传承、对旧城环境的保护与更新等。从而人们加深对北京城市文化的记忆，延续其历史文化发展的脉络，促进文化空间环境的可持续发展。

在保证城市历史文化完整且不被破坏的前提下，对其进行改造和更新，这就要求人与自然之间和谐相处，我们现代的生活方式与自然生态相互协调，以保证生态系统的永续发展，控制城市文化和景观全生命周期的可持续性，既可以保留城市传统文化的根源以及我们对城市历史景观的记忆，也在后续源源不断的注入了新鲜的内容，以实现城市景观全生命周期的全部过程。

（一）消失中的文化景观

虽然历届政府多次在总体规划方案上强调历史文化保护的重要性，并做出了巨大的努力，而且在局部范围内取得了不错的效果。但从历史纵向的角度以及与世界同级别城市的横向对比来看，北京历史文化特色丧失、破坏是不容争辩的事实。尽管北京市列出了 2000 个受保护的院落，但还是有大量的院落被拆除，而且北京的老城墙已被拆掉了 1/3；一些地标性建筑或场所的消失，使其周围的居民活动也随之消失，例如曾经的隆福寺早市、东华门夜市；而随着潘家园的拆除，古董交易的"鬼市"也不复踪影（图 4-63）。

造成这种"边保护、边破坏"现象的原因，除了城市化改造以及过度依赖房地产和汽车经济外，对历史文化景观及其发展规律、生活活动内容的理解存在缺陷，对历史文化景观长期的文化和经济价值认识或开发不足，因而体现政府相关政策的犹豫和模棱两可。例如，在《北京旧城二十五片历史文化保护区保护规划》中，保护区内仍划出了可拆范围；保护区又分为重点保护区和建设控制区，其中建设控制区是可以

---

[1] 宋羿彤. 可持续城市综合公园全生命周期评价指标体系研究 [D]. 东北林业大学硕士论文，2016 年，第 10 页。

"新建或改建"的，这种泛泛的描述，为破坏行为创造了空间和可能性。

● 北京市第一批市级文物保护单位
　1.故宫
　2.中南海
　3.景山
　4.鼓楼
　5.国子监
　6.雍和宫
● 北京市第二批市级文物保护单位
　1.正阳门箭楼
　2.东南城角角楼
　3.德胜门箭楼
　4.牛街清真寺
● 北京市第三批市级文物保护单位
　1.原协和医院
　2.原辅仁大学
　3.摄政王府
　4.西什库教堂
　5.国子监街
　6.安徽会馆戏楼
　7.湖广会馆
　8.南新仓
　9.帽儿胡同5号四合院
　10.东四六条63-65号四合院
　11.内务部街11号四合院
● 北京市第六批市级文物保护单位
　1.圣米厄尔教堂
　2.中央银行旧址
　3.法国使馆旧址
　4.法国邮政局旧址
　5.日本使馆旧址
● 北京市第七批市级文物保护单位
　1.鼓楼东大街456号四合院
　2.前鼓楼苑胡同7、8号四合院
　3.帽儿胡同5号四合院
　4.美术馆东街25号四合院
● 北京市第八批市级文物保护单位
　1.皇城墙遗址
　2.京华印书局
　3.总理各国事务衙门建筑遗存

图 4-63　北京文物保护单位汇总（部分）

图片来源：作者根据北京文物保护局统计数据绘制。

（二）记忆重拾

按照人居环境科学的观点，城市是人类最重要的聚居地，而"文化的产生是人类聚居的结果"[1]。正如两千多年前的哲学家亚里士多德说过，"人们为了活着而聚集到城市，为了生活得更美好而居留于城市"[2]。作为文化的载体物质形态和非物质形态景观就是北京文化的根，对北京历史文化特色的形成起到了至关重要的作用，也是当今重拾文化记忆、延续传统文化、建立具有鲜明文化特色的当代世界城市的重要线索和途径。在城市发展的传承与创新之间，这些文化载体与新元素共生，使城市文化记忆得以延续，故事得以代代相传。

值得欣喜的是，许多设计师表现出对传统文化的浓厚兴趣和极高的尊重，并运用当代艺术的观念、手段，结合材料、建筑技术进行了大胆而有益的探索，出现了多个

---

[1]　吴良镛. 广义建筑学 [M]. 北京：清华大学出版社，1989 年。

[2]　E. Saarinen. The City: Its Growth, Its Future [J]. Reinhold Publishing Co.US: New York, 1945.

优秀案例，引起了社会各界的关注。这些项目虽然建设规模不是那么大（相比高层建筑楼群而言），但在城市文化的传承方面却提供了许多可供借鉴的方法和途径。以四合院片区的保护更新为例，就有不同的处理思路和方法。

一类是修旧如旧，在保持原有风格的基础上提升居民生活品质。例如菊儿胡同新四合院住宅工程中，"采用有机更新的理论保持了原有的街区肌理和风貌并且提高了居民的居住环境；利用新的建筑材料，在不破坏原有建筑风貌的基础上对空间结构进行合理的改造，完善了内部空间的布局，保障居民的生活需求。独立的院落空间形成了新的邻里关系，延续其传统的居住文化"[1]。菊儿胡同的改造探索了一种历史城市中住宅建设集资和规划的新途径，是一次成功的旧城改造的试验，受到国内外的众多认可并获得"联合国人居奖"等奖项（图4-64、图4-65）。

图4-64　北京菊儿胡同俯视图　　　　　　图4-65　北京菊儿胡同实景图
图片来源：https://www.baidu.com。　　　　图片来源：作者拍摄。

另一类是在传统建筑表皮下注入当代功能，通过材料和造型的对比来彰显传统与现代，实际上起到强调两者的作用，传递出"既是传统的，也是当代的；传统是'活'在当代的信息"。位于前门东侧的西打磨厂街片区改造项目中，以柔和的手法将原来的"大杂院"改造成为了开放的、集办公、居住、商业、酒店和餐饮于一体的低层多功能空间；采用创意与艺术融合的手法，使得清末建筑与西式文化糅合的协和医院旧址、义诚旅店旧址、瑞华染料行旧址、旧时银号等转变为新时代文创与科技、古建与流行元素互融的文化街巷（图4-66、图4-67），以满足如今城市生活的需要，使整个区域变成一个充满活力的开放社区。

---

[1] 王坤平. 浅谈北京四合院建筑在当代语境下的保护与传承——以菊儿小区改造项目为例 [J]. 绿色环保建材，2017年第2期，第206页。

图 4-66 义诚旅店旧址 - 共享际
图片来源：作者拍摄。

图 4-67 瑞华染料行旧址 - "萌实验室"
图片来源：作者拍摄。

　　西打磨厂街 222 号原为清末协和医院旧址，日本建筑师隈研吾将其改造为设计事务所，开放的玻璃幕墙与传统建筑结构相结合，木结构被保留并修复，实现了传统和现代风格的结合。玻璃幕墙、砖墙和铝制构件结合形成开放而富有动感的立面，并与室内台阶相对应，产生了一种平衡的透明感，使院内的景观具有通透性。并且在不改变院落和胡同基本框架尺度比例关系及格局肌理的前提下，将四合院面向胡同街道的部分节点打开，使其具有了一定的现代城市开放空间的特质，从而适应了当今经济内容和人们生活、活动规律的变化（图 4-68）。

图 4-68 隈研吾建筑都市设计事务所
图片来源：作者拍摄。

　　这样一来，在传统街巷保留其文化特色的核心，如尺度、比例、空间格局、肌理、色彩搭配等元素的基础上，做适当的改变以加入当代城市空间特点的元素，如通透性、流动性、共享性等，从而不仅增加了新时代的科技内容，与流行元素相互融合，增强了街区的整体设计感，而且加深了对传统文化的记忆，推动了历史文化的发展并使之焕发出新的生命活力。最关键的是,这种审美和消费形式吸引了众多的来自国内外的游客特别是年轻人,而人群构成正是衡量一个地区活力的重要指标之一。

小结

物证是保持记忆的最好方式,各个时期的物证越丰富,记忆链条就越完整,记忆也就越深刻,从而将文化代代相传。因此,作为文化载体的景观实际上也是记忆的载体,不仅是历史的实体物证,更是一种积极的影响现代文化的工具;它通过实体加强记忆并传递历史信息,是文化生态稳定性的基本物质保障。一个城市最深厚而持久的魅力正是各种历史时期的物证与当代生活现实的互生、共生关系,在不同时期焕发出不同的生命力特质与形式并持久地服务于社会,从而增强人们的文化自信心和归属感、凝聚力,所谓文化底蕴就是指的这个。

城市文化具有其独特的历史背景和人文特征,城市的空间格局、肌理是历史建筑、街区文化的重要载体,承载着城市生活环境的延续和文化的发展,反映了北京城独特的文化特色,因而可以唤起人们对于城市的记忆,提高人们对于城市的识别性和归属感,推动传统建筑和历史街区保护的传承与发展。然而北京历史文化遗产的保护与现代城市经济的发展常常产生冲突,简单地以经济利益至上显然是急功近利的短视做法,因为历史毁坏了就永远不可能再有,是单选题;而发展经济的方法途径却很多,无非是利益大小和快慢的区别,是一个多选题。

因此,文化的延续和城市景观的继承发展至关重要,是对文化的寻根和历史记忆的传承。全生命周期的保护管理对于构建完整的历史文化传承体系有着重要的作用,充分挖掘北京的历史文化脉络,加强对其建筑风格、街道布局、空间肌理等要素的保护与传承,是延续城市文化脉络的重要手段。在现代北京城市的更新与发展中,应该融合北京传统的山水背景、建筑景观及文化要素,将历史文化与现代元素相结合,使其以艺术审美的形式表现出来,为城市的发展注入新鲜的活力,展现独特的文化内涵和艺术魅力。

第五章

季相的表现——生态与文化交织下的北京城市色彩

　　城市色彩是展示一座城市视觉形象最直观的表征，是自然地理环境与人工环境共同作用的结果，同时也反映了城市的自然地理特质及人文历史，并作为一种传递视觉信息的途径影响着人们的环境感受，能够向人们传递城市信息、产生情感共鸣，在视觉信息中色彩与形态、尺度同样重要。而城市色彩组成包括建筑、植物、服装、车辆、广告等城市内人文景观和自然景观的色彩，"它们触及人们的活动空间，深刻影响着人们的视觉感受"[1]，因此从色彩组成可以看出城市色彩具有生态与文化的双重信息：一方面特定的自然地理空间决定了城市景观的自然色彩，其景观风格、建筑材料、植物搭配等均体现了城市色彩的生态性特质；另一方面历史文化是城市色彩形成的重要条件，其与城市建筑形式、城市规划布局等要素共同作用于一个生动鲜活的城市，是历史与文化作用的产物（图 5-1）。

　　而且，城市色彩是随着时代的变化而不断改变和丰富的，并增添富有时代特色的新内容。色彩的变化就如同时尚潮流的迭代变化，会随着人们的社会生活以及审美提升而变化，给人们带来新时代的、不同的城市视觉景观，尤其是在北京这样四季分明、历史文化深厚的城市表现得尤为显著。北京是从一个古代的北方城镇、封建都城发展成为现代国际化大都市的，其色彩的变化及特征从一个侧面反映出北京所走过的路程。研究北京城市色彩对于保护北京古都风貌、建设具有当代大都市形象、实现城市景观文化生态的健康可持续发展具有重要意义。

---

[1]　杜潇潇. 北京城市文化色彩的特征 [J]. 城市发展研究，2007 年第 6 期，第 11 页。

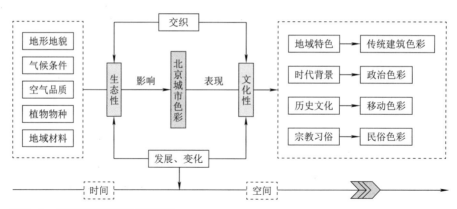

图 5-1　北京城市色彩构成框架图

图片来源：作者绘制。

一、北京城市色彩的生态性表现

　　北京城市色彩的生态性表现在以下三个方面，一是它取决于当地独有的地形地貌、气候、植物物种等自然景观因素；二是表现在由自然条件所决定的该地区的建筑形式及建筑材料上；三是由空气品质（如湿度、能见度、日照等）影响下的色彩视觉效果。因此北京城市色彩的生态性是由植物、气候条件、地域材料、空气品质等因素共同作用的结果，这个结果不以人的意志为转移，具有其客观性和发展规律，并永远处于生长变化之中的。因此城市色彩的生态性主要由其地域性和可变性所决定。

（一）植物与城市色彩

　　除去天空，城市景观的面积主要由建筑和植物这两部分实体构成，因而城市色彩也是如此。据北京园林绿化局统计数据显示，截至 2018 年年底，北京地区绿化覆盖率达到了 48.44%，人均公共绿地面积达到了 16.3m^2，因而极大地影响甚至决定了城市的色彩。而且，相对建成后的建筑色彩基本稳定不变而言，植物色彩总是处于变化之中，不仅一年四季各有其不同的表现，甚至一天当中也是变化着的：早上的花骨朵中午已经盛开、早上嫩绿的树芽到了下午已经颜色变深并且长出了新的嫩芽等。因此植物色彩的变化性主要取决于以下几个方面：（1）植物物种的组合；（2）季节；（3）位置。城市植物色彩是由所有个体植物的色彩共同作用、搭配而成，其变化性受制于植物品种的组成，因而在不同的区域、不同的场所下，由于植物组成的不同，即使是同样季节、同样时间、同样空气条件下，也会呈现出不同的色彩感受。

从整体的季节变化下的植物色彩来说，北京植物色彩的总体变化规律是随着季节的变化而演变的。北京的冬季漫长，从 11 月 15 号开始到次年的 3 月 15 号才结束，冬季的植物主要以枯黄色的枝干为主，少数常绿树颜色变深；夏季从 5 月 15 到 8 月 25 号左右，景观是最丰富的，有粉色、淡紫色、蓝色、暗红色、浅黄色和绿色等；春秋季节短暂，春季花期集中，绿色植物的观赏期大致为 4 ~ 10 月，约 200 天，观花期为 3 月底到五月中旬，大约 50 天左右，此时蓝色、黄色、白色等植物交相呼应、呈现在人们眼前；秋季树的色彩丰富，有金灿灿的银杏、火红的枫叶等，但持续时间不长，秋叶观赏期为 10 月 15 号至 11 月 15 号，时间大约为 30 天。"整体形成了三季有彩，四季常绿的城市景观效果。"[1]（表 5-1）

植物色彩随季节变化统计表   表 5-1

季节	月份	时间长度	主要观花植物种类	主要植物色彩
春季	4 月 1 日 ~ 5 月 25 日	55 天	迎春花、连翘、梨花、杏花、桃花、海棠、玉兰、迎春花、丁香花、牡丹、樱花	白色、黄色、淡粉色、桃红色、紫色、红色
夏季	5 月 26 日 ~ 9.5 日	103 天	国槐、白蜡、月季、山茱萸、紫薇、金银木	白色、红色、粉色、紫色、蓝色
秋季	9 月 6 日 ~ 11 月 7 日	63 天	银杏、红枫、栾树、金叶小檗、女贞、	红色、黄色、金黄色、橘黄色、粉红色
冬季	11 月 8 日 ~ 3 月 31 日	144 天	油松、白皮松、侧柏、冬青、榉树、毛白杨	深绿色、枯黄色、灰色

表格来源：作者收集资料整理绘制。

而且北京平原地区的植物色彩与山地的植物色彩也有所不同，四季的长短根据海拔高度的不同而不同，植物的色彩也随着季节的变化而改变。由于植物的生长习性不同，且平原地区没有地形的限制，因此呈现四季分明的特征。根据气象统计资料显示，冬季最长为 149 ~ 169 天；夏季次之为 98 ~ 112 天；春季短促为 51 ~ 57 天；秋季最短为 47 ~ 54 天。平原地区植物生长茂盛，搭配多样，气温相比山区来说要高，能够顺应季节的变化，展现出不同的景观色彩。

而在山区，冬季最长；秋季、春季次之；夏季最短。山区的植物既要顺应其地形地势的变化，防止水土流失，还要考虑季节长短的不同，保持四季有景可观。因此多

[1] 王桢 . 2022 年北京形成三季有彩 四季常绿的宜居景观 80 多个优新植物为北京"添彩"[J]. 绿化与生活，2017 年第 11 期，第 24 页。

采用常绿针叶、阔叶等树种，营造浓郁的森林景象、建立稳定的景观群落。山区内植物开花期比平原晚，因此形成了与城市不同的景观特色区域，丰富了城市整体的景观层次。另外，城市中温度较高的区域花期也稍早于其他地方，造成在季节交替的时候，常常会看到同一植物物种的不同状态——如北五环的西府海棠还是含苞待放，而二环路边的西府海棠则已经是烂漫盛开了。

1. 植物物种

北京独特的气候和自然环境给丰富的植物群落提供了生长场所，植物种类丰富多样。"春秋战国时期，北京地区就开始有植物引种和交流的记载，经过长时间的培育和驯化，逐渐适应了北京的地域特征及气候变化，植物色彩由原来单一的绿色变得丰富多样"[1]。随着时间的推移、自然选择和植物的适应性，当地植物已经对当地的气候条件做出了相应色彩表现，可以生存下来的树种就形成了当地的乡土植物。植物物种大致可分为乔木、灌木、地被植物等三种，乔木和灌木又有落叶和常绿之分；落叶植物随着季节的变化呈现出不同的色彩，是植物色彩变化的主要部分。不同植物物种不仅呈现出不同的色彩，且具有不同的形态特征，这些形态在不同季节下的显现度不同等；所有这些"不同"带来了植物色彩难以言表的丰富性和无穷的魅力。

在植物搭配中，利用色彩的对比、调和原则，将常绿植物、彩叶植物、地被植物等相互组合，会形成不同的色彩效果。彩色植物利用孤植的方式可以起到视线引导的作用；以绿色植物为背景，将彩色植物进行丛植，可以活跃整体的色彩氛围。将植物进行群植时，要结合地被及花卉植物，形成成片的植物林，四季都有不同的景观色彩。主色调为落叶树的棕色和常绿树的绿色，搭配种植可以形成对比的效果。

春季植物类型丰富，主色调为绿色、黄色、红色等暖色，利用常绿乔木与彩色乔木、灌木等植物搭配，形成强烈的对比，为春天增添了色彩，体现旺盛的生命力。夏季有色彩变化的植物类型不多，主要为蓝色、白色等冷色调，利用乔木、灌木、彩色的地被花卉等搭配组合，为夏季增加了魅力，体现着欣欣向荣的生机。秋季色彩主要为黄色、红棕色等暖色，再结合秋日的光照，形成了秋天最绚丽的色彩。冬季比较寒冷，植物大多为落叶乔木，只有松、柏树等保持常绿；

---

[1] 张宝鑫，杨洪杰，成仿云等 . 北京地区园林植物引种栽植 [J]. 农学学报，2017 年第 11 期，第 75 页。

（1）乔木

乔木树形高大，树冠宽阔，小乔木一般高 6～10m，可作为行道树使用，为道路两旁的人行道遮阳；大乔木可达到 20～30m，一般在公园中使用，形成树林或塑造空间。乔木由于体型高大、季节性色彩变化明显，在四季均可呈现不同的色彩景观，其整体的丰富度要高于灌木及藤本植物，因而主导着城市整体的色彩变化。

乔木分为落叶和阔叶两种类型，落叶乔木树叶在秋冬季节时会全数脱落，随后便进入休眠期。落叶乔木夏天繁茂、冬天落叶，少数树种可以带着枯叶而越冬。"北京常见的落叶乔木树种有银杏、毛白杨、垂柳、旱柳、馒头柳、槐树、刺槐、臭椿、栾树、绒毛白蜡、毛泡桐，国槐、杨树等"[1]（表 5-2）。常绿乔木是指全年都有绿叶且株型较大的木本植物，并且每年都有新叶长出，在新叶长出的时候也有部分旧叶会脱落，因此终年都能保持常绿。有的常绿乔木是老叶未脱落就长了新叶，给人造成一种不会落叶的错觉。这类植物的叶寿命是两三年或更长。北京常见的常绿乔木树种有油松、白皮松、桧柏，侧柏等（表 5-3）。

（2）灌木

灌木是指那些没有明显的主干、呈丛生状态、比较矮小的树木，树高不超过6m，枝干和树冠没有明显区分。灌木的颜色丰富，耐修剪，可塑性强，成为城市景观的背景和底色。一些矮小的灌木可以通过不同的曲线排列方式形成丰富的地被景观，灵活多变，产生不同的视觉景观效果，起到点景的作用。灌木一般配合乔木来营造丰富的景观层次，增加绿化量及城市的色彩景观。灌木一般可分为观花、观果、观枝干等几类；有多年生的落叶阔叶植物，也有常绿针叶植物，其适应性强，生长较快。如果越冬时地面部分枯死，但根部仍然存活，第二年继续萌生新枝，则称为"半灌木"。而一些蒿类植物，也是多年生木本植物，但冬季会枯死。

北京常见的常绿灌木有锦熟黄杨、大叶黄杨、砂地柏等（表 5-4）其作为城市景观的背景色彩为其他植物的搭配做铺垫；落叶灌木有珍珠梅、丰花月季、黄刺玫、碧桃、木槿、紫薇、迎春、紫丁香、金银木等（表 5-5），在季节变化时植物的色彩也随之发生改变；开花灌木有连翘、榆叶梅、绣线菊、紫荆、月季等，可以与常绿灌木搭配，形成色彩丰富的植物景观。

---

[1] 贺士元，邢其华等编.北京植物志 [M].北京：北京出版社，1984 年。

北京主要落叶乔木色彩及习性统计 表 5-2

	学名	拉丁名	图片	局部图	尺寸外观	枝
落叶乔木	银杏	Ginkgo biloba			高达40m，胸径4m	大枝斜展，一年生长枝淡褐黄色，二年生枝变为灰色；短枝黑灰色
	毛白杨	Populus tomentosa			高达30m	幼枝被灰毡毛，后光滑
	垂柳	Salix babylonica			高达18m	枝细长下垂，无毛
	旱柳	Salix matsudana			高达18m，胸径80cm	枝细长，直立或斜展，无毛，幼枝有毛
	馒头柳	Salix matsudana var matsudana f umbracullfera			高达18m，胸径达80cm。大枝斜上，树冠圆形；树皮暗灰黑色有裂沟	枝圆柱形，髓心近圆形

芽	叶	花	花期	果	果期
	叶扇形，上部宽5～8cm，上缘有浅或深的波状缺刻，有时中部缺裂较深，基部楔形，有长柄	雄球花4～6生于短枝顶端叶腋或苞腋，长圆形，下垂，淡黄色；雌球花数个生于短枝叶丛中，淡绿色	花期3月下旬至4月中旬	种子椭圆形，倒卵圆形或近球形，长2～3.5cm，成熟时黄或橙黄色	种子9～10月成熟
芽卵形，花芽卵圆形或近球形，微被毡毛	长枝叶宽卵形或三角状卵形，长10～15cm；短枝叶卵形或三角状卵形，长7～11（-18）cm，先端渐尖，下面光滑，具深波状牙齿	苞片褐色，尖裂，沿边缘有长毛；柱头粉红色	花期3月	果序长达14cm；蒴果圆锥形或长卵形，2瓣裂	果期4～5月
	叶窄披针形或线状披针形，长9～16cm基部楔形，两面无毛或微有毛，下面色淡绿色；叶柄长（0.3）0.5～1cm，有柔毛，萌枝托叶斜披针形或卵圆形，有牙齿	花序先叶开放，或与叶同放；雄花序长1.5～2(2)cm，有短梗，轴有毛；雌花序长2～3(5)cm，有梗，基部有3～4小叶，轴有毛	花期3～4月	蒴果长3～4mm	果期4～5月
芽微有柔毛	叶披针形，长5～10cm，基部窄圆或楔形，下面苍白或带白色	花序与叶同放；雄花序圆柱形，长1.5～2.5（-3）cm；雄蕊2，花丝基部有长毛；苞片卵形	花期4月	果序长达2(2.5)cm	果期4～5月
无顶芽，侧芽常紧贴枝上，芽鳞单一	叶互生，稀对生，常窄而长，羽状脉，有锯齿或全缘；叶柄短，具托叶，多有锯齿，常早落，稀宿存			蒴果2瓣裂；种子小。多暗褐色	

	学名	拉丁名	图片	局部图	尺寸外观	枝
落叶乔木	槐	Sophora japonica			高达 25m，树皮灰褐色，纵裂	当年生枝绿色，生于叶痕中央
	刺槐	Robinia pseudoacacia			高 10～25m，树皮浅裂至深纵裂，稀光滑	小枝初被毛，后无毛；具托叶刺
	臭椿	Ailanthus altissima			高达 20 余 m	嫩枝被黄或黄褐色柔毛，后脱落
	栾树	Koelreuteria paniculata			树皮厚，灰褐至灰黑色，老时纵裂	
	绒毛白蜡	Fraxinus tomentosa			30 年生树高达 23.5m，胸径 64cm	小枝密被短柔毛，树皮暗灰色光滑雌雄异株，花杂性，圆锥花序侧生于上年枝上，先开花后展叶

续表

芽	叶	花	花期	果	果期
芽隐藏于叶柄基部	叶长 15～25cm；叶柄基部膨大；小叶 7～15，卵状长圆形或卵状披针形，长 2.5～6cm，先端渐尖，具小尖头，基部圆或宽楔形，上面深绿色，下面苍白色	圆锥花序顶生。花长 1.2～1.5cm，花冠乳白或黄白色，旗瓣近圆形，有紫色脉纹	花期 7～8月	种子卵圆形，排列较紧密，淡黄绿色，干后褐色	果期 8～10月
	羽状夏叶长 10～25（-40）cm；小叶 2～12 对，常对生，椭圆形、长椭圆形或卵形，长 2～5cm	花冠白色，花瓣均具瓣柄，旗瓣近圆形，反折 / 翼瓣斜倒卵形	花期 4～6月	荚果线状长圆形，褐色或具红褐色斑纹，扁平，无毛，先端上弯，果颈短，种子近肾形，种脐圆形，偏于一端	果期 8～9月
	奇数羽状复叶，长 40～60cm，叶柄长 7～13cm；小叶 13～27，对生或近对生，纸质，卵状披针形	圆锥花序长达 30cm	花期 4～5月	翅果长椭圆形，长 3～4.5cm	果期 8～10月
	一回或不完全二回或偶为二回羽状复叶，小叶 (7-)11～18，无柄或柄极短，对生或互生，卵形、宽卵形或卵状披针形，长 (3-)5～10cm，先端短尖或短惭尖	花淡黄色，稍芳香	花期 6～8月	蒴果圆锥形，具 3 棱，长 4～6cm，顶端渐尖，果瓣卵形，有网纹。种子近球形，径 6～8mm	果期 9～10月
	为奇数羽状复叶，小叶 3～9 枚，以 5 枝居多，叶长卵形先端尖，基部宽楔形，不对称，叶长 1～8cm	雌雄异株，雌花为圆锥状聚伞花序，无花瓣，花药金黄色。雌花柱头成熟时二裂，呈粉红色，先花后叶	4 月中旬开花，花期 1 周	种子长条形长约 1cm，两端稍尖	果期 5～11月

	学名	拉丁名	图片	局部图	尺寸外观	枝
落叶乔木	毛泡桐	Paulownia tomentosa			高达20m，树冠宽大伞形，树皮褐灰色	小枝有明显皮孔，幼时常具粘质短腺毛
	槐（国槐）	Sophora japonica			高达25m；树皮灰褐色，纵裂	当年生枝绿色，无毛
	杨树	Populus simonii var przewalskii			树干通常端直；树皮光滑或纵裂，常为灰白色	枝有长（包括萌枝）短枝之分，圆柱状或具棱线

资料来源：作者根据在线园林局等数据资料整理制作。

芽	叶	花	花期	果	果期
	叶心形，长达 40cm，先端锐尖，基部心形，全缘或波状浅裂，上面毛稀疏。下面毛密或较疏	花序枝的侧枝不发达，长约中央主枝之半或稍短，故花序为金字塔形或狭圆锥形。花冠紫色，漏斗状钟形，长5～7.5cm	花期4～5月	蒴果卵圆形，幼时密生粘质腺毛，长3～4.5cm，宿萼不反卷，果皮厚约1mm。种子连翅长约2.5～4mm	果期8~9月
芽隐藏于叶柄基部	当年生枝绿色，生于叶痕中央。叶长15～25cm；叶柄基部膨大。卵状长圆形或卵状披针形，长2.5～6cm，先端渐尖，具小尖头。基部圆或宽楔形，上面深绿色，下面苍白色	圆锥花序顶生。花长1.2～1.5cm，花梗长2 3mm，花萼浅钟状，具5浅齿，疏被毛，花冠乳白或黄白色，旗瓣近圆形，有紫色脉坟	花期7～8月	荚果串珠状，长2.5～5cm或稍长，种子间缢缩不明显，拧列较紧密。种子卵圆形，淡黄绿色，干后褐色	果期8～10月
有顶芽（胡杨无），芽鳞多数，常有黏脂	叶互生，多为卵圆形、卵圆状披针形或三角状卵形，在不同的枝（如长枝、短枝、萌枝）上常为不同的形状，齿状缘；叶柄长，侧扁或圆柱形	葇荑花序下垂，常先叶开放；雄花序较雌花序稍早开放；苞片先端尖裂或条裂，早落，花盘斜杯状；雄花有雄蕊4～多数，着生于花盘内，花药暗红色，花丝较短	花期4～5月	种子小，多数，于叶椭圆形	果期4～5月

北京主要常绿乔木色彩及习性统计 表 5-3

	学名	拉丁名	图片	局部图	尺寸外观	枝
常绿乔木	油松	Pinus tabuliformis			乔木，高达 25m，胸径可达 1m 以上；树皮灰褐色或褐灰色，裂成不规则较厚的鳞状块片，裂缝及上部树皮红褐色	枝平展或向下斜展，老树树冠平顶，小枝较粗，褐黄色，无毛，幼时微被白粉
	白皮松	Pinus bungeana			高可达 30m，胸径可达 3m	有明显的主干，枝较细长，斜展，塔形或伞形树冠
	圆柏（桧柏）	Juniperus chinensis			高 20m、胸径 3.5m；树皮深灰色，纵裂，成条片开裂、裂成不规则的薄片脱落	幼树的枝条通常斜上伸展，形成尖塔形树冠，老则下部大枝平展，形成广圆形的树冠；小枝通常直或稍成弧状弯曲
	侧柏	Platycladus orientalis			高达 20m 幼树树冠卵状尖塔形，老则广圆形；树皮淡灰褐色	生鳞叶的小枝直展，扁平，排成一平面，两面同形
	辽东冷杉	Abies holophy 1la			高达 30m，胸径达 1m；幼树树皮淡褐色、不开裂，老则浅纵裂，成条片状，灰褐色或暗褐色	枝条平展，一年生枝淡黄灰色或淡黄褐色，无毛，有光泽；二、三年生枝呈灰色、灰黄色或灰褐色

芽	叶	花	花期	果	果期
冬芽矩圆形，顶端尖，微具树脂，芽鳞红褐色，边缘有丝状缺裂	针叶2针一束，深绿色，粗硬，长10～15cm，径约1.5mm，边缘有细锯齿，两面具气孔线；横切面半圆形	雄球花柱形，长1.2~1.8cm，聚生于新枝下部呈穗状	花期4~5月	球果卵形或圆卵形长4～9cm，有短梗，向下弯垂，成熟前绿色，熟时淡黄色或淡褐黄色，常宿存树上近数年之久。种子卵圆形或长卵圆形，淡褐色有斑纹，长6～8mm，径4～5mm	球果第二年10月成熟
冬芽红褐色，卵圆形，无树脂	叶背及腹面两侧均有气孔线，先端尖，边缘细锯齿；叶鞘脱落	雄球花卵圆形或椭圆形	花期4~5月	球果通常单生，成熟前淡绿色，熟时淡黄褐色，种子灰褐色近倒卵圆形，赤褐色	第二年10～11月球果成熟
	叶二型，即刺叶及鳞叶；刺叶生于幼树之上，老龄树则全为鳞叶，壮龄树兼有刺叶与鳞叶	雌雄异株，稀同株，雄球花黄色，椭圆形，长2.5~3.5mm，雄蕊5~7对，常有3~4花药	花期4月下旬	球果近圆球形，径6~8mm，两年成熟，熟时暗褐色，被白粉或白粉脱落，有1~4粒种子；种子卵圆形，扁，顶端钝	果多次年10～11月成熟
	鳞叶二型，交互对生，背面有腺点	雌雄同株，球花单生枝顶；雄球花具6对雄蕊，花药2～4；雌球花具4对珠鳞，仅中部2对珠鳞各具1～2胚珠	花期3~4月	球果当年成熟，卵状椭圆形，长1.5~2cm，成熟时褐色。种子椭圆形或卵圆形，长4~6mm，灰褐或紫褐色，无翅	球果10月成熟
冬芽卵圆形，有树脂	叶在果枝下面列成两列，上面的叶斜上伸展，在营养枝上排成两列；条形，直伸或成弯镰状，长2～4cm，宽1.5～2.5mm	雌雄同株，均着生二年枝上；雄球花圆筒形，着生叶腋，下垂，长约15mm，黄绿色；雌球花长圆筒状，直立，长约35mm，淡绿色，生于枝顶部	花期4~5月	球果圆柱形，长6～14cm，径3.5~4cm，熟时淡黄褐色；近无梗，果鳞肾状扇形，长约1.5cm，宽约3cm；苞鳞短，长不及种鳞的一半，不露出	球果10月成熟

	学名	拉丁名	图片	局部图	尺寸外观	枝
常绿乔木	红皮云杉	Picea koraiensis			高达 30m 以上，胸径 60 ～ 80cm；树皮灰褐色或淡红褐色，很少灰色，裂成不规则薄条片脱落，裂缝常为红褐色	大枝斜伸至平展，树冠尖塔形，一年生枝黄色、淡黄褐色或淡红褐色，无白粉，无毛或几无毛；二、三年生枝淡黄褐色、褐黄色或灰褐色
	樟子松	Pinus sylvestris var. mongolica			高 15 ～ 25m，最高达 30m，树冠椭圆形或圆锥形	枝斜展或平展，幼树树冠尖塔形，老则呈圆顶或平顶，树冠稀疏：一年生枝淡黄褐色，无毛，二、三年生长呈灰褐色
	龙柏	Sabina chinensis 'kaizuca'			高达 21m，胸径达 3.5m；树皮深灰色，纵裂，成条片开裂	枝条向上直展，常有扭转上升之势，小枝密、在枝端成几相等长之密簇
	桧柏	Sabina chinensis			高 20m、胸径 3.5m；树皮深灰色，纵裂，成条片开裂、裂成不规则的薄片脱落；幼树斜上伸展，呈尖塔形树冠，老则大枝平展，呈广圆形树冠	小枝通常直或稍成弧状弯曲，生鳞叶的小枝近圆柱形或近四棱形，径 1 ～ 1.2mm

资料来源：作者根据在线园林局等数据资料整理制作。

续表

芽	叶	花	花期	果	果期
芽长圆锥形，叶锥形，先端尖，多辐射伸展，横切面菱形，四面有气孔线	叶四棱状条形，主枝之叶近辐射排列，侧生小枝上面之叶直上伸展，下面及两侧之叶从两侧向上弯伸，长1.2～2.2cm，宽约1.5mm	球花单性，雌雄同株，雄球花单生叶腋，下垂	花期5~6月	球果卵状圆柱形或圆柱状矩圆形，熟后绿黄的褐或褐色	球果10月成熟
冬芽淡褐黄色等形态特征	针叶长短变异颇大，最长可达12cm，径1.5～2mm	雌雄同株，雄球花卵圆形，黄色，聚生在当年生枝的下部；雌球花球形或卵圆形，紫褐色	花期5~6月	球果卵圆形或长卵圆形，长3～6cm，径2～3cm，成熟前绿色，熟时淡褐灰色，熟后开始脱落	球果次年9～10月成熟
	叶密生，全为鳞叶，幼叶淡黄绿色，老后为翠绿色	雌雄异株，稀同株，雄球花黄色，椭圆形，长2.5～3.5mm，雄蕊5～7对，常有3～4花药	花期4~5月	球果近圆球形，径6~8mm，两年成熟，熟时暗褐色，被白粉或白粉脱落	球果两年成熟
	叶二型，即刺叶及鳞叶；刺叶生于幼树之上，长6～12mm；老龄树则全为鳞叶，长2.5～5mm；壮龄树兼有刺叶与鳞叶	雌雄异株，雄球花秋季形成，次年开放花黄色；雌球花形小	花期次年4~5月	球果呈浆果状，不开裂，外被白粉	球果次年9～10月成熟

北京主要常绿灌木色彩及习性统计　　　　　　　表 5-4

	学名	拉丁名	图片	局部图	尺寸外观	枝
常绿灌木	锦熟黄杨	Buxus sempervirens			灌木或小乔木，高 1~6m	枝圆柱形，有纵棱，灰白色；小枝四棱形，全面被短柔毛或外方相对两侧面无毛
	大叶黄杨	Buxus megistophylla			高达 4m	小枝无毛，节间长 2～3.5cm
	沙地柏	Juniperus sabina 或 Sabina vulgaris			高不及 1m，稀灌木或小乔木	枝密，斜上伸展，枝皮灰褐色，裂成薄片脱落
	铺地柏	Sabina procumbens			高达 75cm，冠幅逾 2m，贴近地面伏生	枝干贴近地面伸展，褐色，小枝密生
	矮紫杉	Taxus cuspidate van umbraculifera			高 50cm 左右，半球状密纵灌木，树形矮小，树姿秀美	主枝上的叶呈螺旋状排列；侧枝上的叶呈不规则的、端面近于"∨"字形羽状排列

芽	叶	花	花期	果	果期
	叶革质，阔椭圆形、阔倒卵形、卵状椭圆形或长圆形，先端圆或钝，常有小凹口，不尖锐，基部圆或急尖或楔形，叶面光亮，中脉凸出，下半段常有微细毛，侧脉明显	花序腋生，头状，花密集，花序轴长3～4mm，被毛，苞片阔卵形	花期3月	蒴果近球形，长6～8(－10)mm，宿存花柱长2～3mm	果期5~6月
	叶革质，窄卵形、卵状椭圆形或披针形，长4～9cm，先端渐尖，有时稍钝，基部楔形或宽楔形，上面中脉凸起，被微毛或无毛，侧脉多而密；叶柄长2～3mm，被微毛	花序短穗状，长5～9mm，腋生，具花约10朵；苞片宽卵形，基部被毛。雄花萼片宽卵形或近圆形，长2～2.5mm，无毛	花期3～4月	蒴果近球形，径6～7mm，角状宿存花柱较果稍短	果期6~7月
	叶二型：刺叶常生于幼一树上，稀在壮龄树上与鳞叶并存，常交互对生或兼有三叶交叉轮生，排列较密，向上斜展	雄球花椭圆形或矩圆形，长2～3mm，雄蕊5～7对，各具2～4花药，药隔钝三角形；雌球花曲垂或初期直立而随后俯垂	花期4～5月	球果生于向下弯曲的小枝顶端，熟前蓝绿色，熟时褐色至紫蓝色或黑色，多少有白粉，具1～4(5)粒种子，多为2～3粒，形状各式	果期9~10月
	叶全为刺叶，3叶交叉轮生，叶上面有2条白色气孔线，下面基部有2白色斑点，叶蘡下延生长，叶长6～8mm	雨季时开花，呈粉红色	花期3～5月	球果近球形，被白粉，成熟时黑色，径8～9mm，有2～3粒种子	果期9~11月
	叶螺旋状着生，呈不规则两列，与小枝约成45°角斜展，条形，基部窄，有短柄，先端且凸尖，上面绿色有光泽，下面有两条灰绿色气孔线	球花单性，雌雄异株，单生叶腋	花期5～6月	球果坚果状，卵形或三角形卵形，微扁，长约6cm，径5mm，赤褐色，外包假种皮红色，杯状	果期9~10月

	学名	拉丁名	图片	局部图	尺寸外观	枝
常绿灌木	胶东卫矛	Euonymus kiautschovicus			高 0.5～0.8m，直立或蔓性半常绿灌木	小枝圆形
	凤尾兰	Yucca gloriosa			株高 50～150cm，植株丛生。茎悬垂，长达 50cm，节间长 1.5～2cm	具茎，有时分枝
	皱叶荚蒾	Viburnum rhytidophyllum			常绿灌木或小乔木，高可达 4m	幼枝、芽、叶下面有厚绒毛，毛的分枝长 0.3～0.7mm；当年小枝粗壮，稍有棱角，老枝呈黑褐色

资料来源：作者根据在线园林局数据资料整理制作。

北京主要落叶灌木色彩及习性统计   表 5-5

	学名	拉丁名	图片	局部图	尺寸外观	枝
落叶灌木	珍珠梅	Sorbaria sorbifolia			高达 2m	小枝无毛或微被短柔毛

续表

芽	叶	花	花期	果	果期
	叶片近革质，长圆形、宽倒卵形或稀圆形，长5～8cm，宽2～4cm，顶端渐尖，基部楔形，边缘有粗锯齿；叶柄长达1cm	聚伞花序2歧分枝，成疏松的小聚伞；花淡绿色，4数，雄蕊有细长分枝，成疏松的小聚伞；花淡绿色，4数，雄蕊有细长花丝	花期8～9月	蒴果扁球形，粉红色，直径约1cm，4纵裂，有浅沟	果期9～10月
	叶密集，螺旋排列茎端，质坚硬，有白粉，剑形，长40～70cm，顶端硬尖，边缘光滑，老叶有时具疏丝	总状花序很短，沿茎上的各个节上对叶而生，具3～6朵花，花序柄长约3～6mm；花苞片宽三角形，长约2mm	花期6～10月	蒴果干质，下垂，椭圆状卵形，不开裂	果期11～12月
	叶片革质，卵顶端稍尖或略钝，基部圆形或微心形，全缘或有不明显小齿，上面深绿色有光泽，下面有凸起网纹，叶柄粗壮	聚伞花序稠密，总花梗粗壮，花生于第三级辐射枝上，无柄；萼筒筒状钟形，萼齿微小，宽三角状卵形，花冠白色，辐状，裂片圆卵形	花期4～5月	果实红色，后变黑色，宽椭圆形，长6~8mm，无毛	果期9～10月

芽	叶	花	花期	果	果期
	羽状复叶，小叶11～17，连叶柄长13～23cm，叶轴微被短柔毛；小叶披针形或卵状披针形，长5～7cm，先端渐尖，稀尾尖，基部近圆或宽楔形	顶生密集圆锥花序，分枝近直立，长10～20cm。花瓣长圆形或倒卵形，长5～7mm，白色	花期7～8月	荚果长圆形，弯曲花柱长约3mm，果柄直立；萼片宿存，反折，稀开展	果期9月

	学名	拉丁名	图片	局部图	尺寸外观	枝
落叶灌木	（丰花月季）丰花月季	Rosa hybrida			灌木高 0.9～1.3m	小枝具钩刺或无刺、无毛
	榆叶梅	Amygdalus triloba			灌木稀小乔木，高2～3m	小枝无毛或幼时微被柔毛
	黄刺玫	Rosa xanthina			高2～3m	枝密集，披散；小枝无毛，有散生皮刺，无针刺
	碧桃	Amy gdalus persica 'Duplex'			高3～8m；树冠宽广而平展；树皮暗红褐色老时粗糙呈鳞片状	小枝细长，无毛，有光泽，绿色，向阳处转变成红色，具大量小皮孔
	木槿	Hibiscus syriacus			落叶灌木	小枝密被黄色星状绒毛

续表

芽	叶	花	花期	果	果期
	羽状复叶，小叶5～7片，宽卵形或卵状长圆形，长2.3～6.0cm，先端渐尖，基部近圆形或宽楔形，托叶大部与叶柄连合	花单生或几朵集生，呈伞房状，花径4～6cm，花梗3～5cm，常被腺毛，萼片卵形，花瓣有深红、银粉、淡粉、黑红、橙黄等颜色，重瓣，花柱分离，子房被柔毛	花期5月底～11月初	蔷薇果卵球形，径1.0～1.2cm，红色	果期9～11月
	短枝叶常族生，一年生枝叶互生叶宽椭圆形或倒卵形，长2～6cm，先端短渐尖，常3裂，基部宽楔形	花瓣近圆形或宽倒卵形，长0.6～1cm，粉红色	花期4～5月	核果近球形，径1～1.8cm，顶端具小尖头，熟时红色，被柔毛；果柄长0.5～1cm；果肉薄，熟时开裂；核近球形，具厚硬壳	果期5～7月
	小叶7～13，连叶柄长3～5cm；小叶宽卵形或近圆形，稀椭圆形	花单生叶腋，重瓣或半重瓣，黄色，径3～4(5)cm，无苞片；花梗长1～1.5cm；花萼外面无毛；萼片披针形。花瓣宽倒卵形，先端微凹	花期4～6月	蔷薇果近球形或倒卵圆形，熟时紫褐或黑褐色，径0.8～1cm，无毛；萼片反折	果期7～8月
冬芽圆锥形，顶端钝，外被短柔毛，常2～3个簇生，中间为叶芽，两侧为花芽	叶片长圆披针形、椭圆披针形或倒卵状披针形，先端渐尖，基部宽楔形上面无毛，下面在脉腋间具少数短柔毛或无毛	花单生，先于叶开放，直径2.5～3.5cm。花瓣长圆状椭圆形至宽倒卵形，粉红色，罕为白色	华东地区碧桃花期是3～4月	果实形状和大小均有变异，卵形、宽椭圆形或扁圆形，直径(3)5～7(12)cm，长几与宽相等，色泽变化由淡绿白色至橙黄色，常在向阳面具红晕，外面密被短柔毛，稀无毛，腹缝明显	果期8～9月
	叶菱形或三角状卵形，基部楔形，具不整齐缺齿，基脉3	花单生枝端叶腋，花萼钟形，裂片5，三角形，花冠钟形，淡紫色，花瓣5，雄蕊柱长约3cm，花柱分枝5	花期7～11月	蒴果卵圆形，具短喙。种子肾形	

	学名	拉丁名	图片	局部图	尺寸外观	枝
落叶灌木	紫薇	Lagerstroemia indica				小枝具4棱，略成翅状
	迎春花	nudiflorum lindl				枝条下垂，小枝无毛，棱上多少具窄翼
	连翘	Forsythia suspensa			直立或蔓性落叶灌木	枝中空或具片状髓
	紫丁香	yringa			高可达5m；树皮灰褐色或灰色	小枝、花序轴、花梗、苞片、花萼、幼叶两面以及叶柄均无毛而密被腺毛。小枝较粗，疏生皮孔
	金银木	Lonicera maackii(Rupr.) Maxim			落叶性小乔木，高达6m，茎干直径达10cm	凡幼枝、叶两面脉上、叶柄、苞片、小苞片及萼檐外面都被短柔毛和微腺毛

资料来源：作者根据在线园林局等数据资料整理制作。

续表

芽	叶	花	花期	果	果期
	叶互生或有时对生，纸质，椭圆形至倒卵形，先端短尖或钝，基部宽楔形或近圆	花淡红、紫色或白色，常组成顶生圆锥花序。花瓣6，皱缩，具长爪，雄蕊多枚，6枚着生于花萼上，显著较长，其余着生于萼筒基部	花期6～9月	蒴果椭圆状球形或宽椭圆形，幼时绿色至黄色，成熟时或干后呈紫黑色	果期9～12月
	叶对生，三出复叶，小枝基部常具单叶；叶柄长0.3～1cm，无毛，具窄翼。小叶卵形或椭圆形，先端具短尖头，基部楔形	花单生于去年生小枝叶腋；苞片小叶状，长3～8mm。花梗长2～3mm；花萼绿色，裂片5～6，长4～6mm，窄披针形；花冠黄色	花期6月	果椭圆形，长0.8～2cm	
	叶对生，单叶，稀3裂至三出复叶，具锯齿或全缘，有毛或无毛；具叶柄	花两性，1至数朵着生于叶腋，先于叶开放；花萼深4裂，多少宿存；花冠黄色，钟状，深4裂，裂片披针形、长圆形至宽卵形	花期3～4月	果为蒴果，2室，室间开裂，每室具种子多枚；种子一侧具翅；子叶扁平；胚根向上	果期7～9月
	叶片革质或厚纸质，卵圆形至肾形，宽常大于长，长2～14cm，宽2～15cm，先端短凸尖至长渐尖或锐尖，基部心形、截形至近圆形，或宽楔形，上面深绿色，下面淡绿色	圆锥花絮直立；直立，由侧芽抽生，近球形或长圆形，花冠紫色，长1.1～2cm，花冠管圆柱形，长0.8～1.7cm，裂片呈直角开展，卵圆形、椭圆形至倒卵圆形	花期4～5月	果倒卵状椭圆形、卵形至长椭圆形，长1～1.5(2)cm，宽4～8mm，先端长渐尖，光滑	果期6～10月
冬芽小，卵圆形，有5～6对或更多鳞片	叶纸质，形状变化较大，通常卵状椭圆形至卵状披针形，稀矩圆状披针形或倒卵状矩圆形，更少菱状矩圆形或圆卵形，顶端渐尖或长渐尖，基部宽楔形至圆形	花芳香，生于幼枝叶腋，花冠先白色后变黄色，长1～2cm，外被短伏毛或无毛，唇形，筒长约为唇瓣的1/2，内被柔毛	花期5～6月	果实暗红色，圆形，直径5～6mm；种子具蜂窝状微小浅凹点	果熟期8～10月

2．树种功能

北京的树种主要用于行道树、分道树及公园植物配置等，北京城市景观的建设是在充分考虑植物树种及色彩的特性下，合理进行的种植搭配，因此，植物同时也代表着北京城市当地生态环境的特点及文化韵味，强调了城市景观的透视性及层次感，具有生态与文化双重意义。

（1）行道树、分道树

行道树要求树干挺直、树冠宽大，具有强烈的引导作用，分道树则要求整体不宜过高，不能遮挡行车视线。行道树、分道树主要包括毛白杨、国槐、银杏、悬铃木、栾树、法桐、紫薇、碧桃、松、柏、云杉、小叶黄杨等种类，这些树体形端正、树冠优美，又有季节性的色彩变化，春天以嫩绿色为主，夏天呈现出深绿色，秋天则变为金黄或红色，冬天除了松、柏、云杉为墨绿色，其他乔木都作为观枝植物，呈现出灰色枝干的色彩质感。

行道树在快速路、高速路及人行道中的要求各有不同。在快速路和高速路两旁，要求植物高大挺拔，具有顺畅的流线，以道路指引的作用为主。如万寿寺路的主要道路上行道树为高大挺直的银杏，分道树为修剪过的国槐，其树冠相对较高（图5-2）；中关村南大街次要道路的行道树为未修剪的国槐，树冠相对低矮，分道树为西府海棠、桃树、油松与小叶黄杨搭配种植（图5-3）。

图5-2　行道树银杏与分道树国槐

图片来源：作者拍摄。

图5-3　行道树国槐与分道树西府海棠、桃树、油松及小叶黄杨

图片来源：作者拍摄。

道路绿化是人们每天都会看到、经过、使用的城市景观，并通过其色彩变化感知季节和时间的变化。

　　人行道两旁的树与人的关系最近，这就要求场地中有足够的树荫，并且植物要具有季节性的色彩变化，植物的分枝点适当降低，能够体现与人的互动关系及亲密感，如（图5-4、图5-5）中的行道树都为国槐。

图5-4　东交民巷道路两旁行道树国槐
图片来源：作者拍摄。

图5-5　台基厂大街路旁行道树国槐
图片来源：作者拍摄。

　　（2）公园树种

　　北京城市的公园植物主要包括常绿的雪松、华山松、白皮松等，落叶乔木包括国槐、枫树、栾树、银杏、法桐、黄金树等；灌木包括常青的冬青、大叶黄杨、小叶黄杨，落叶的海棠、碧桃、迎春、连翘、紫薇、紫叶李等。由于北京的气候季节性变化明显，一般采用落叶乔木与彩叶灌木以及花卉地被等植物搭配的方式，通过孤植、对植、群植等不同的组合来配置植物群落，并考虑植物的色彩随着季节的更替而发生的变化，营造四季有景的、和谐统一的城市色彩景观。比如"北京颐和园在造园艺术上堪称中国古典之最，在植物选用和色彩搭配上也体现了我国植物造景的传统手法"[1]，根据当地的气候条件，采用桃树和柳树结合的方式，营造粉色和绿色相互搭配的植物色彩景观，以丰富各个时间段内的景观效果（表5-6）。

　　根据（表5-6）统计显示，北京颐和园四季的植物色彩对比鲜明，在3～5月的春季色彩多为嫩绿色，以柳树（垂柳、馒头柳、旱柳）为主色调、并搭配以粉红色调的碧桃、山桃、万寿桃等，多种植于河岸两侧，形成"桃红柳绿"的沿河色彩景观带。公园里还有黄色为主的连翘，其搭配粉红色系的樱花、西府海棠、紫叶李、牡丹等，构成了色彩斑斓的春季色彩景观。

---

[1]　胡振园 . 浅谈颐和园的植物造景 [J]. 北京园林，2014年第1期，第24页。

颐和园拱桥和万寿山四季植物色彩变化　　　　　　表 5-6

季节 ＼ 景点名称	拱桥	万寿山
春季 （3～5 月）		
夏季 （6～8 月）		
秋季 （9～11 月）		
冬季 （12～来年 2 月）		

数据来源：作者根据颐和园官网摄影照片等数据整理绘制。

　　6～8 月的夏季时期植物色彩多以碧绿色为主，如国槐、柳树、杨树，主要用来观叶和遮阴。另外配有花期较长的蔷薇科植物，比如丰花月季、香水月季等。还有一年生的低矮草本植物，比如蓝色的绣球花、黄色与红粉色的郁金香等植物。因此，公园夏季的植物色彩呈现出以碧绿的大乔木为主色调、红粉色灌木为点缀的搭配效果，形成了色彩对比艳丽的夏季植物色彩景观。

　　9～11 月的秋季时期植物色彩多以金黄色为主，常绿乔木叶由绿色渐变为黄色，比如银杏、红枫、元宝枫、白蜡、法桐、栾树、黄金树等。多数灌木植物已经结有果实，比如杏树、海棠等，果实多为红色及黄色。因此，公园里的秋季植物呈现出硕果累累的金色植物色彩景观。

12～次年2月的冬季时期植物色彩多以灰褐色为主，大多落叶乔木与落叶灌木及草本植物已经呈现出以枝干为主的灰褐色调，展现了明显的树种轮廓肌理。此时期的常青树已由碧绿变为墨绿色，比如雪松、华山松、白皮松、侧柏、圆柏等，低矮的灌木有冬青、大叶黄杨、小叶黄杨等，还有点缀红叶小檗的紫红色。因此，形成了公园里的冬季植物色彩以灰色为底色，点缀墨绿及部分紫红色的植物色彩景观（表5-7）。

北京乔木与灌木四季色彩搭配规则一览表　　　　表5-7

植物举例 ＼ 季节		春（3～5月）	夏（6～8月）	秋（9～11月）	冬（12～来年2月）
乔木	油松、白皮松、侧柏、铺地柏				
	国槐、垂柳、元宝枫、银杏、悬铃木、杨树、毛泡桐				
灌木	大叶黄杨、小叶黄杨、龙柏、沙地柏				
	珍珠梅、碧桃、小叶女贞、金银忍冬、木槿、紫薇				

数据来源：作者根据北京植物生长特性数据整理绘制。

（二）气候与城市色彩

城市色彩与地域气候是一个统一的整体，一个城市的色彩景观可以反映出当地的自然条件和气候特征，成为地域特色的标志。例如，南方多阴雨天气，空气潮湿，有"天无三日晴，地无三尺平"之说，植物表面反光少且有较好的色彩还原度，显得颜色鲜艳；建筑墙面经常被雨水冲刷砖墙颜色泛上来，与墙面白色粉刷相混合，呈现出"水墨江南"的色彩印象；而北方地区空气干燥、风大，空气中颗粒物较多，植物表面反光较大因而色彩还原度低，鲜艳度不高；建筑采用油漆、彩画等形式装饰表面，同时也具有防火、防潮、防蛀等功能。

"北京处于中国东北部平原区域，两面环山，其中心位于北纬 39°54′20″，东经 116°25′29″，属于北温带季风气候，冬季寒冷干燥，夏季高温多雨，雨热同期"[1]。北京市区整体处于平原，但西部、北部分别被西山、军都山环绕，北京整体地势呈西北略高东南略低的趋势。北京年平均气温是：平原地区为 11～13℃，海拔800m 以下的山区为 9～11℃，高寒山区在 3～5℃，从而使得色彩有明显的不同，平原地区的色彩丰富多样，而山区的色彩多为单一的绿色或枯黄色，高寒地区的色彩则更为单调，以裸露的土色为主。温度的变化造成了季节长短的变化，而季节的长短也影响着植物的生长和花期时间。北京春天与秋天时间较短，冬天因为长时间的寒冷，所以造成了灰度色彩的时间比较长。由于冬季降水少，除少量常绿针叶植物外，大部分植物处于枯黄状态，造成冬季北京的色彩以冷色为主，具有以下几个特点：

1. 四季

北京季节性色彩表现为四季分明。根据历史数据记载，北京常年平均进入春天的时间是 3 月 30 日，其中最早入春的一年是 3 月 9 日，最晚的一年是 4 月 17 日，春季为 3～5 月。由于北京进入春季的时间较晚，3 月底时温度才稳定上升，从 10℃升到 22℃，因此植物的发芽及开花的时间较晚、存在期较短。植物发出嫩绿色的芽，樱花、玉兰、山桃等红、粉、白色的植物进入观赏期，但花期短暂。6～8 月为夏季，平均气温稳定在 22℃以上，此时很多花卉植物已经凋谢，主要观赏植物的枝叶，植物呈现出深绿、暗绿色。9～11 月为秋季，平均气温从 22℃降到 10℃，植物的色彩偏向暖色。9 月 30 日左右开始，即可观赏银杏、枫树等叶子的色彩变化。12 月到次年 2 月为冬季，平均气温稳定在 10℃以下，此时大多数植物已经落叶且枝干呈枯黄色，该时期植物主要以观赏枝干为主。

而且，不同季节的降水、空气品质、日光情况都不尽相同，造成了空气能见度、漫反射等的差异，而这些因素直接影响了景观物的视觉感受效果，比如北京国家大剧院建筑在不同季节、不同时间和不同天气下呈现的色彩效果是不尽相同的（表 5-8）。

---

[1] 陈昌笃，林文棋 . 北京的珍贵自然遗产——植物多样性 [J]. 生态学报，2006 年第 4 期，第969 页。

北京国家大剧院在不同季节、不同时间、不同天气下的色彩表现

表 5-8

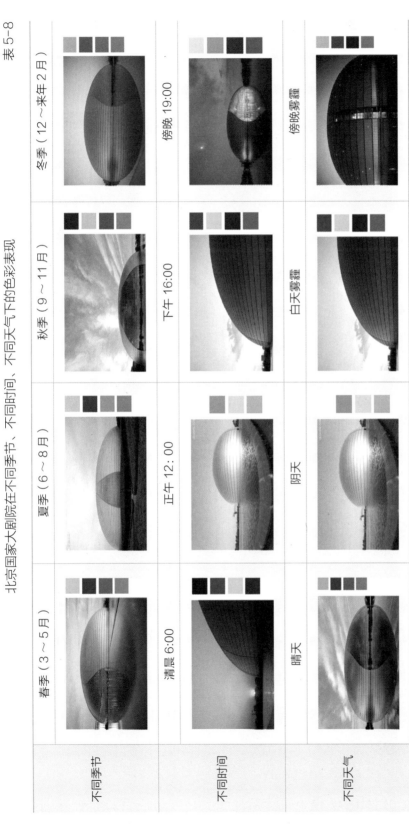

	春季（3～5月）	夏季（6～8月）	秋季（9～11月）	冬季（12～来年2月）
不同季节				
不同时间	清晨 6:00	正午 12:00	下午 16:00	傍晚 19:00
不同天气	晴天	阴天	白天雾霾	傍晚雾霾

数据来源：作者根据在线数据搜索素材整理绘制。

2. 日照

　　日照与色彩视觉效果紧密相连，它通过光影的变化来影响植物的视觉色彩表现，并与云量、季节、光谱和阴影角度等共同作用于城市视觉色彩。北京低纬度地区日照强、高纬度地区日照弱，所以强烈的日照能够使城市色彩变得浓郁，充满氛围感。"光谱是影响植物视觉的关键因素，影响植物色彩的光谱主要是蓝光和紫外光线，在这两种光源的影响下，会使植物显得更加鲜艳明亮"[1]。植物的色彩效果受日照的影响，在一天中的不同时间段内会发生明显的变化。早上 7 ~ 10 点，太阳以斜射的角度照射 3h，光照强度比较弱，植物色彩的纯度较低；中午 10 ~ 14 点期间，太阳呈直射角度，日照强度最强，植物色彩纯度较高，并具有反光效果，此时植物的色彩变得明亮起来；下午 14 ~ 17 点时，太阳斜射 3h，光照强度逐渐变弱，光线呈现出暖色调，植物根据自身的色相，其色彩也变得温和；黄昏日落时，植物色彩已经辨别不清，表现出的是轮廓剪影的效果（图 5-6），丰富了城市的色彩层次。

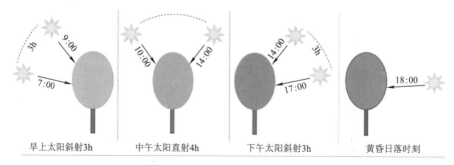

图 5-6　太阳照射角度随时间的变化

图片来源：作者自绘。

　　季节的更替也是造成植物色彩变化的主要因素，冬季日照时间最短，冬至日的日照时间大约为 9h，光照影子较长，其中建筑、植物的色彩都会呈现出微妙的变化，如白桦树的干皮、落叶乔木的剪影以及建筑的材料等都能体现城市色彩的变化，如长城在夕阳的照射下城墙及植物会呈现出微黄的暖色调（图 5-7）。夏季日照时间最长，夏至日的日照时间大约为 14h，因此植物的色彩比较鲜艳、明亮，建筑的色彩偏向金黄、黄棕色，且持续的时间较长。黄昏落日下，整个城市能够在日照的影响下变得更具有韵味，如天坛在夕阳的照射下色彩丰富，整体偏黄棕色，显得更加神圣，能够增

---

[1]　常姝婷. 探讨日照对园林植物色彩视觉的影响 [J]. 现代园艺，2019 年第 4 期，第 139 页。

强城市的视觉整体性，给人带来温暖的体验和感受（图5-8）。

图 5-7　长城色彩提取

图片来源：作者收集资料提取。

图 5-8　天坛色彩提取

图片来源：作者收集资料提取。

　　建筑色彩与日照有紧密的联系，其视觉效果与观察者及太阳的角度和位置有很大关系，并且会受到云量和周围环境等次要因素的影响。以宫殿建筑为例，早上6点左右到傍晚19点左右之间，当日光照射角度与人的观察角度一致时，屋檐和墙面都处于日光的慢射照射之下，因而不仅没有阴影，而且屋檐下的色彩和结构都能比较清晰地展现出来；当太阳处于观察者头顶上方时，屋檐的一部分受到日光照射而另一部分处在阴影中，处在阴影中的部分只有离得比较近或高分辨率相机才能分辨其色彩变化；而当观察者处于逆光位置时，整个屋檐和墙面都处于阴影和背光下，色彩分辨度最低（图5-9、图5-10）。

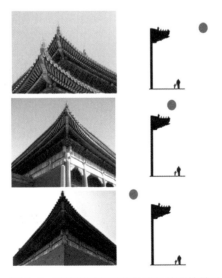

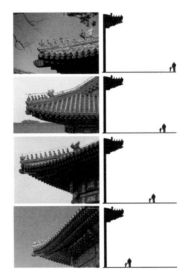

图 5-9　建筑阴影与日照角度及位置的关系

图片来源：http://www.51miz.com。

图 5-10　建筑阴影与观察者位置的关系

图片来源：http://www.51miz.com。

日照也影响了建筑色彩的视觉效果，建筑材料受到光照的反射和折射，呈现出不同的色彩变化。如玻璃的光滑表层受到阳光的照射后会反射到周围的景物上，使整体的环境呈现出通透、明亮的景观效果；而粗糙的建筑表面则无法反射太阳光照，只能对自身的固有色起到调节作用，丰富了不同的色彩景观层次。尤其随着北京各种新建筑的诞生，建筑材料也日益丰富，比如钢结构、金属钛板、ETFE 膜、玻璃幕墙等；而且，与传统自然材料或常见材料相比，这些新建筑材料不仅本身固有色及肌理大不相同，从而对阳光的漫反射作用也不同；而且由于新建筑的造型、体量等，其对日光的反射、折射作用对周边环境的影响不容忽视，表现出新的建筑色彩美感（表 5-9）。

不同材料在太阳光照下产生的色彩变化　　　　　　　　　　　表 5-9

序号	材料	特点	色彩提取	案例
1	钢 Q460	一种低合金高强度钢。是钢材受力强度达到 460MPa 时才会发生塑性变形，这个强度要比一般钢材大		
2	金属钛板	钛锌板是氧化表层呈悦目的蓝灰色，与大多数材料十分协调。其自愈能力强，氧化层随着时间之推移不但能增添结构上的魅力，且具有维修费用低之优点		
3	ETFE 膜	ETFE 膜是透明建筑结构中品质优越的替代材料，可以随日光发生变化		
4	玻璃幕墙	玻璃幕墙是一种新型墙体，最大特点是将建筑美学、建筑功能、建筑节能和建筑结构等因素有机地统一起来，从不同角度呈现出不同的色调，随阳光、月色、灯光的变化给人以动态的美		

表格来源：作者自绘。

3. 降水与湿度

北京降水等值线分布与地形有很大相关性，降水量空间分布不均匀，东北部和西南部山前迎风坡地区为集中降水中心，在 600 ～ 700mm 之间；西北部和北部深山区少于 500mm；平原及部分山区在 500 ～ 600mm 之间。夏季降水量约占年降水量的 3/4，夏季降水空间分布与全年类似：东北部和西南部山前迎风坡地区为相对降水中心，在 450 ～ 500mm 之间；西北部和北部深山区少于 400mm；平原及部分山区在 400 ～ 450mm 之间。根据北京气象局统计数据显示，北京地区 2018 年降水量为 575.5mm，比常年同期（540.7mm）略偏多，比 2017 年（620.6mm）略偏少。观象台年降水日数为 57 天，比常年（66.3 天）偏少（数据来源于北京气象局统计数据）（图 5-11）。

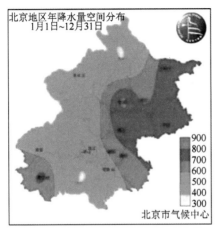 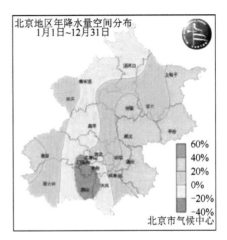

图 5-11　北京地区 2018 年降水量（mm）与降水距平百分率（%）空间分布图
图片来源：北京市气象中心。

"降雨、多云、雾气也会对空气的透明度造成影响。在阳光被云遮住的地方，建筑色彩会偏冷，呈蓝紫色"[1]，植物的色彩变深，整体退后成为城市的背景色。由于在降雨天气的影响下天空会变得灰蒙蒙，视线范围内城市色彩不清晰、能见度降低，并且城市色彩在降雨天气的影响下纯度与明度也会降低（图 5-12、图 5-13）。通常情况下，雨天的光照强度要低于晴天，空气湿度也相对较大，其建筑色彩会产生时隐时现的朦胧感，城市色彩不明显。在雾天气候环境下，能见度相对较低，透明度也不高，建筑彩度会随之下降，从而影响到城市的整体色彩。

根据气象局雨水量等级划分，小雨指日降雨量在 10mm 以下；中雨日降雨量为

---

[1] 梁铭. 基于周边环境影响因素的建筑色彩设计方法分析 [J]. 建材与装饰，2016 年第 22 期，第 89 页。

10～24.9mm；大雨日降雨量为25～49.9mm；暴雨日降雨量为50～99.9mm。降雨量的大小对城市视觉色彩有很大的影响，小雨、中雨会使空气变得清新，周围环境的色彩也比较明亮、清晰；而大雨、暴雨等的会对人们的视线产生干扰，使周围的环境变得暗淡，颜色也呈现出雨水及雾气的灰色。城市的色彩随着雨量的增大而变得模糊、不易识别，能见度也会越来越低（图5-14）。

图5-12　北京雨夜色彩提取

图片来源：作者收集资料提取。

图5-13　北京雨天故宫色彩提取

图片来源：作者收集资料提取。

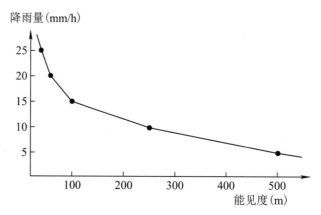

图5-14　降雨量对视觉色彩能见度的影响示意图

图片来源：作者收集资料整理绘制。

空气湿度对城市色彩也具有一定的影响，植物及建筑立面干与湿的状态所展现的视觉效果是不同的。在空气湿度不大的时候，植物的枝叶及建筑外皮是干的，呈现出来的色彩是其本来的颜色，有些也沾染了灰尘、使色彩显得沉重、灰暗；在空气湿度大的时候，植物及建筑外皮经过少量水汽的冲刷，色彩会显得更加鲜艳、突出。例如广州全年的空气相对湿度要比北京大得多，据2018中国环境统计年鉴数据显示，"北京年平均湿度为 49%，广州年平均相对湿度为 81%"[1]。因此北京和广州的城市色彩有明显的区别，相比之下，广州的建筑及植物被大量的水汽冲刷之后，呈现出来的颜色更加明亮、接近本色，使整体的城市色彩更加艳丽（图 5-15、图 5-16）。

图 5-15　北京夏季景观色彩

图片来源：www.nipic.com。

图 5-16　广州夏季景观色彩

图片来源：www.nipic.com。

由于降雨时日照强度较小，而且空气较为湿润，会对阳光的照射会产生一定的折射作用，从而使整体的建筑色彩呈现出不同的效果。例如故宫的屋檐（图 5-17、图 5-18），"在色彩搭配上选择较为明快的红色、黄色及绿色，能够改善雨天带给人们的沉闷感觉。而冬季的降雪天气会使太阳折射光照偏强，对于人的眼睛产生一定的刺激作用"[2]，所以故宫屋檐的色彩中也搭配了较深的颜色，来适应不同季节气候条件对城市色彩的影响。

图 5-17　故宫屋檐色彩提取

图片来源：作者收集资料提取。

图 5-18　故宫屋檐及墙体色彩提取

图片来源：作者收集资料提取。

[1]　国家统计局，生态环境部 . 2018 中国环境统计年鉴 [M]. 北京：中国统计出版社，2019.2，第5 页。

[2]　董峻岩，李克超，马传鹏 . 探究基于周边环境影响因素的建筑色彩设计方法 [J]. 科技展望，2016 年第 32 期，第 294 页。

（三）地域材料

　　城市色彩生态性的一个重要组成部分就是自然材料，这是在当时交通、运输、技术条件限制下而利用当地物产所形成的色彩特征，地域材料的色彩是当地特色的主要表现因素，体现了历史发展的痕迹和自然环境的特征。这些地域色彩基本来源于材料的原始本色，记载中的"茅茨土阶"即属此类。随着制陶、冶炼和纺织等技术的发展，人们开始使用矿物和植物的颜料，并将其中某些用于建筑作为装饰或防护涂料，就产生了后来的建筑色彩。

　　北京的地域材料主要有青砖、灰瓦、琉璃瓦、汉白玉、木材等，其中北京砖瓦等建筑材料是取当地土壤烧制而成，因其北京地区土壤以褐土为主，经烧制后呈青色。木材多为松柏，具有天然性和亲和力，是可再生材料。琉璃瓦是中国自己研发的最早的玻璃，成为北京特有的材料，故北京一直都有"红墙碧瓦，金碧辉煌"的印象，其中故宫的建筑材料及用色就是北京城市地域和传统色彩的代表。地域材料根据自身的特点运用在不同的建筑上（宫殿、长城、四合院、庙宇等），丰富了整个城市视觉色彩体系的层次性（表5-10），代表了北京独特的地域特色。

北京地域材料的类型与用途   表5-10

材料名称	材料	用途	实景
青砖		长城铺装及挡墙	
		民居：四合院墙体	
灰瓦		民居：四合院屋顶	

续表

材料名称	材料	用途	实景
汉白玉		宫廷铺装	
琉璃瓦		宫廷屋顶	
木材		四合院木门	

数据来源：作者根据在线数据整理绘制。

（四）空气品质

"空气质量指数（Air Quality Index，简称 AQI）是定量描述空气质量状况的指数，根据《环境空气质量指数（AQI）技术规定（试行）》HJ 633 规定：空气污染指数划分为 0 ～ 50、51 ～ 100、101 ～ 150、151 ～ 200、201 ～ 300 和大于 300 六档，对应于空气质量的六个级别，其数值越大说明空气污染状况越严重，对人体健康的危害也就越大。参与空气质量评价的主要污染物为细颗粒物（PM2.5）、可吸入颗粒物（PM10）、二氧化硫（SO_2）、二氧化氮（NO_2）、臭氧（O_3）、一氧化碳（CO）等六项"[1]。空气质量会直接影响 PM2.5 等细颗粒物变化，空气中的含量越高，污染越严重，含有大量有毒有害物质，对人体和环境质量都有影响，并且使植物的色相变得灰暗，城市的整体色彩不明亮，色彩的识别度降低，甚至看不清建筑的轮廓、城市的景观及构筑物，影响人的心理及生理健康。北京的空气含水量、悬浮物等品质会影响阳光反射从而对视觉色彩的感知有一定的影响，会使得色彩的彩度、明度下降，削弱色相、明暗和肌理对比，形态变得模糊（表 5-11）。

---

[1] 张建忠.北京地区空气质量指数时空分布特征及其与气象条件的关系 [J].气象与环境科学，2014 年第 2 期，第 33 页。

空气质量不同情况下的视觉色彩表现　　　　表 5-11

级别	一级	二级	三级	四级	五级	六级
空气质量	优	良	轻度污染	中度污染	重度污染	严重污染
空气污染指数	0～50	51～100	101～150	151～200	201～300	≥ 300
能见度	低于 1500m	低于 1000m	低于 700	低于 500m	低于 300m	低于 200m
识别度色彩体现						
建筑物名称 天安门						
故宫						
建筑物名称 天坛						

续表

级别	一级	二级	三级	四级	五级	六级
空气质量	优	良	轻度污染	中度污染	重度污染	严重污染
空气污染指数	0～50	51～100	101～150	151～200	201～300	≥ 300
能见度	低于 1500m	低于 1000m	低于 700	低于 500m	低于 300m	低于 200m
识别度 色彩体现						
建筑物 名称 国家大剧院						
鸟巢						
CBD						

数据来源：作者根据空气质量指数 AQI 标准参考、北京市气象台空气质量报告统计及中国日报网、中国天气网及部分照片作者拍摄整理绘制。

二、北京城市色彩的文化性表现

由于受地域、民族、时代背景、历史、宗教、文化背景、地位等诸多因素的影响，不同国家、不同文化、不同民族的人们对色彩的喜好及其象征意义也大不相同。"一个地区或城市特有的自然环境色彩特质、历史文化的色彩传统、本土建筑的色彩特征、民间工艺的色彩表现、节庆活动色彩偏好等色彩因素会在长期的历史演进过程中形成稳定性和独特性的色彩传统，也就是一种传统城市色彩特征"[1]。独具特色的城市大多都有自己的核心文化色彩，这种视觉色彩带来的艺术吸引力能够激发出人们对于整体城市的想象力，提升居民的城市认同感。因此，城市色彩是城市景观构成中重要的组成部分。

色彩的文化信息包括历史传统习俗、色彩的文化含义、情感含义、年代性、特定的地域物产等，其中有些是恒定不变的，有些则是随着时代的变迁而改变的。城市色彩作为一种文化信息的传递媒介，在一定程度上能够反映城市的历史文化特征，可以直接体现出一个城市的人文内涵与城市气质，帮助人们对城市的整体形象特征进行快速的读取和解析，捕捉到一个城市最为核心的景观特征。人对城市及其景观最直观的感受途径来源于视觉色彩，视觉色彩的形成与发展趋势同样也能够从城市景观的发展与演变中映射出来。

而且城市色彩的文化性又是与其生态性密切相关的，这是由于使用当地材料建造的建筑经过长期的发展及应用形成了特有的文化印象和集体记忆，因此建筑与自然材料都含有当地的文化信息。比如琉璃瓦用在宫殿里象征着高贵，青砖、青瓦常为平民百姓使用，体现了朴素性；再如松柏树种常用在宫廷与陵园里，就被赋予了皇家的文化信息。所以，北京的传统建筑色彩、政治色彩、民俗色彩、移动色彩等共同作用于北京城市色彩的文化性。

（一）传统建筑色彩

建筑是城市的主体，建筑的色彩主导着城市的主要色彩，体现着文化脉络和地域特色。传统建筑色彩并不是固定不变的，而是具有等级制度的差别，经过时代的发展

---

[1] 郭红雨，蔡云楠. 传统城市色彩在现代建筑与环境中的运用 [J]. 建筑学报，2011 年第 7 期，第 45-48 页。

演变而来的，形成了今天独具一格的、色彩丰富的建筑面貌。传统建筑具有固定形制和色彩运用范式，并通过建筑实体将这些信息保存并传递下来，因而在人们脑海中形成了稳定而深刻的视觉印象。而这种视觉印象又与这些建筑的使用者、功能、所处地理位置、时代等信息是密不可分的，因而使得传统建筑色彩带有浓厚而独特的文化特征。

在生产力较为低下的年代，建筑材料都为自然材料，并且是当地最常见、储存量最大、容易获得的地域性材料。因而一个城市的传统建筑色彩取决于当地地域性材料以及与之相关的工艺和装饰手段。与社会体制及等级制度相适应，这些材料、工艺、装饰等经过长期使用后，其使用对象、使用位置、场所等逐渐被固定下来，并具有了其使用对象、场所、位置等所带有的文化信息，从而色彩成为表现文化的途径之一。例如金灿灿的故宫是皇家色彩的集中体现，青灰的四合院是平民阶级质朴真实的色彩，都体现了深层次的传统色彩的文化价值。

1. 宫殿色彩

北京作为历史久远文化深厚的六朝古都，宫殿及其辅助性建筑是传统建筑的最高代表，其中的精华便是故宫。纵览故宫的建筑群，色彩绚丽夺目，秉承了古代传统的"五色观"，即蓝、红、黄、白、黑五色。而"五色审美观"一直较为稳定地作为东方审美中主要色彩观念和色彩运用规范流传下来，并对后世产生了深远的影响。"五色观"的提出最早可以追溯到2000多年前的战国时期，在《尚书·禹贡》就提到："海岱及淮惟徐州，厥贡惟土五色。"（《尚书·禹贡》）《释名·释地》云："徐州贡土五色，有青、黄、赤、白、黑也。"（《释名·释地》）后来的《周礼·考工记》详细阐述了"五色"："杂五色。东方谓之青，西方谓之白。北方谓之黑。天谓之玄，地谓之黄。"在所有色彩中黄（金）色为最尊贵，在五行说中代表中央，"黄，正色"《（诗·邶风）毛传》，"黄中也"《（太玄·太玄文）范望注》。自唐代始，黄色成为皇室专用的色彩，其下依次为赤（红）、绿、青、蓝、黑、灰。

在五色中，黄红两色的明度和亮度都较为显著，色彩效果相对强烈，故宫的色彩基调以黄、红为主。黄色在五色中属至高无上的颜色，成为皇家色彩的代表，象征着高贵、权威，给人以壮丽的视觉效果；红色在传统观念中是最吉祥、喜庆的颜色，寓意着美满、富贵。明黄色的琉璃瓦屋顶、朱红色的墙面与门窗是故宫的专属。

而且，为了展现皇家气魄，工匠们在着色中运用了冷暖对比和补色对比的手法。主体以黄顶红墙的暖色调为主，但在檐下阴影部分辅以青绿彩画，彩画的主色调采用冷色系的绿和青，在其中点缀鲜明的彩点，使之与蓝绿互补形成对比色。除此之外，故宫室内外大量使用灰色铺砖，与耸立在其上的汉白玉石栏杆和台基形成了自然得体的对比，共同烘托着五彩斑斓的建筑实体。总体来看，故宫多运用对比色、互补色、黑白色及各色渐变进行调和，整体上色彩对比强烈又不失和谐，在美学上达到了统一性与多样性的完美结合，表现了绚烂辉煌而又沉稳大气的皇家风范（图5-19）。

2. 民居色彩

"如果把故宫比作一幅精致的工笔画，四合院就是文人墨客笔下的水墨写意画。在色彩艺术方面，故宫是与自然色彩争艳丽，四合院是与自然色彩求融合"[1]。"北京民间住宅，所用的砖、瓦、灰、沙、石基本上采自北京四郊，特别是砖瓦也是附近的窑厂所烧制，当时的烧制技术最普遍的就是烧制青砖青瓦，因而这种颜色也就成了当时北京广大民居的基本颜色了"[2]。因此，作为北京民居代表的四合院主要颜色构成是灰、红、绿，以材料原本的灰色为主调，配色采用小面积的红色和绿色，并以绿色植物作为自然环境的背景色来使用。

由于封建等级制度的规定，"历代建筑色彩规制中对民居规定了禁用色，普通民居不可使用琉璃瓦及红墙，故灰墙、灰瓦等材料在建筑中都保留了原有材料的灰色"[3]。为了打破这种灰度色彩的视觉疲劳，一般在门、窗、柱子上饰以鲜明的朱红色，再利用院内植物的点缀调和来丰富相对单调的环境。四合院古典而朴素，虽然现代人在原有基础上做了一定的调整和修饰，但它原有的主要色彩仍被保留至今。四合院的灰色烘托了故宫恢弘的气魄，是故宫周围的寂静安逸之地，更是老北京最具代表性的特色之一，在今天看来更是具有一种朴素、低调、简洁、沉稳之美（图5-20）。

[1] 周瑞乾. 北京色彩 [J]. 美与时代（城市版），2015 年第 2，第 19 页。

[2] 谭烈飞. 北京城市色彩的演变及特点 [J]. 北京联合大学学报，2003 年第 1 期，第 63 页。

[3] 王岳颐. 基于操作视角的城市空间色彩规划研究 [D]. 浙江大学博士论文，第 16 页。

图 5-19　北京故宫色彩提取
图片来源：作者收集资料提取。

图 5-20　北京四合院色彩提取
图片来源：作者收集资料提取。

（二）政治色彩

北京作为我国首都，是政治、经济和文化的中心，因而其城市景观中表现政治性因素的色彩是其区别于其他城市的显著特征之一。北京的政治性色彩一方面受到中国传统色彩偏好以及世界共产主义阵营的双重影响，另一方面为了最大范围、最直接、最清晰地传递宣传信息，需要采用色彩鲜艳、纯度高、搭配简洁、对比强烈的颜色，从而吸引社会各阶层各种文化背景人们的注意力，并且配色、加工简便。

例如，从古老的中华民族用色习惯可以看出，"红"代表南方、代表火焰、太阳，象征着胜利、富贵、吉祥，曾是上层社会所占有的，今天成为整个社会追求、向往的色彩，反映着中华民族振兴、繁荣和对未来的向往。红色不仅在传统中象征着高贵、喜庆，容易引起人们的情感共鸣，而且从色彩视觉心理的角度来说，它也是最容易吸引人们注意力的颜色；黄色除了象征高贵以外，在所有颜色中最容易"跳出来"；绿色是由于战争中隐蔽的需要，成为我国军队军服的主要颜色，有"军绿色"的专门称呼。据史载："庶民多穿白衣（本色麻布），青衣（蓝或黑色布衣）"，且靛蓝色耐脏又稳重，是广大工人工作服的颜色；灰色也是同样的道理，由于多为"干部"穿着，是除了"军绿"和"工厂蓝"以外的最常见的服装色彩（图 5-21）。以上这几种颜色都有一个共同的特征：在当时颜料、染织技术的前提下配色、涂抹、染色容易，因而在中华人民共和国成立后短期内被大量使用在各种场所和物品上，从而具有了中国独有的政治性信息。

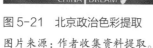

图 5-21　北京政治色彩提取

图片来源：作者收集资料提取。

1. 宣传色彩

北京作为全国的政治文化中心，其政治文化内容丰富，具有政治性意义的色彩广泛运用在景观、公园、雕塑等等上。主要色彩为黑、红、白为主（图 5-22、图 5-23），给人们带来强烈的视觉冲击力，起到了很好的政治宣传作用。

图 5-22　中国梦

图片来源：作者拍摄。

图 5-23　社会主义核心价值观

图片来源：作者拍摄。

2. 政治事件色彩

作为我国首都的北京，见证了无数的历史事件、政治事件和文化性公众活动，如开国大典、国庆游行、大阅兵、每年的人大政协会议等。色彩搭配依然主要以红、黄为主（图 5-24、图 5-25），延续北京传统的历史文化特征，象征着威严的政治秩序及制度体系，以及喜庆祥和的气氛。

因此，可以说北京已经形成了一套完整而稳定的政治色彩体系，除了由于制作技术进步和材料的丰富造成的肌理变化从而在一定程度上影响了色彩观感，以及字体的

精细和选择上体现出一些时代的不同；整体来看在色相构成、色彩纯度、明度、色彩
主次关系、色彩空间格式、运用位置等方面并没有大的改变。

图 5-24 中华人民共和国第十三届全国人民代表大会第二次会议会场

图片来源：中华人民共和国中央人民政府网。

图 5-25 2009 年中华人民共和国成立 60 周年大阅兵

图片来源：www.sohu.com。

（三）民俗色彩

北京长期以来形成了以皇城为背景的内涵丰富、博大精深的民俗文化，不仅体现
在技术和艺术成就方面，还渗透到普通人日常的生活活动及行为中；不仅影响了室内
装饰陈设和人们的衣着服装，还体现在建筑景观方面，并成为北京城市经济发展的动
力之一。北京传统文化中的民俗色彩体现在工艺、饮食、艺术方面。

1. 工艺色彩——景泰蓝

景泰蓝原名"铜胎掐丝珐琅"，从元代至今已有近千年的历史，最初的景泰蓝多为仿古青铜器皿。明朝景泰年间工艺家们找到了一种深蓝色的蓝釉材料，使得器皿以蓝绿为主色调，故而得名"景泰蓝"。这是由于矿物釉色多为天蓝（淡蓝）、宝石蓝（青金石色）、浅绿（草绿）、深绿（菜玉绿）、红色（鸡血石色）、白色（车渠色）和黄色（金色）等，最终由这是色彩形成了一套完整而固定的配色模式，并成为其最突出的艺术特征之一（图5-26）。形象圆润坚实、细腻工整、金碧辉煌、繁花似锦，它集美术、工艺、雕刻、镶嵌、玻璃熔炼、冶金等专业技术为一体，具有鲜明的民族风格和深刻文化内涵，是最具北京特色的传统手工艺品之一。

图5-26　景泰蓝——清代水盛及细节色彩提取

图片来源：作者收集资料提取。

这种配色模式逐渐从器皿延伸到室内装修和建筑装饰，如建筑彩画的色彩搭配与之有很大的相似之处，也是由蓝绿色调为主辅以白、红、金等，并进而影响了建筑景观的色彩形象，如故宫的屋檐色彩。

2. 饮食色彩

中国人对食物的评价着重在"色、香、味"，其中"色"是第一位的。食物的不同颜色不仅与相应的味道相关联，从而引起人们的食欲，也反映了社会文化、等级等。而且，食物本身的色彩与承载其的器皿、器物同样讲究搭配原则，共同形成了一个地方饮食色彩的特征，并成为城市文化的一部分。

与代表北京传统最高饮食等级的御膳相比，街头小吃是受众最广、消费量最大的食物。而且，由于其食用地点灵活，不拘于街头巷尾还是路旁小摊，甚至可以手拿着边走边吃，一副轻轻休闲、充满人情味的场景，反映了一个城市的文化。最能代表北京饮食色彩的是烤鸭、糖葫芦、糖炒栗子、烤红薯等，其色彩以红、黄、褐等暖色调为主（图5-27）。

图 5-27　北京部分饮食色彩提取

图片来源：作者收集资料提取。

3. 艺术色彩

京剧和皮影是最具北京特色且对人们的日常生活影响最广的艺术形式，其色彩构成与配色模式是组成其艺术魅力的重要因素，并反映在服装、道具、家具陈设和建筑装饰以及其他艺术形式之中。

京剧服装具有高度的符号性特征，服装色彩是体现剧中人物身份的渠道之一，与剧中人物性格密切关系，在给什么人穿什么颜色的服装上，有一套严格的规定。早期京剧服装主要有上下五色之分，上五色是指红、黄、黑、绿、白；下五色是指蓝、紫、香色、淡青、粉。虽然简单却可以塑造富丽堂皇、金碧辉煌、庞大宏伟的场面，同时又可以塑造上至皇帝下至贫民各种类型的人物形象。作为我国古老剧种之一，京剧以反映宫廷、贵族生活剧目居多，在服装色彩处理上，势必受其封建等级观念的影响。如明朝法律规定：民间"不许用黄"，"文武官员的公服一至四品，服绯，五品以下服青绿"；所以，无功名者又称"白衣"，童仆称"白衣人"，婢女称"青衣"。进而传统京剧舞台上的黄色均为帝王所独用，红色是高贵之色，而青、绿成为下层贫民的主要服饰色彩。这套范式既是舞台艺术的表现，也是真实社会生活的写照，并对其后的社会服装色彩体系的形成具有深远的影响（图5-28）。

图 5-28　京剧曲牌－贵妃醉服饰及脸谱色彩提取

图片来源：作者收集资料提取。

（四）移动色彩

城市景观色彩的生态性也体现在其是由几大类变化速度、变化规律各不相同的部分组成，永远处于变化发展之中，而不变只是相对的、短暂的。与植物色彩受自身习性和气候、地理条件影响下的季节循环往复的变化轨迹不同，移动色彩则沿着单向线状或波浪状轨迹发展，虽然会出现局部的或某个时期的"复古"风潮，但总体来看是没有重复的（图5-29）。

城市移动色彩包括一切可移动、可方便或快速更改的物体的颜色，包括交通工具、商业广告、视觉标识，当然也包括人——服装的时尚。这些移动的色彩作为城市色彩中最具生机与活力的一部分，能够体现城市的时代特征与精神风貌，并在经济发展水平、社会制度、技术革新、社会思潮、宗教信仰等影响因素影响下不断变化，从而呈现出浓厚的时代和文化信息。

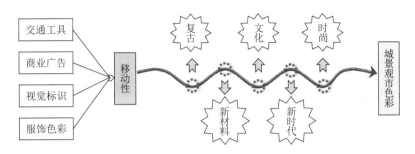

图 5-29　城市色彩的移动性

图片来源：作者自绘。

1. 服装色彩

人是城市中移动的景观，与建筑、历史文化遗产一样，每个城市都有其不同的人群构成和面貌，成为这个城市的独特形象，例如曼哈顿第五大道街头行色匆匆的各种语言、各种肤色、各种穿着的人是这一地区区别于其他地区的显著特征之一。从北京街头人们的服装色彩及其变化的轨迹同样可以看出城市的历史文化、经济水平、社会开放程度、审美、时尚潮流以及人们的精神状态等。从 20 世纪 50 年代的蓝、灰、黑到 20 世纪 60 年代、70 年代的军绿色，再到 20 世纪 80 年代、90 年代的多色彩多材质服装，进入 21 世纪后服装风格更加国际化，与国际时尚前沿同步。现代服饰色彩的变化飞快，几乎每一年都会有其代表的流行色，人们追求时尚的脚步也随之加快，在色彩上追求个性和多样化，倾向于当下的流行色，如近几年流行的莫兰迪色、牛油果绿色等。服饰色彩的变化也带动了城市景观色彩的变化，使城市整体的景观呈现出现代化、国际化的趋势（表 5-12）。

2. 车辆色彩

1886 年 1 月 29 日德国人卡尔·本茨向德国专利局申请递交了汽车发明专利的申请，标志着现代时期汽车的诞生。世界上第一台名为"奔驰专利 1 号车"的汽车只有黑色（金属）、棕色（皮革）和黄色（木头），其实是马车与内燃机的结合，其造型和色彩都与马车差异不大。在西方工业革命后，黑色具有了一层新的含义：工业化。1913 年，随着流水线生产的诞生，大大提高了汽车生产效率，福特使用了一种迅速干燥且价格低廉的涂料，其中以黑色干得最快，将涂刷周期从 50 天降低至 1 周。生产周期降低，总成本自然就下降了，于是福特采用几乎只生产黑色车的做法，这一做法也被别的厂家效仿并延续至今，使得黑色成为汽车的主导色。但黑色的流行不仅在

表 5-12

北京各时期服装色彩的变化

时间	20 世纪 50 年代	20 世纪 60 年代 至 70 年代	流行色彩的演变：服装变化		
			20 世纪 70 年代 至 80 年代	20 世纪 90 年代	21 世纪
服装款式	男子服饰：新款中山装、衬衫 女子服饰：列宁装、布拉吉连衣裙	男子服饰：军便装、海军服 女子服饰：军便装	男子服饰：西装、皮夹克 女子服饰：喇叭裤、牛仔装、大衣、健美裤、羽绒服、西服套装	男子服饰：毛衣、衬衫、T恤 女子服饰：健美裤、防寒服	男子服饰：冲锋衣、运动服夹克、衬衫、嘻哈服、工装裤 女子服饰：露脐装、小脚裤、波西米亚连衣裙、改良韩装、旗袍
颜色	蓝、灰、黑、绿、橘色	绿、蓝、黑色	白、黑、红、蓝、黄、橙色	黑、白、灰、红、蓝、黄、紫色	黑、酒红、天蓝、裸粉、姜黄、军绿幻紫色、莫兰迪、牛油果绿
材质及特点	麻布；垫肩、收腰、均衡对称	棉布、的确良；佩戴毛泽东像章、草帽及毛巾等装饰品	彩棉、纳米、牛仔面料、涤纶；色彩鲜艳、剪裁得体、修身	纯棉、氨纶、尼龙、涤纶；修身合体、个性张扬	棉、麻、丝绸、雪纺、涤纶；宽松、时尚、国际范
服饰图片					
色彩提取					

数据来源：作者根据网络数据搜索数据整理绘制。

于价格，当时正处于工业大发展时期，火车、船等一些大型机械都是以黑色为主色调，黑色煤炭及其产生的雾霾甚至成为发达工业的象征。

随着经济的发展、社会的开放、各种艺术风格和思潮的风起云涌，汽车价格下降并普及成为大众日常消费品，市场开始厌倦黑色一统天下的局面，人们开始追求标新立异的享受和品味，汽车的颜色变得多样化。到了汽车工业高度发达的今天，川流不息的各种车辆形成了一条条五彩斑斓的车流景观。因此，交通工具的形式、数量、格局最能体现科学技术与大众经济生活的关系。

虽然相较西方而言我国汽车工业及消费都较晚，但近 20 年来发展迅猛，一跃成为汽车消费大国。2019 年 3 月 20 日北京市统计局、国家统计局北京调查总队发布的《北京市 2018 年国民经济和社会发展统计公报》显示，截至 2018 年年末，北京全市机动车保有量达 608.4 万辆，比上年末增加 17.5 万辆，民用汽车达 574.6 万辆，增加 10.8 万辆，居全国城市之首。北京路上的车流已与西方大城市没有什么差异（图5-30）。与私家车黑白灰的主色调不同，商业和公交车辆颜色更加丰富以便于识别，且形成了固定色彩、搭配和分布的模式（图 5-31、表 5-13）。

图 5-30　北京国贸桥车流　　　　　图 5-31　京东物流货车色彩
图片来源：http://pic.sogou.com。　　图片来源：http://pic.sogou.com。

3. 广告色彩

随着户外广告材料、技术的发展，其形式、尺度、内容都发生着巨大变化，从静态到动态再到多维、从平面到立体、从画面到视频等等，色彩视觉效果更为强烈、夺目。北京由 20 世纪 50 年代的人工绘画插图及印刷技术中的色彩单一特点向主题鲜明的广告形式发展；到了 20 世纪 90 年代，广告由于明星的代言使得传播更具吸引力；直到现在，户外广告不仅是商业信息获得的途径，也是城市景观视觉体验的一部分，反映了城市文化，其效果在夜幕降临后更加突出（表 5-14）。

表 5-13 北京各时期车辆色彩的变化

时间	流行色彩的变化：车辆变化			
	20 世纪 50~60 年代	20 世纪 70~80 年代	20 世纪 90 年代	21 世纪
出租车	日本丰田 crona	GAN-31029	夏利	索纳塔
色彩提取				
私家车	"卫星牌"汽车	"红旗 CA770"	长安奥拓	宝马 6 系
色彩提取				
公交车	BK560 无轨电车	640B 型客车	BK663 型	双层公共汽车
色彩提取				

数据来源：作者根据网络大数据搜索数据整理绘制。

表 5-14

北京各时期广告色彩的变化

流行色彩的变化：广告

时间	20 世纪 50 年代	20 世纪 60—70 年代	20 世纪 70—80 年代	20 世纪 90 年代	21 世纪
特点	20 世纪 50 年代，报纸广告增多，还有专门的版面刊发广告，这个时期的广告，有着鲜明的时代色彩 – 服务各界人民。以黑白宣传画为主，内容简单	这一时期，由于历史的原因，广告及宣传内容偏向政治色彩，颜色以红色为主，比较亮丽醒目，记录了城市发展中的历史文化内容	与中华人民共和国成立初相比，招贴广告的设计细节更加丰富，丰富的色彩运用代替了之前的黑白宣传画，丰富了城市的景观内容	该时期的广告宣传主要以明星代言为主，户外的宣传画为原有的城市景观注入了新活力	随着技术的进步，广告的形式也多样化，以立体广告牌展示，增加了城市的公共艺术景观内容，丰富了人们的视觉观景观效果
表现形式					
色彩提取					

数据来源：作者根据网络数据搜索数据整理绘制。

三、生态与文化交织下的北京城市色彩

因此，从城市景观色彩的组成可以看出其两大特征：（1）具有生态与文化的双重属性；（2）而这双重属性又常常是交织在一起的，其边界并非总是清晰的，也出现很多重叠的部分。

概括来说，城市色彩生态属性指的是那些不以人的意志为转移或影响的、客观的、永远动态发展的物质、形式、现象和规律。它首先表现在具体的物质及形式上，如植物品种、地域性材料等的固有色，这是由自然地理空间所决定的城市景观的自然色彩，是一直稳定不变的部分；其次表现在这些物质自身生长发展的特性规律上，如植物的四季更迭和建筑材料自然的岁月腐蚀、褪色等，这是永远处于变化中的部分。城市色彩生态性还表现在由气候、地理等自然条件作用下城市色彩所呈现出的视觉形象上。

而城市色彩的文化属性指的是人为创造的，或受人为影响下的色彩现象。建筑、城市基础设施、汽车、广告标识、服装服饰等都是人创作的，因此，自然地携带了其创造者的文化、信仰、价值品味、历史等信息；而另一些本来是由色彩生态性所决定的部分，例如四合院的灰砖、故宫黄色的琉璃瓦等，在使用过程中被人赋予了其等级、制度等文化含义。如此一来，灰砖、琉璃瓦的颜色同时具有生态和文化的属性了。而且，城市色彩所包含的文化属性也并非一成不变的。建筑风格的演变、服装流行趋势的更迭、思想价值品味的变化趋势和规律等，都不是某个或某些人能够决定的，也就是上文所说的生态属性。因此，城市色彩生态和文化属性的重叠就显而易见了。北京城市色彩的生态与文化交织性意味着这两种因素并不是截然分开的，而是相互交叉、相互渗透的，具体体现在时间维度与空间维度两个方面（图5-32）。

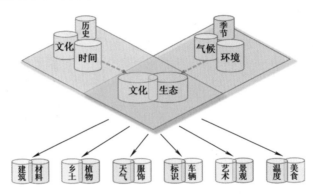

图 5-32　生态与文化交织下的北京城市色彩体系示意图

图片来源：作者自绘。

（一）时间维度

时间维度下城市色彩的各个组成部分变化的速度和轨迹是不同的。从速度来看，变化最快的是植物和服装时尚，它们都受到季节的制约而在一年当中呈现不同的色彩状态；变化最慢的是建筑景观，单体建筑建成后如果不经过重修、改建，其外立面色彩几乎是不变的，而且，由于建筑的建造周期长，至少几年以上，因此从某个区域或城市整体来看，其色彩变化就更慢了。如果说植物、服装色彩的变化是以周（星期）为单位的，那么建筑景观的变化则至少是以年为单位的；广告的变化速度居中，通常以月为单位（图5-33）。

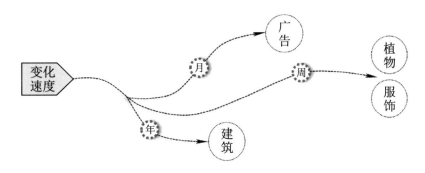

图5-33 城市色彩的变化速度
图片来源：作者自绘。

从变化的规律和轨迹来看，有些色彩因素是循环往复、按照一定的周期和规律，呈环状重复着变化轨迹，例如植物在一年里四季更迭，但每一年它们又是按照同样的规律、顺序发芽、开花、枯萎、凋落的。还有些色彩因素是呈线状（直线或波浪线）变化的，例如建筑、汽车等，其变化速度虽然慢，但总是推陈出新，几乎不会重复过去的风格的样式，而以创新作为核心追求。也有一些色彩因素同时具有以上两类的特点，是呈螺旋状变化的，例如服装色彩不仅由于"换季"而循环改变，毛衣、裙子、大衣、羽绒服等交替穿着；也会随着时尚潮流而向前发展，今年的羽绒服已经和去年的不一样了（图5-34）。

而且，城市色彩生态与文化的方面在不同或者相同的时间里是互相影响的。在不同的时间里，生态与文化这两种因素之间的主次关系、强弱关系、搭配关系一直是处于变化之中的。比如植物到了春天，到处都是姹紫嫣红的花卉海洋，但是到了冬天，落叶植物主要呈现灰色为主的色系，同时建筑的色彩变化较小，就显得尤为凸出，比

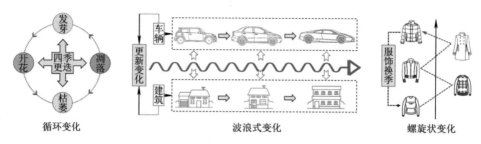

图 5-34　城市色彩变化的规律和轨迹

图片来源：作者自绘。

如故宫的红、黄色彩，在一年当中，植物与建筑色彩的变化就形成了明显的对比。所以，生态与文化这两种因素是具有同时性的，无论任何时间，这两种因素都可以同时存在，且不是一成不变的；在同样的时间（历史）维度下，它们以不同的速度和规律变化并交织在一起。

（二）空间维度

城市色彩生态性与文化性在城市空间维度的交织同样可以体现在历史、季节及每天的时间点三个层面上：第一个是历史层面，比如 1949 ～ 2019 年期间不变的有故宫、天坛、天安门（图 5-35）等历史建筑，部分变化的有每个历史时期增加的新建筑（表 5-15），变化的有服装、车辆、广告等；第二个是季节层面，具体指一年中的春、夏、秋、冬，其中不变的有建筑，变化的有植物等；第三个是每天的早、中、晚的时间层面，其中不变的是建筑，变化的有植物、气候、空气质量等。因此以上三个层面中的不变性与变化性体现出北京城市色彩的生态与文化之间形成了拥有自己运行速度的自转系统，比如一年四季；也有公转系统，比如一年四季在自转时，同时又围着北京各历史时期不变的建筑或物体在进行变化（图 5-36）。因此，当同一个空间、同一个画面构图被置于不同的时间时，会发现其色彩组成发生了变化，但之所以这个空间或画面依旧具有可识别性，是因为其中的不变因素在提醒着人们。

而且，人在城市中所观察到的色彩变化是依附于空间及物体存在的，能够引起人们的心理及生理变化，强调的是色彩与空间相互组合及影响的关系。城市色彩元素通过与不同空间的搭配组合，形成不同的景观效果，同一色彩在不同大小的空间也会给人们带来不一样的视觉景观感受，成为历史传承与文化识别的载体（图 5-37）。在城市空间中，植物的生长速度是迅速的，在建筑模式没有改变的情况下，植物随着时间

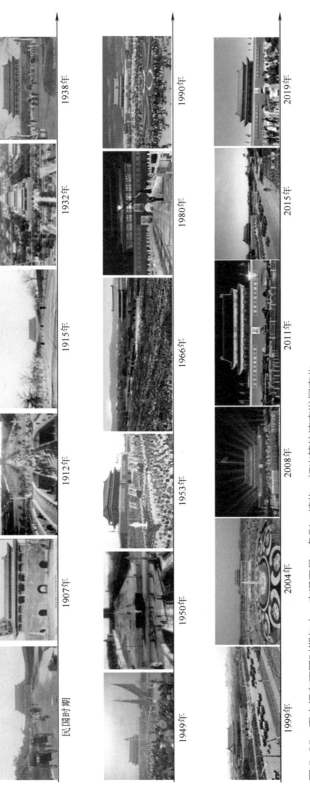

图 5-35　天安门在不同时期与人、交通工具、色彩、植物、灯光等的演变发展变化

图片来源：作者收集整理资料绘制。

表 5-15

北京不同历史时期建筑色彩演变表

主要建筑	北京历史时期			色彩提取
	1953~1982 年	1982~2000 年	2000 年至今	
北京展览馆				
全国政协礼堂				
北京友谊商店				
新中国儿童用品商店				

资料来源：作者根据在线搜索首都文化教据资料整理。

的发展，其边界越来越大，使原有的建筑及景观空间发生了改变。植物的色彩是以年为周期随着季节的改变而循环变化的，而建筑的色彩、风格及材料是单向变化的，因此空间维度下，植物和建筑的变化会给城市空间带来不同的视觉效果和色彩印象，体现了城市色彩生态与文化的交织。

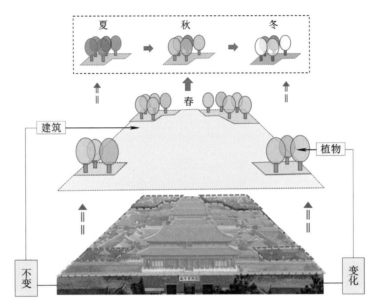

图 5-36　北京故宫建筑与景观的变与不变
图片来源：作者自绘。

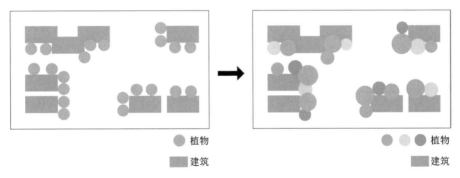

图 5-37　空间维度下的建筑与植物的变化平面示意图
图片来源：作者自绘。

小结

　　在空间和时间维度下研究北京城市色彩的生态性与文化性，可以发现每一种因素之间既是一种空间关系，其边界是模糊的、不明确的；又是一种时间关系，是互相交叉重叠、互相涵盖在不同的历史或时间阶段的。在北京城市景观色彩中，还需要考虑色彩的稳定性与变化性之间的关系。变化的色彩可以随时代发展不断丰富，而文化的色彩则不能轻言改变，需要保持一定的稳定性，例如：北京的传统建筑、园林等。总结起来，就是要在构成城市色彩景观的文化性因素中充分考虑其与生态的关联性，并在其中注入生态性因素；反过来，在生态性因素中强调其文化信息和内涵。从而进一步模糊色彩生态性和文化性的边界，使之更深、更细、更全面的交织，才能搭建一个稳定的、不易被破坏或伤害的、健康强壮的城市色彩构架，并在此构架下寻求未来的发展。

第六章

营养供应器——文化艺术产业园区

世界上任何生物体都离不开营养物质，它是生物体生长的能量来源，并通过根、茎、叶等器官以及光合作用进行着营养的吸收和传输。

一个城市的魅力不仅仅在于其经济强大、社会和谐，更在于其文化历史和艺术气质；城市文化长期健康可持续发展离不开艺术家的创造力，而文化艺术产业也成为大都市，尤其如北京这样世界级大都市经济产业的必须组成部分。城市的文化艺术区也是一种和生物体类似的生命体，它的周期发展也会经过成长、发展、消亡的生命体过程；文化艺术区就是文化营养的供应器，它给城市提供营养，并将营养输送到城市生命体中。

作为城市文化营养的生产单位，艺术区通过鼓励艺术家创作出更多、更优秀的作品来保证营养的丰富，因此，需要其自体健康运转。为了使城市文化得到更好的促进作用，一方面需要考虑其所在的产业上、下游产业内容和衔接关系，以此形成强大的营养供应源；其次，也需要高效的将营养顺畅传递到城市各个区域及层面。文化艺术区的发展不仅关乎其自身单体，其发展和壮大过程还会带动周边文化产业的发展；且不同类型的艺术区聚集了不同的服务产业，在其发展自体的同时也在优化区域内的产业格局，形成更庞大的新兴供应源，成为城市传递更新发展的动力。因此文化艺术区既是创新思想的发动机，整个城市创造性理念的萌发地，也是城市空间肌理、文化风格的表现（图6-1）。

艺术区不仅是一个物理和空间概念，它既具有有形的形态，意味着空间格局、形态、环境氛围等，还具有无形的风格，与其周边建筑群以及整体城市规划及风格相关并融入其中；它也是一个文化概念，是一种聚集了思想、艺术等的创作、制造基地，

图6-1 生物体的能量吸收和传输

图片来源：作者绘制。

其产品既包括有形的艺术作品，也包括无形的文化思想、思潮和文化理念。这些有形和无形共同创造艺术区的文化成果和经济价值，不断将其文化成果向整个城市传输，带动区域经济新增长。

一、 北京文化区概况

从 1980 年起步到 2005 年逐渐成熟，再到现在发展成为城市文化的重要组成部分，北京文化艺术区的发展走过了一段从自发形成到事先规划的多种模式探索之路。截至目前，已有各类文化艺术产业园区 40 多个，带动的产值从 2006 年的 823.2 亿元到 2018 年 8 月的 6473.9 亿元；相关从业人员从 2005 年的 89.5 万人猛增到 2016 年的 198.2 万人（数据来自北京统计局 2018 年发布）；不仅影响了城市景观和城市气质，且拉动了文化消费，丰富了市民文化生活。

（一）文化区历史发展

北京的文化艺术区发展大致经历了三个时间段。

1. 1949 ～ 1980 年，停滞期

中华人民共和国成立伊始，一切都在百废待兴的过程中，整体经济发展在缓慢中前行，没有对城市文化艺术区进行系统的规划与经营；后期由于"文革"的影响，更使传统文化受到破坏。这一时期可称之为文化艺术区的主要有两类：一类是历史延续

下来传统艺术制作、经营区，如琉璃厂文化街；另一类是艺术院校周边区域。

琉璃厂文化街是 20 世纪 20 ～ 30 年代在传承中结合一定的社会需求的情况下自发形成的，主要经营中国传统书法、绘画艺术交易、作品的装裱及修复、艺术创作材料的售卖等，经过数半个多世纪的发展到 20 世纪 80 年代基本定型（和目前所见的现状基本一致）。2000 年后北京市政府和宣武区政府对琉璃厂进行了政策发展梳理和产业定位，完善成为我们现在所见到的琉璃厂文化街。琉璃厂文化街是北京最早的从自发形成的市集再到发展成为艺术品制作、交易的集散地，直到现代的文化步行街区，代表了北京中国传统文化产业发展的缩影。

北京八大艺术院校，如中央美术学院、中央音乐学院、中央戏剧学院、北京电影学院、北京广播学院（现中国传媒大学）、北京服装学院、中国戏曲学院、北京舞蹈学院等，作为艺术教育的中心和艺术作品的主要生产基地，周边自发聚集了一些相关艺术服务和原材料供应的经营空间，如画框、画材、装裱、摄影、录音等。一方面由于整体经济水平低下，艺术专业不被重视，学习艺术的学生数量很少，因此，社会带动力即影响力有限；另一方面这些艺术院校多位于三环以内旧城中心，不仅本身空间规模狭小，周边也没有可扩展的余地；因而总体规模不大，且未形成规模化、产业化，对整个城市的影响微乎其微。

2. 1980 年到 2005 年，缓慢发展时期

从 20 世纪 80 年代开始，伴随改革开放，经济发展开始起步并加速，户口户籍制度不再像过去那么严格，推动了国内外人才的流动和文化交流。

北京独特的经济和文化地位，吸引了来自全国各地的艺术家。低廉的租金、相对方便的交通以及建筑空间条件，使得艺术家自发聚集在一起而逐渐形成一些城市艺术区，如圆明园艺术村、宋庄小堡村、798 艺术区等，许多著名艺术家最初就是从这里走出来的。这些艺术区相对远离城市中心区（四环以外），使用面积较大、创作自由度较高，是集艺术家创作、生活为一体的空间。这种聚集有助于艺术家之间的交流提升，并带来了相关产业人员聚集，如装裱、餐饮等，使得艺术区无论从规模还是影响上得到了迅速提升，逐渐发展成为集艺术创作、经营、生活和服务的综合功能区。

2000 年后，伴随北京经济快速增长和对外交流的增加，外国人的艺术消费更进一步带动了这些艺术区的经济增长，北京陆续出现了新的文化艺术区如草场地艺术区

图 6-2　草场地（醉库）文化创意产业园
图片来源：作者拍摄。

图 6-3　上苑艺术家村
图片来源：作者拍摄。

图 6-4　五道口华联门前的雕塑
图片来源：作者拍摄。

（2002 年）（图 6-2）、六环国际艺术区（2003年）、751 时尚广场（2003 年）、酒厂艺术区（2005 年）、上苑艺术区（2007 年）（图 6-3）等，它们的共同特点是个人自发聚集或机构的自发探索，各自为政、独立发展但缺乏统筹规划，因而在内容、园区风格和经营管理等方面有趋同现象。

文化艺术区的发展既是由文化带动消费升级的表现，也是文化引导人们精神及城市文化魅力提升的重要表现。文化消费和文化活动开始走进市民日常生活种，越来越多的人利用周末、假期等时间去参观文化艺术区举办的各类型展览或者活动，文化区成为城市公共生活的重要空间。而且，伴随着艺术家、艺术品和各类展览数量的增多，艺术品从博物馆、美术馆、画廊走出去，出现在公共空间和公众视角中，公共艺术的概念开始出现（图 6-4）。这些作品影响着人民的审美品位、价值观和消费观念，越来越多的人开始进入艺术品消费行列，现代意义的文化产业开始逐渐形成并成为带动经济增长的一个新动力。

3．2006 年至今，繁荣和快速发展期

这是文化产业发展最快的时期，与我国经济增速（GDP 迅速上升到世界排名第二）几乎是同步的。例如，2006 年我国文化产业增加值为 5123 亿元，占 GDP 的比重仅为2.45%；根据国家统计局初步测算，"2017年文化及相关产业增加值为 35462 亿元，比

2016 年 30785 亿元增加 4677 亿元，增长 15.2%；2017 年占 GDP 比重 4.29%，比 2016 年占比 4.14% 增加 0.15 个百分点。"文化艺术区的经济带动效应仅次于金融产业（数据来自国家统计年鉴 2018）。北京文化产业从业人数也不断上升，从 2005 年的 85.2 万人跃升到 2016 年的 198 万人，预计到 2020 年从业人员将增加到 280 万（数据来自北京统计年鉴 2016）（图 6-5）。

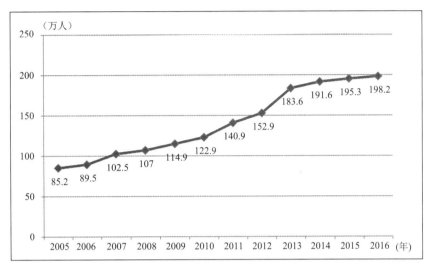

图 6-5　2005 ～ 2016 年北京文化产业从业人员人数变化

数据来源北京市统计局：《北京市统计年鉴 2016》。

政策支持、政府推动和宏观规划也是这个时期文化产业迅速发展重要因素。《北京文化创意产业投资之道目录》（2006 年）对文化区进行分类并结合各区特点进行布局；2014 年颁布的《北京文化创业产业功能区建设发展规划》更进一步将文化创意产业划分成七大板块，使得文化区有了明确的发展指导方向，避免了自发状态下重复、相似、扎堆的现象。2006 ～ 2018 年发展的十多年中，形成了诸多艺术区，2016 年北京市发布了《首批认定的北京市文化创意产业园区》文件中划定了 34 个市级文化区（表 6-1）。

北京认定的 34 个文化创意产业园　　　　　　　　　　　　表 6-1

北京划定的 34 个文化创意产业园		
序号	所在区	园区名称
1	东城区	嘉诚胡同创意广场
2	东城区	中关村雍和航星科技园
3	东城区	北京德必天坛 WE 国际文化创意中心

序号	所在区	园区名称
\multicolumn{3}{c}{北京划定的 34 个文化创意产业园}		
4	东城区	77 文创园
5	西城区	中国北京出版创意产业园
6	西城区	"新华 1949" 文化金融与创新产业园
7	西城区	西什库 31 号
8	西城区	北京天桥演艺区
9	西城区	西海四十八文化创意产业园区
10	西城区	北京 DRC 工业设计创意产业基地
11	西城区	天宁 1 号文化科技创新园
12	西城区	北京文化创新工场车公庄核心示范区（西城区）
13	朝阳区	莱锦文创园
14	朝阳区	朗园 vintage 文化创意产业园
15	朝阳区	东亿国际传媒产业园
16	朝阳区	751D-park 北京时尚设计广场
17	朝阳区	恒通国际创新园
18	朝阳区	北京电影学院影视文化产业创新园平房园区
19	朝阳区	北京懋隆文化产业创意园
20	朝阳区	铜牛电影产业园
21	朝阳区	798 艺术区
22	朝阳区	北京塞隆国际文化创意园
23	朝阳区	尚 8 国际广告园
24	海淀区	清华科技园
25	海淀区	中关村数字电视产业园
26	海淀区	中关村东升科技园
27	海淀区	768 创意产业园
28	海淀区	中关村软件园
29	大兴区	星光影视园
30	大兴区	北京大兴新媒体产业基地
31	大兴区	北京城乡文化科技园
32	通州区	弘祥 1979 文化创意园
33	昌平区	腾讯众创空间（北京）文化创意产业园
34	经济技术开发区	数码庄园文化创意产业园

数据来自北京市文化创意产业促进中心网站。

表 6-1 可以看出，从"艺术区"到"文化创意产业园区"名称的转变，意味着北京文化类别的丰富性及文化区定位的清晰，不仅体现了政府的高度重视，也极大促进了相

关行业的教育、学术、创新和经济。文化区内容从最初的美术扩展到影视制作、表演、艺术设计、科技创新等领域，成为传统历史文化以外一大影响城市景观文化的力量。

图 6-6 为各区文化创意产业园区数量比例。

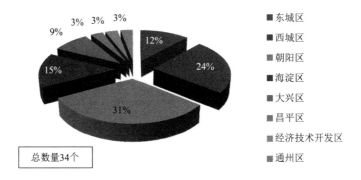

图 6-6　各区文化创意产业园区数量比例

数据来自北京市文化创意产业促进中心网站。

从文化艺术区的分布来看，除了历史自发形成的外，多数位于五环以外，不仅与租金、交通条件相关，也是由于文化区需要足够的规模才能形成较为完整的产业链从而保持长期稳定运行和发展的态势，并有足够的能力向周边区域辐射，从而将文化产品输送到城市各个地方（图 6-7）。

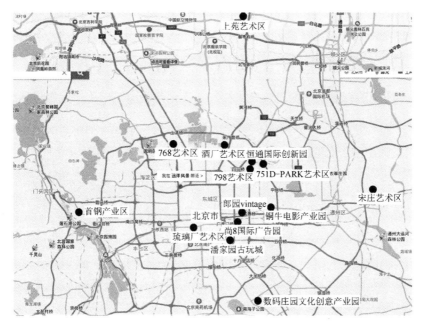

图 6-7　北京主要艺术区分布图

图片来源：作者绘制。

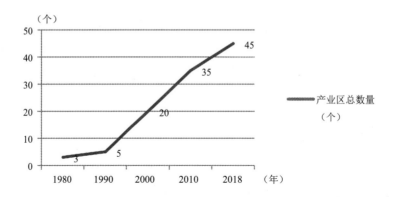

图 6-8　北京文化产业区数量变化图

从图 6-8 可以看出，文化产业区的数量在 20 世纪 80 ～ 90 年代增速平缓，20 世纪 90 年代到 2010 年为高速增长期，2010 ～ 2018 年增速相对减缓。

（二）国外著名文化区

纵观世界各大城市，无论历史悠久的伦敦、巴黎，还是相对年轻的纽约，各具特色的文化区都广泛存在。一个城市能否成为世界级城市，功能强大的文化区已然成了一个基本的评判标准。城市文化区内容的丰富程度、文化区的知名度及其为整个城市带来的经济收益和城市景观形象，都是衡量一个城市文化魅力的具体指标。例如，纽约的百老汇不仅聚集了世界上最优秀的歌舞剧、音乐剧和舞台剧等的表演艺术家、创作团队和机构，不仅使得百老汇成为音乐剧的代名词，也创造了独具特色的"不夜城"城市街景；巴黎的红磨坊、左岸，成了巴黎的文化代名词，它不仅向全世界展示了巴黎的形象，也影响了巴黎人的文化气质和城市面貌。

（1）美国纽约百老汇：

指的是百老汇大道（Broadway Avenue），为纽约市重要的南北向道路，南起巴特里公园（Battery Park），由南向北纵贯曼哈顿岛。两旁分布着为数众多的剧院，汇集了 Park Theater、NederlanderTheater 和 Broadway Theater 等著名剧院，是美国戏剧和音乐剧的重要发扬地，与位于第 42 街的"时报广场"（Time Square）仅几分钟的步行距离（图 6-9）。百老汇大道 44 街至 53 街的剧院称为内百老汇，而百老汇大街 41 街和 56 街上的剧院则称为外百老汇，内、外百老汇的区别除了位置的不同外还在于演出的内容不同，内百老汇上演的是经典、热门和商业化的剧目；而外百老汇上演的则是有实验性、探索性以及低成本剧目。"歌剧魅影""猫""狮子王"
等经典剧目常年在这里上演；韦伯、莎拉·布莱曼等世界最著名的戏剧家、明星常常
在这里出现，使得百老汇甚至纽约具有了强大的吸引力。

百老汇带来的经济收益和影响力也是巨大的，依靠票房收入每年高达 10 亿美元
（不算带来的旅游、餐饮、购物收入等），观众人数每年递增 3%，其中 60% 的以上
是来自纽约以外或国外的人群，百老汇成为纽约旅游的一项必需内容。作为纽约市文
化产业中的支柱之一，"百老汇"诠释的了以文化带动经济发展的模式，以及文化塑
造城市形象的功能——纽约不再是粗鄙的、金钱至上的文化沙漠，为建立纽约甚至整
个美国形象都起到重要作用。

图 6-9　百老汇大街夜景
图片来源：作者拍摄。

因此，"百老汇"实际上有三个含义：第一个是地理概念，指纽约市时报广场附
近 12 个街区以内的 36 家剧院；第二层含义是文化概念，指的是在"百老汇"地区进
行演出的内容；第三层含义是经济概念，指的是以"百老汇"为代表的文化产业模式
和机构。它不仅代表着戏剧和剧场最高的艺术和商业成就，而且代表着一种城市文化
和城市景观，其五颜六色的、巨大的霓虹灯招牌、广告等等是纽约"不夜城"形象的
集中体现。

（2）法国巴黎左岸：

"左岸"（La Rive Gauche）是地理上的一个区域的泛称，位于塞纳河南岸的圣

日耳曼大街、蒙巴纳斯大街和圣米歇尔大街，一个集中了咖啡馆、书店、画廊、美术馆、博物馆的文化圣地。与右岸（法国人习惯将塞纳河北侧叫做右岸，南侧叫做左岸）汇聚了卢浮宫、橘园美术馆、浮日广场、大王宫等王宫府邸、高档商业大街组成的权力和经济中心不同，左岸除了一些零星的民居外，主要有几所大学：索邦大学（后更名为巴黎大学文学院）、三语大学（后更名为法兰西大学）、四国学院（后更名为法兰西学院）以及作为世界四大美术学院之一的巴黎国立高等美术学院，以及著名的奥赛美术馆——作为法国乃至整个欧洲的艺术文化遗产而存在，见证了整个欧洲美术的发展。而且由于当时学院的师生必须学会拉丁语，并用拉丁语写作、交谈，所以这一个区域也称拉丁区，也就是左岸最早的、由知识分子构成的区域。

由于 1682 年路易十四迁居凡尔赛宫并作为王宫，巴黎左岸成为去凡尔赛宫必经之地，让左岸成为进入发展快速期。当时的贵族和名流来此建造公馆，逐渐成为上流人群和文化知识界人士的聚集地，无怪乎人们诙谐地称"右岸用钱，左岸用脑"，形象地概括了其经济和文化内容（图 6-10）。

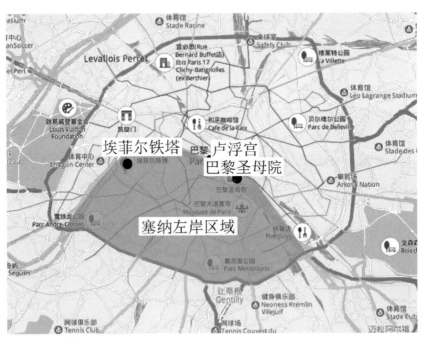

图 6-10　巴黎左岸区域位置
图片来源：作者绘制。

于是和这几所大学相关的各种书店、出版社、小剧场、美术馆、博物馆、画廊等逐渐出现，并且围绕这种文化产业内容的社交和经营场所也应运而生，咖啡馆、酒吧遍布左岸的各个街区，成为知识文化人士的重要社交和聚会场所——这里不仅是众多艺术家、作家、诗人、画家、思想家寻找灵感、交流思想的地方，诞生了著名的艺术作品也滋养了文学家海明威、萨特、加缪等，成为法国最强大的文化、思想发源地，并最终形成独具特色的巴黎街头咖啡馆景观（图6-11）。延伸到人行道的遮阳篷、室内外贯通的空间、专为路边咖啡设置的室外照明灯具、花池围栏、美术字招牌等，塑造了别具巴黎韵味的城市生活内容和场景；即使是在较冷的天气里，许多人依然选择坐在外面，一边喝着咖啡，一边欣赏着往来的人群和街景。

图6-11　巴黎左岸咖啡馆街景

图片来源：作者拍摄。

如今，左岸已成为巴黎的文化名片，成为世界各地的人们旅游到访的重要目的地，向全世界传递着其文化信息，彰显了巴黎的文化地位。因此，左岸同样兼有地点和文化的含义。

纵观世界级大都市，可以看出文化艺术区已成为其不可缺少的、必需的城市空间和功能组成部分；而其文化产业的实力，也是其经济持久发展的深厚动力。这是由于文化艺术区不仅为所在城市（国家）提供精神营养，也代表了城市的文化形象和地位，是城市最宝贵而独特的景观文化现象。

（三）北京文化区的主要特点

北京的文化区除琉璃厂街以外，虽然历史不如西方城市那么久远，但其发展规模和速度却令世界瞩目，概括起来具有以下几个特点。

1. 国家性、国际性

首先，北京作为中国的首都，其独特的经济和文化地位使得其影响力和吸引力可以辐射全国甚至世界；而其政治地位则使得它有更多国家级和世界级文化项目的机会，并通过这些文化项目吸引了众多优秀艺术家集聚于此，形成了极强的人才优势和社会竞争力。同时，其便利的交通（与世界主要城市都有直飞航线），使得北京的外国人数量居于全国城市之首；这些外国人不仅在此从事外交、民间交流、商务活动、教育会议、旅游、工作等，也带来了文化的深层次交流；其中的许多使馆人员和大学师生干脆改行直接从事文化艺术行业，有的甚至是北京最早的画廊经营者和艺术收藏家，如现在位于 798 艺术区的索卡艺术中心和曾经位于东便门城门楼内的红门画廊，都是由外国人创办并经营的。由于西方国家艺术市场远较我国成熟且历史久远，这些外国人既从北京艺术市场从零的起步中获益颇丰，也成为北京艺术消费的引领者和中国艺术家走向世界的重要推手。

2. 文化内容的丰富性

作为六朝古都的北京，不仅有着深厚历史文化，也汇聚了来自全国各地的艺术家、学者、文化机构等；也随着国际交流频繁成为世界的中心之一，不同国家和文化背景的人们都能在此安居乐业，因而逐渐形成文化形态上的多层性和丰富性——如当代先锋、实验艺术与国画并存、歌剧和京剧并存、中餐和西餐并存的现象，而且各自有不同的消费人群，并且由于这种"共生"关系而起到互惠互利的作用，共同推动了北京艺术市场的发展和繁荣。反映在文化区上则是不同的经营内容和景观风格，都使得北京城市景观具有多层次性、丰富性和复杂性，既有国际最前沿、最具探索性的艺术展览，也有稳定的传统艺术受众，从而大大增强了其文化魅力。

3. 消费人群从外国人为主向本土化转变

随着国民收入的不断增加和消费升级，人们对精神、文化的追求也逐渐上升，同时也受到外国人的影响，使得越来越多的国人走进文化艺术区并进行文化和艺术消费。艺术投资、消费的人群从最初的高收入人群逐渐向本土化扩展，且文化消费内容和层次也更加多元，不同收入水平的人群都可以支付得起。这种文化、艺术消费的大众化、普及化不仅带来了文化创意产业和艺术市场的发展，且提高了人们的审美眼光和艺术品位，并体现在其衣着、行为举止及其生活环境之中，城市景观环境品质不断提升。

（四）北京主要文化艺术区影响因素

北京文化艺术区的风格特点与其规模、位置、内容及其建立的背景、时间、经营模式和所有权等因素密不可分；其综合发展状况受到如下几方面因素影响：位置、租金、交通、建筑和空间风格形式以及政府的作用（图6-12）。

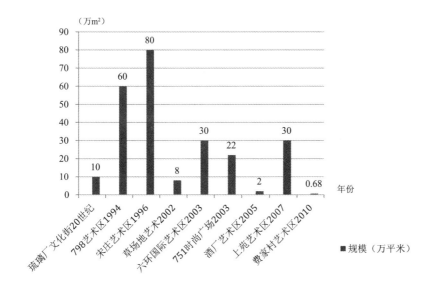

图 6-12　北京文化艺术区形成时间和规模
图片来源：作者绘制。

1. 租金价格

文化艺术区的租金价格决定了艺术区的机构或人员构成，从而影响了其整体风格特色与经营状况。租金价格首先和位置直接相关，一个普遍的现象是越是靠近市中心租金越高；其次，租金价格还与周边区域的产业成熟度、交通基础设施完善程度以及产业集群程度相关。而租金因素使经济实力越强的机构或个人越能支付较高的租金，这和房地产市场的规律基本一致。

经济尚不发达的 20 世纪 80 年代自发形成的圆明园艺术村、宋庄小堡村、798艺术区就是由于低廉的价格而吸引了低收入的美术学院师生、自由艺术家以及来自外地的未成名艺术家，这些人成为北京艺术最宝贵的资源。但是，随着城市化的发展、艺术区名气越来越大，租金价格不断上涨，迫使许多艺术家向别处寻求能支付得起的工作室。以798租金为例（图6-13），从最初的0.3元每天每平方米到2018年的8.5元每天每平方米，甚至十几元每天每平方米。文化艺术区越发成熟，其租金越高，不到30年的时间，租金翻了十多倍。高租金迫使很多艺术家搬离798艺术区，取而代之的是具有较强经济实力的艺术商业机构和服务机构，如画廊、设计公司、艺术衍生品商店和餐厅等。

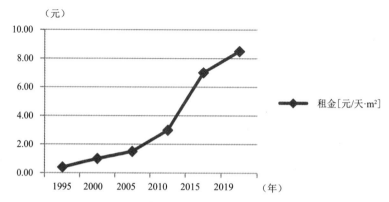

图6-13　798艺术区租金变化图

数据来自租赁网站58同城。

2. 位置与交通

最初自发聚集形成的艺术区基本位于离城中心不太远的城郊接合部（如圆明园艺术区），或邻近艺术院校的地方（如798艺术区距离中央美术学院距离约4km）。随着城市范围的不断扩大、交通基础设施的不断完善、租金不断上涨等，新出现的艺术区逐渐向城外延伸，甚至到达六环以外，距离市中心（天安门）44km的地方，如昌平兴寿镇上苑艺术区。总体来看，位置从中心向外扩展，也和城市范围扩展相一致（表6-2）。

艺术区和城市的位置关系　　　　　　　　　　　　　　　　　　表6-2

艺术区名称	落成时间（年代）	地点	位置
琉璃厂文化街艺术区	20世纪初	北京市西城区和平门外	二环外
798艺术区	1994年	北京市朝阳区酒仙桥街道大山子地区	东四环外
宋庄艺术区	1996年	北京市通州区小堡村	东六环外

艺术区名称	落成时间（年代）	地点	位置
六环国际艺术区	2003 年	北京市昌平区小汤山镇阿苏卫村	北五环外，六环内
下苑艺术区	2007 年	昌平区兴寿镇	北六环外
一号地国际艺术区	2010 年后	北京朝阳区崔各庄乡何各庄村	东北五环外，六环内

交通的便捷性一定程度决定了艺术区的繁华程度和艺术家对艺术区的选择。以宋庄为例，其距离天安门的距离为 28.7km，驾车时间约 90min，且有公交系统到达，如地铁 1 号线从天安门东站到八通线通州北苑站站，再坐通 2 路公交车 17 站到达宋庄，所需时间约为 180min。

同时，位置和交通也影响了文化艺术区的内容，798 艺术区由于位置在四环五环之间，且交通便利，现在也成了旅游区，带动了许多延伸产业的发展，如特色餐饮、咖啡、甜品店、购物、商业活动等。

3. 园区及建筑空间形式

不同内容定位、不同特色的文化区对于建筑空间和园区的尺度、形式有所不同：以艺术创作、展览展示为主要功能的文化区需要较大的室内空间、自然采光、通畅的艺术品运输通道等，具体反映在空间的尺度、开窗、入口尺寸、园区内交通的流畅，以及园区与外界交通的便利性等方面；而以经营、设计以及衍生服务为主要功能的文化区虽然对空间尺度要求不那么严格，但更看重客流进出的方便程度。

以纽约 SOHO 区为例（SOUTHOFHOUSTON 的缩写），使其再生的并不是开发商或城市规划者，而是艺术家们。由于廉价的房租和宽敞的空间，20 世纪 60 年代，一些主要由画家和雕塑家组成的艺术家陆续非法搬进 SOHO 区，把这些空置的工厂变成工作室——由此掀开了将废旧工厂改造为艺术家工作室的序幕，并进一步形成文化创意产业园区，这一模式也成为国内外许多城市工业遗产保护更新利用的一种常见模式。而工业建筑本身也成为文化区的特色之一。

北京 798 艺术区就是这种情况，厂房建筑空间高大、宽敞，顶部和侧面有窗户进行自然采光；空间大因而功能适应性强，适应不同类型活动和艺术形式，尤其是大尺度的当代艺术作品的创造和展示。新建艺术空间虽然风格形式各异，但也基本遵循了大尺度和适当自然采光的原则（图 6-14）。

 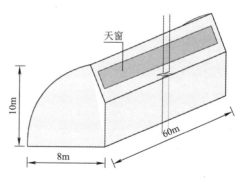

图6-14　798工业厂房建筑空间形态
图片来源：作者拍摄。

中国传统艺术作品由于本身尺度较小（图6-15、图6-16），且由于材质原因可能造成的光损害，因而不仅空间尺度较小、尽量减少自然采光从而避免紫外线辐射，而且需要采用具有防护功能的照明器具。

图6-15　琉璃厂北京画店外立面
图片来源：作者拍摄。

图6-16　荣宝斋艺术画材店内空间
图片来源：作者拍摄。

4. 政府推动作用

首先，北京市政府根据城市规划需要，对艺术区进行产业化定位、匹配式布局。例如创新提出规划建设文化创意产业功能区的战略构想，《北京市文化创意产业功能区建设发展规划（2014～2020年）》提出优化完善区域功能定位和产业空间布局，着力建设20个文化创意产业功能区，明确"一核、一带、两轴、多中心"的总体空间格局。

其次，政府通过金融手段，激励艺术区在正确发展模式上形成更好发展，提出"加快建设文化创意产业信贷、担保、产权交易、投融资等金融服务平台；引导银行、担保等金融机构与文化创意产业加强联系、开展合作；建立健全文化创意产业金融评估体系和信用体系等配套措施；建立文化投融资平台，积极探索版权质押、风险投资、股权投资等多种文化金融服务方案；引导不同所有制形式的金融资本聚集，构建支持北京市文化创意产业发展的金融支撑体系"[1]。以 2018 年为例，北京市文化旅游局积极响应《文化和旅游部文化产业司关于 2018 年度"文化产业双创扶持计划"申报的通知》，通过遴选后每家给予 10 ～ 20 万元资金扶持，并在文化产业双创工作中给予重点关注和推介。同时，每年每个区县也出台相应的鼓励政策，从人才引进、工商注册、办公地租赁、税收上给予相应的扶持；对于符合区域产业定位的企业给予相应资金奖励并扶持企业举办或者承办国际性文化产业活动等。

二、园区建设

从技术层面来说，一个文化艺术区是否成功、良性运转并最终对城市起到文化营养供应器的作用受制约于多方面因素，概括起来包括以下四个方面：（1）城市规划；（2）园区规划及建筑风格；（3）运营模式；（4）产业链和产业辐射。

（一）城市规划

城市规划的因素主要体现在当地政府的支持力度、周边产业配套及基础设施建设等方面。自发形成或由企业机构主导的文化区在这几个方面都存在不同程度的问题，因而直接体现在文化区的经营、对艺术家的吸引力及其社会影响力上，如上苑艺术区（桥梓艺术公社）和六环国际艺术区等。

1995 年随着北京著名的圆明园画家村解散，促成了以圆明园艺术家为主力成员的集体大迁移，位于昌平区的上苑艺术区便是其迁移的主要目的地之一。在入住的艺术家中，既有钱绍武、田世信、徐仁龙、贾方舟等 40 余位国内知名艺术大师，也有洪晃、万纪元等艺术界的知名人士和网络名人，因而迅速在艺术圈内积累了人气，并得到当地镇政府的重视。2009 年，上苑艺术家村在兴寿镇政府的帮助下，举办了开放联展。经过十多年的发展，这座在昌平区兴寿镇下苑村诞生的艺术家群落，已经从最初以 30 位画家为主体的"上苑画家村"，发展成为有雕塑家、书法家、诗人等约 150 位艺术家在此居住、创作和生活的"上苑艺术家村"；其中的"上苑艺术馆"提

---

[1] 引自《北京市文化创意产业功能区建设发展规划（2014–2020 年）》。

出以推介、自主国内外艺术家为主要宗旨的"驻场艺术家"项目。为了给艺术家们一个良好的生态环境，吸引更多艺术家来到上苑，兴寿镇政府加大了对村庄生态建设的投入，先后出资 500 多万元，为上苑村和下苑村进行了上下水改造、改厕、污水标准化处理等工程；硬化了村庄里的道路，修建了一座公路桥。

但是，在经历了短暂的兴奋和繁荣之后，由于生活配套设施缺乏、基础设施不完备（如未接入城市暖气管道导致冬季取暖昂贵，加上建筑本身质量不达标保暖性差，全年实际上只有八个月能够住人）、周边没有相关配套产业等因素，再加上路途较远，来访的人较少，一些艺术家逐渐搬离此处，直到现在多数房子空置（图 6-17）。

而宋庄艺术区虽然最初是由艺术家自发聚集而成，但后来纳入北京市总体规划的一部分，又随着通州成为北京副中心，进一步促进了其发展，成为目前北京规模最大的综合性文化艺术区（图 6-18）。

图 6-17　上苑艺术区破旧的生活环境及设施　　图 6-18　宋庄小堡村艺术家基地
图片来源：作者拍摄。　　　　　　　　　　　图片来源：作者拍摄。

（二）园区规划

艺术区的长期健康发展也有赖于园区内部规划的合理性、针对性和风格特色等。园区建设规划的实施通过空间布局和建筑风格来表现，空间布局决定了整体布局和交通流线，而建筑风格则与艺术形态和功能需求匹配并相适应。

从实地观察调研来看，运行良好的艺术园区内的交通形式以步行为主，空间没有死角，步行的动线将串接着艺术区内的各种艺术创作空间和展览空间与相关和服务产业设施串联；空间布局既符合人群行走的规律、满足停留观赏、驻足休息的各种不同需求，也是艺术品的室外展示场所（图6-19）。艺术区的空间布置是点、线、面的综合分布，"点状"的单体艺术、"线状"的交通通道和"面状"的建筑体和建筑群落（图6-20）。四种不同风格文化艺术区比较见表6-3。

图6-19　798艺术区内室外展示艺术品

图片来源：作者拍摄。

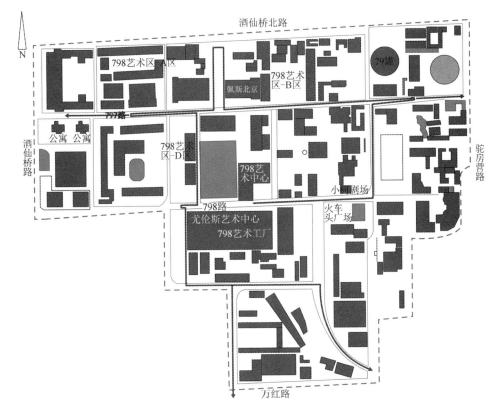

图6-20　798艺术区空间形态布局

图片来源：作者绘制。

四种不同文化艺术区比较 表6-3

艺术区名称	园区设计	规划特征
宋庄艺术区	以现代主义风格为主，园区分批设计，划分若干子单元，根据子单元的定位和地势、地貌结合设计	按照美术馆、艺术工作室、画廊艺术机构、配套服务设施、艺术构筑物。其中对美术馆、艺术工作室、画廊按照大、中、小型进行规划设计
798艺术区	园区以现代主义（包豪斯）工业厂房为基础，辅助现代化建筑物、构筑物，作为园区内建筑补充	以工业厂房改造来满足使用条件的艺术工作室，在此基础上进行其他规划建设，保持整体风貌不变
琉璃厂文化街	园区呈"线"状，建筑以复原清代和仿清代分布在街道两侧	按照传统文化产业类型来规划和利用
酒厂艺术区	以工业厂房为基础的现代主义风格改建	以工业厂房改造来满足使用条件的艺术工作室

（三）运营模式

运营模式是基于艺术区规划建设基础之上的管理模式，艺术区的定位和运营管理是艺术区发展的核心要素。目前艺术区的运营模式主要有两种类型，一类是宽松型模式，一类是规范型模式。

在宽松型模式下，园区业主除了收取租金盈利外，对租户没有管理、服务的功能，也不会造成约束。这种模式有一些类似以前的自发形成区，租户各自为政，业主和租户之间是松散的关系；这种模式下通常是没有统一的业主。这种模式适合实力雄厚、历史悠久的机构，使得机构有充分自主发挥的空间，但也很可能造成一家独大、产业链不够健全的情况。如琉璃厂文化街的荣宝斋，由于其实力雄厚、品牌历史悠久、早已形成完善的产业链，基本占据了西琉璃厂街，带动了一批相关上下游产业聚集，也是琉璃厂街长期兴盛不衰的核心，成为琉璃厂街的地标，并对其他同类型机构起到聚集效应，从而形成了强大的区域文化和经济力量。这和国外历史形成的文化区是一样的，虽然文化区内各个机构之间会形成竞争关系，但其聚集效应所带来的收益和人流量，远远超过单独的机构，无论这个机构本身多么强大。这个规律和CBD、商业街是一样的，就如华尔街聚集了金融机构、百老汇聚集了众多剧院一样，不同机构之间总体来说是一种互惠互利关系。

规范型模式则有一套完整的制度规范，从前期的装修标准到运营内容是否和艺术区整体定位相符合等，这样的模式突显艺术区总体的运营规划思路，其内部各个单体是系统的一部分或者是相关产业链的一个个环节；业主常常也是园区管理者，除了收取租金外，还提供多种服务，如物业维修、安保、保洁，甚至推广、宣传等。这种模式与政府产业政策更契合，通常是在国家产业政策规划之下，不会出现违背区域产业政策的产业存在。艺术区在成立之初就应该有一套完整的运营模式管理体系来指导艺术区的发展，如此规划其目的首先在于吸引更多优秀的艺术家和机构入驻；艺术家是艺术区发展的动力，优秀艺术家带动更多人际关系进入艺术区，让艺术区形成良性循环发展；另外，良好的运营模式有助于促进产生更多优秀的艺术产品，引领城市文化发展。

未来无论哪种运营模式都应为艺术家提供良好的基础服务和增值服务，基础服务为艺术家提供舒适的创作空间，有些创作空间甚至需要进行定制；增值服务体现在提升艺术家的艺术作品价值，进行艺术品金融和保税仓储等。

（四）产业链和产业辐射

"区"（district）具有两层含义，一是空间尺度概念，意味着具有一定规模的区域范围，能够容纳多个、多种机构汇聚于此，也包含社区的特点；二是在这个区域范围内包含多个个体或机构，而不是只有一个或少数几个，并且它们之间能够形成上下游产业链条关系。

1. 产业链

产业链（industry chain）"是产业经济学中的一个概念，是各个产业部门之间基于一定的技术经济关联，并依据特定的逻辑关系和时空布局关系客观形成的链条式关联关系形态。产业链是一个包含价值链、企业链、供需链和空间链四个维度的概念。这四个维度在相互对接的均衡过程中形成了产业链，这种'对接机制'是产业链形成的内模式，作为一种客观规律，它像一只'无形之手'调控着产业链的形成"[1]。产业链中大量存在着上下游关系和相互价值的交换，上游环节向下游环节输送产品或服务，下游环节向上游环节反馈信息。完善的产业链不仅有利于企业成本的降低、激发新企业的出现、促进企业间竞争与合作的关系、创新氛围的形成，也有利于打造"区

---

[1] 百度百科。

位品牌"，并最终更好地推动区域经济的发展。产业链中的各个部门相互联系和制约，各部门间只有通过"合作、开放、共赢"才能生存和发展。

任何产业（文化产业也不例外）的良性发展都离不开产业链条上的各个部门的协作，只有协作中的产业链其上下游之间才可以实现模式上的闭环和利益上的共赢，每个部门方可获利，整个产业才能实现市场最大化价值。产业链的生产、市场经营、销售和售后服务将政治经济学原理中的生产、分配、交换、消费四要素联系起来，那么文化艺术园区通过产业链将艺术品创作、制作、宣传推广、经营、材料供应、生活服务、教育等联系起来——是"一体化产业链"模式，旨在通过向产业链的上、下游相关行业／产业延伸建立起协作分工，环环相扣的链条，最终实现文化产品产业链的价值转换（图6-21）。

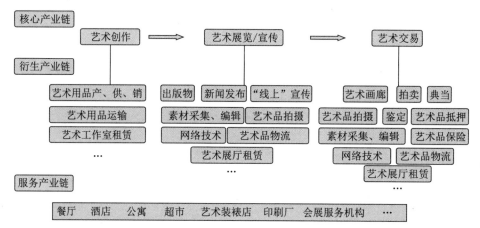

图 6-21　艺术区的产业内容和产业链
图片来源：作者绘制。

每个成熟产业的产业链，都有其核心产业，以及由核心产业衍生出的衍生产业及为产业提供服务的辅助产业。以艺术产业为例来看，艺术品的创作、展览和交易消费是其核心产业链，它串联了艺术家、艺术宣传机构和艺术交易中心等分项产业，正是由于这些分项产业的协同运作，才保证这条核心链条的有序运转；这些分项产业中又有若干个子分项产业集群构成，如艺术宣传，既可以通过传统媒体，也可以通过新媒体和自媒体；其方式既可以是数字产品如摄影和摄像，也可以是纸质出版物，纸质出版物也需要有摄影提供的图片素材，这就可以看出在产业链中存在着产业的交织和融合的网格交叉现象。服务产业链是任何产业都需要的，如餐饮、住宿、酒店、交通出行等。这些衍生产业链和服务产业链既可以独立存在，也依附于核心产业链的庞大市场，带动其加速发展。

2. 产业辐射

产业辐射是一种经济现象，是以"产业经济学、区域经济学作指导，研究产业之间以经济能量传递为纽带，相互影响、相互联系、相互支持的发展变化规律的理论"[1]。是产业之间以能量传递为纽带，相互影响、相互联系、相互支持的发展变化规律，具体来说是指产业通过物质、资金、技术、信息、劳动力等交换发生经济能量的转移而引起相关产业或区域经济的发展变化。产业辐射具有层次性，表现为以核心（骨干）产业为辐射源由许多辐射枝或者辐射链构成，每条辐射源从核心辐射开始由近及远向外辐射，可以将辐射层次划分为紧密、过渡和松散三个。例如 798 艺术区形成了中央美术学院 –798 艺术区 – 环铁艺术区 / 索家村艺术区 / 费家村艺术区 / 酒厂艺术区等，由于 798 是最早开始艺术区的发展，因此其和中央美术学院这样的艺术教育单位的关联度最高，也成了紧密层，其他艺术区由于成立较晚以及特色和产业链不如 798 艺术区完善，有的是从 798 艺术区疏解过去；因此，他们成了过渡或者松散层级（图 6-22）。

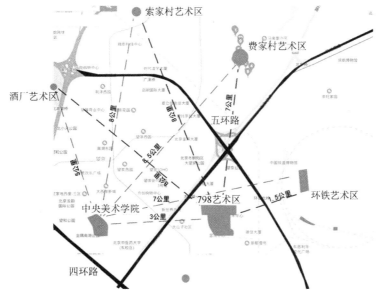

图 6-22　798 艺术区辐射发展

图片来源：作者绘制。

---

[1] 任一鑫，王新华，李同林著. 产业辐射理论. 北京：新华出版社，2008 年 09 月，第 9 页。

在产业辐射范围内，也有产业的衍生和派生，他们让艺术区变得具有活力和丰富性。文化艺术区向周边进行文化辐射的同时也带动和影响了其范围内及毗邻区域的服务产业，最直接带动的是餐饮类服务和各类型的商超及物流、配送，也有商务办公和各档次酒店等，他们辅助文化艺术区的发展，为艺术区提供配套服务（图6-23）。形成规模化的艺术区，不仅对相关产业的发展有带动作用，对于房租和房价的上涨都有一定的联系。

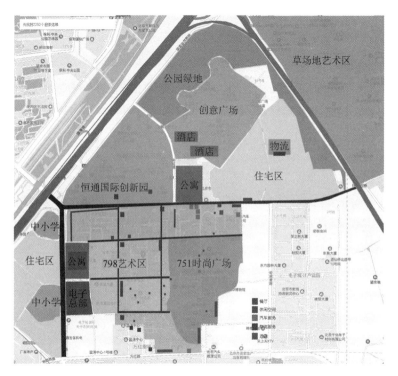

图6-23　艺术区周边的相关产业服务

图片来源：作者绘制。

因此，如果说产业链是文化艺术区自身长期发展的基本保障，产业辐射则体现了这个"区"在中观层面上对周围城市区域的影响，以及多个"区"在整个城市的宏观层面上如何形成完善的"产业链"，从而达到整个城市的长期健康发展。而文化艺术区对城市文化和景观的贡献也是通过它们来实现的，是内涵和外延的关系。

三、北京艺术区主要模式

通过分析北京现有的文化艺术区，综合考虑其形成方式、运营管理模式、艺术风格及空间形态等要素，可以概括为三种模式，分别是 798 模式、琉璃厂模式和宋庄模式。

（一）"798" 模式

798 艺术区位于北京朝阳区酒仙桥街道大山子地区，故又称大山子艺术区（英文简称 DAD – Dashanzi Art District ），原为原国营 798 厂等电子工业的老厂区所在地，并因此而得名。西起酒仙桥路，东至酒仙桥东路、北起酒仙桥北路，南至将台路；面积 60 多万平方米，因当代艺术和生活方式而闻名。因此，798 除了是一种地理、区域概念，也是一种文化概念，以及 LOFT 这种时尚的居住与工作方式，简称 798 生活方式或 798 方式。

随着 2001 年 10 月 17 日中央美术学院搬迁至望京大山子新址，拉开了 798 快速发展的帷幕。一开始是美院师生们到学校周围寻找工作室空间而发现附近的 798 厂区，并成为第一批入驻艺术家；又由于其地理位置交通方便，经东五环到达首都机场非常便捷，以及美院师生的带动作用，798 很快吸引了来自全国和国外的艺术家。随着人员数量增加和影响力的增强并产生规模化经济效应和社会效应后，逐渐被政府认可并开始对其进行产业和政策等方面的扶持，从而形成一整套服务、经营管理、产业和形象定位等的运营和管理模式。并由以利用旧有工业厂房建筑创作现、当代艺术为主的艺术家聚集区，逐步扩展到艺术品交易、艺术设计、展览、演出、商业推广活动等文化产业相关领域，同时其他文化艺术金融产业、旅游业等相关辅助行业发展完善推动其从文化产业链转向文化产业经济价值链。

因此，概括起来，798 模式就是指由艺术家自发聚集形成后，有统一管理和服务机构，并纳入政府区域产业规划的模式。

1. 产业内容与管理模式、产业链

在 798 艺术区从最初自发形成到成立 798 管理机构、从艺术家决定到管理机构统一进行园区管理和规划的过程中，也逐渐将产业内容和产业链纳入战略发展规划，形成 798 艺术区的整体品牌。

（1）产业内容

艺术区形成了以现、当代艺术为核心创作，融合展示交流活动、画廊交易等的全

产业链的文化艺术区，为了适应社会发展需求开始加强产业链服务，形成了集合创作、宣传、销售整体服务的售后宣传体系。为了增添艺术区的文化产业粘合度，在发展过程中新增了艺术设计、艺术展览策划、艺术中介机构等，围绕艺术区的第三产业如餐饮、住宿、咖啡厅等也陆续进驻（表6-4）。

798 艺术区产业内容及人群　　　　　　表6-4

798 艺术区	产业内容 1	产业内容 2	产业内容 3
	传统创作、展览的宣传	画廊艺术机构的中介	互联网艺术品平台
带动行业	各类艺术创作材料提供、媒体行业、制作行业、印刷行业、展览展示行业等	艺术品交易中心，艺术品收藏机构、仓储中心、银行艺术品机构	IT 行业、新媒体行业、互联网金融支付行业、银行
带动人群	艺术家、策展人、各类服务人群、产业工人、媒体宣传者等	艺术品经理人、艺术品评估师、库管等、私人银行大客户	编程、新媒体制作、编辑人员、银行职员等

（2）管理模式

798 艺术区的管理模式是政府指导、业主单位统一协调和指挥，艺术区内的各个艺术机构积极参与和配合，形成了三方协同化模式，从最初的自下而上的自发聚集形成到结合政府的自上而下政策指导与规划（图6-24）。

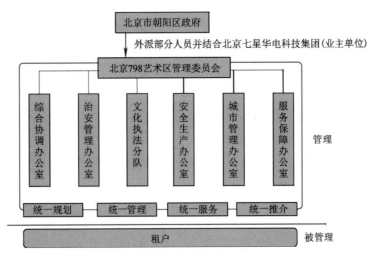

图6-24　798 艺术区管理模式

图片来源：作者绘制。

（3）产业链

798 艺术区的产业链是目前所有艺术区产业链最全的一个，也是较早开始艺术产业化的艺术区。目前由于 798 艺术区知名度较高，房租成本很高，大部分艺术家由于难以支付高额的房租而逐渐搬离，少部分成名艺术家由于其环境变得日渐喧闹不适合艺术创作也逐渐搬离。取而代之的是具有雄厚资金实力和经营要求的画廊、商业活动、艺术衍生品经营等机构，形成了以艺术设计、各种类型展览，时尚类活动、艺术品和文创产品销售及相关延伸产业为核心的产业链（图6-25），以及外围的生活服务产业如特色餐厅、咖啡厅、特色小吃店等。

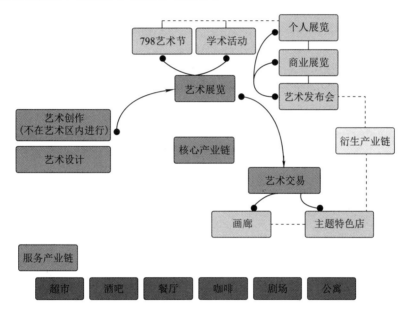

图6-25 798 艺术区产业链
图片来源：作者绘制。

2. 园区风格与建筑形态

（1）园区风格

798 艺术区风格保留了建厂时规划的道路交通布局，并在此基础上将之前没有连通的道路打通，形成环形，无死角；在运营过程中，因园区内活动的需要和氛围的营造增添了许多临时性、可变换的现当代装置艺术和展览艺术品（图6-26），打破了单一的工业遗址肌理（图6-27）。把园区的风格和产业内容形成一体。这些单体的艺术作品既可以成为园区标识的定位点，也能将艺术家作品进行分区展示。整体风格呈现以具有历史年代感的建筑物为基础，以具有活跃性现代艺术为主角，为单调的园区色彩和园区内规则的包豪斯建筑形式中融入了多彩和造型各异的艺术作品，丰富了园区内的景观视觉和文化氛围。

图 6-26　园区内的装置造型装点了艺术氛围

图片来源：作者拍摄。

（a）　　　　　　　　　　　　　　（b）

图 6-27　园区规划保留了原工业构筑物，让园区具有工业遗址的痕迹

图片来源：作者拍摄。

（2）建筑风格与形态

798 厂区建造于中华人民共和国成立伊始，由苏联援建、东德设计的包豪斯设计风格的工业大厂房，其建造标准高、抗震达 8 级，为了采光均匀，所有的窗户都开在北侧，这样的设计可以充分利用天光和反射光，不同于传统的建筑物的窗户朝南开窗的方式。正是由于这样的建筑特点符合了现、当代艺术对于光线的

要求，以及创作大型雕塑和绘画作品对于空间的需求。因此，艺术家进入此园区进行艺术创作时并未对建筑做过多拆改，目前所见的在原建筑檐口处往外加建玻璃桁架式结构玻璃屋，主要是因为商业发展需要更加开阔的立面视野以满足展示性需求。这些改造多出现在画廊、商业服务（咖啡厅、餐厅、甜品站等），仅有少数的设计类机构进行立面门斗处改造（图6-28）。由此可以看出建筑风格和形态因使用者的不同需求而发生着细微的变化，但是这些变化都是基于风格面貌统一的基础上（图6-29）。

图6-28　水平方向向外延伸形成门厅
图片来源：作者拍摄。

（a）　　　　　　　　　　　　　　　（b）

图6-29　798建筑室外、室内形态
图片来源：作者拍摄。

（3）文化艺术区的活动方式及对周边的影响

　　文化艺术区组织的不同活动，吸引了各类人群的参与和体验，带动了周围各相关产业的发展，辅助性的带动了产业区的产业链的完善。除了日常展览和短期论坛及交流等（表6-6）外，还有定期的活动如每年9月份的798艺术节等（图6-30）。

图 6-30　798 艺术节

图片来源：作者拍摄。

798 艺术区活动方式和频率及对周边的影响　　　　　　表 6-5

常见的活动方式	频率	对周边的影响
（1）室外、室内艺术展览（包括一些大型的雕塑、装置艺术通常都在建筑外展示）	频率高，几乎每天都有艺术展览、定期商业活动等	为艺术类高校提供调研、就业、策划展览等活动用地和内容
（2）798 艺术节		高档住宅和酒店入驻艺术区周围
（3）商业活动（商品展、推广活动、产品发布等）		形成辐射力带动周围的 751、环铁艺术区、草场地艺术区等
（4）旅游参观者，观光，欣赏，游览		带动餐饮市场和礼品销售市场

3. 对"798"模式的评价

798 是基于城市工业遗产保护利用基础上的现代文化艺术区，艺术区的文化脉络延续现代主义风格，无论从其"硬件"实体设施，如厂房建筑风格以及厂区内规划的道路和道路分级，还有厂房内承载的"软件"现代艺术风格氛围，可以看出几十年来文化延续的脉络，只是承载的形态发生了从物质形态建筑实体转变为艺术形态，影响着人们对于美和当代艺术的精神追求，并在此过程中丰富了区域经济并带动了相关行业的发展，将艺术区从文化产业链发展成为文化价值链。

艺术区是基于工业遗址的功能转变而形成，并保留了全部的工业厂房和工业设施构筑物（高大烟囱），因此，景观视觉上保持不变；随着艺术的接受度提高，很多艺术作品的陈列方式多样化，有些放置于工作室门前，有些做为公共艺术展示于交通节点上，丰富了艺术区的整体氛围，也改变了视线的连续性形成了一段段景观视觉节点，有种步移景异的感觉。同时，丰富的现代艺术的色彩也装点了包豪斯风格黑白灰的建筑底色（图6-31）。

图6-31　涂鸦带来了跳跃的色彩

（1）成功之处

798艺术区发展至今形成了独特的文化品牌，成为北京文化旅游目的地。其艺术种类多元化，从单一的绘画和雕塑艺术拓展到各类设计及其他艺术门类。从艺术创作到艺术运营和艺术品金融，带动了文化产业的快速发展，增加区域经济产值，并在国际上具有一定知名度和影响力，与国际一流的艺术馆（蓬皮杜艺术中心等）、画廊（高古轩等）、艺术博览会（迈阿密艺术博览会等）保持长期合作关系。

从景观方面来看，充分利用原厂区建筑密度较低的条件，不仅梳理了园区内交通层次，且开辟了多处大小不一的袋装节点空间作为公共活动和艺术品户外展示的空间，强化了园区的艺术氛围和个性，形成了当代工业遗产新的景观审美形式。

（2）不足之处

798艺术区发展成熟后，首先是租金飞涨，导致很多艺术家负担不起而搬离，艺术区人才流失现象明显。其次经营机构增加，盲目追逐市场经济利益，导致艺术区品质下降。再次是艺术区过于热闹，影响了艺术家的创作；同时游商增加，破坏了艺术区氛围，影响了整体经济构成。

（3）完善发展建议

第一，艺术区的租金按照经营内容进行差异化制定，将艺术创作和艺术经营进行比例划分；第二，对于商业形态从数量及规模及内容上进行控制，还艺术区以艺术创作的核心本质。

（二）琉璃厂模式

　　琉璃厂文化街是位于北京城南和平门外的一条东西走向街道，与南新华街相交，东侧称东琉璃厂，西侧称西琉璃厂，全长约800m（图6-32）。由于元明时曾在此设琉璃窑厂，并成为琉璃售卖的主要场所，故有"琉璃厂"之称，琉璃厂街也因此得名。清初古董商开始在此经营，清乾隆时（1736～1795）已成为古玩字画、古籍碑帖及文房四宝的集散地，中华人民共和国成立后这里更逐渐成为富有北京传统文化特色的商业街。

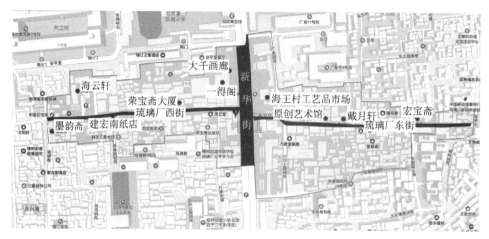

图6-32　琉璃厂文化街位置图
图片来源：作者绘制。

　　北京琉璃厂文化街既是一个文化底蕴深厚的传统文化艺术品交易场所，也是中国传统文化的历史缩影，其历史可追溯到辽代，明代以前和琉璃产业有关；到了清代，"旗民分成而居"的政策要求"汉官及商民人等尽迁徙南城"，由此在琉璃厂附近的宣南一带开始集中居住大量的汉族官员和文人学士，许多著名的学者文人都在这里留下了历史的痕迹。这些文人学士在这里的居住和交往，让琉璃厂一带的社会文化氛围极为浓厚。从清代开始，琉璃厂文化景观风貌逐步由前店后厂、沿街摆地摊过渡到固定店面以保持街巷风貌和服务品质，直到现代的琉璃厂文化街（图6-33、图6-34）。

　　因此，琉璃厂模式是指具有悠久历史并依托于历史文化的传承性而自发形成的、以传统艺术形式（书法、国画、古玩、瓷器、古籍、金石篆刻等）为主要经营内容的文化艺术区模式，其所处位置通常为城市中心区域或者在历史核心区

图6-33 古玩摊位
图片来源：http://www.sohu.
com/a/205723766_330268.

6-34 古董店
图片来源：人民画报：北京琉璃厂1962年。

内；建筑形态保持传统风格或者仿传统风格、内部空间相对有限也反向约束了其内部
活动内容的局限性；从管理来看较为松散，在政府政策的框架指导下，主要依赖市场
规律运行和发展。这种模式也影响了其园区和建筑艺术风格，并成为北京一道独特的
城市风景，长久不衰地吸引了大量国内外消费者和游客。

1. 产业内容与管理模式、产业链

（1）产业构成

琉璃厂文化街是北京最大的我国传统艺术品（书法、中国画）、工艺品的集散区，
园区内企业品牌和经营项目都是围绕着传统文化形式和相关内容而展开，如画材销
售、装裱、艺术品修复、中国书画展厅、西画展厅、艺术拍卖、典当、艺术品鉴定中
心、咖啡书屋、画廊、礼品店等。

（2）管理模式

琉璃厂文化街管理委员会负责琉璃厂文化街的统一管理，其管理模式较为简单，
承租方（机构）向管理委员会以书面申请的方式介绍经营内容和品牌。管理委员会依
据承租方提供的信息和经营内容进行审核，审核成功后承租方按照管理机构的相关规
定缴纳租金，承租方按照不破坏和保持建筑风貌统一性的基础上进行外立面和内部装
饰。在面对北京多个文化艺术区的不断兴起，以及年轻一代及消费人群的分流的情况
下，为了弥补"单打独斗"的不足，扩大琉璃厂文化街的影响力，商户们联合成立了
"琉璃厂文化产业发展协会"，共同探讨未来琉璃厂的发展，并邀请国际宣传机构"索
贝"对其进行整体品牌策划、宣传（表6-6）。

产业内容及经营管理　　　　　　　　　　　表 6-6

管理模式		经营内容		经营品牌	
行业管理（琉璃厂协会）	协会制度管理和会员单位制度，接受行业统一指导	各自按产品分类销售	艺术品交易	拍卖、典当、画廊销售	荣宝斋、大千画廊、中国书店、宏宝堂、清秘阁、华夏书画社等
日常管理	缴纳租金，对承租店铺整体形象管理（装修改造及日常使用）	形成产业链并通过品牌效应来盈利	延伸服务	咖啡书屋中西画展厅；装裱、修复鉴定、工艺品、创作材料、旧书、古籍、古玩	荣宝斋、槐荫山房；一得阁（墨汁）戴月轩（湖笔店）、翠文阁、槐荫山房；古籍书店、汲古阁、槐荫山房

（3）产业链

琉璃厂文化街的产业链涵盖了画材销售（笔、墨、纸、砚、章料等）、艺术创作、装裱、展览和销售，但是没有形成一条完整的产业链，主要是由于每个产业都是单独的个体或者机构在经营。只有西琉璃厂的荣宝斋形成了自有体系的产业链，西琉璃厂店铺基本被荣宝斋囊括，包含传统的画材销售和装裱，也包含了出版、培训以及新兴的典当和艺术衍生品，互联网"荣宝斋在线"等（图 6-35）。

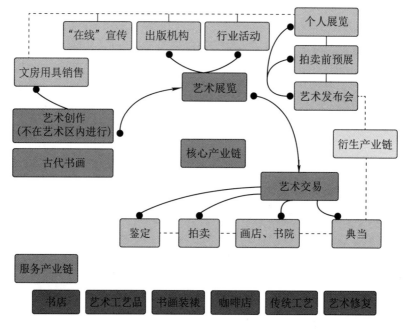

图 6-35　琉璃厂"荣宝斋"产业链
图片来源：作者绘制。

2. 园区风格与建筑形态

琉璃厂文化街完整保留了当时的历史风貌和街巷格局（图6-36），整条街区按照传统商业街的"前店后厂"布局，这种布局模式主要应用于传统商业中以手工作坊式生产格局，但产量不高、机械化程度低、自给自足经济下形成的空间格局。因此，其形态也适合于中国传统书画以及装裱等手工制作行业；园区以街道为中心轴线，其两侧对称式布置2～3层的传统风格建筑单体；街道宽度整体一致，在东琉璃厂段入口处较为宽阔，形成入口广场。各时期的发展都承载着社会变迁的历史过程，每一段都留下了文化发展的记忆。

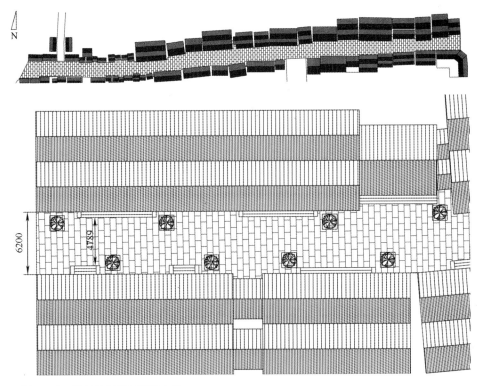

图6-36　街巷格局及局部放大图
图片来源：作者绘制。

从最初的手工作坊转变到市井文化市集和书市，再到传统文化艺术聚集地并形成了街区规模，历经800多年的历史变迁，琉璃厂的建筑形态也发生了变化，今天我们看到的是清末年间保留下来的总体街巷格局（图6-37），局部在2000年后进行过改造。形成最终我们现在所见的仿清代（在清代建筑基础上更新改造）传统建筑群。

园区建筑形态多是 2～3 层建筑（图 6-38），高度 8～10m，一层为开敞空间作为商业经营，二、三层为办公或者其他用途。建筑风貌保留清代建筑形式，建筑内部的空间格局以传统的柱网结构为主，内部各类设施已经完全现代化，建筑色彩为灰墙，红、黄、绿色等。

图 6-37　20 世纪初年的琉璃厂
图片来源：http://mini.eastday.com/
mobile/160623091518888.html.

图 6-38　仿清代建筑形式三层楼
图片来源：作者拍摄。

传统商业街区的商业建筑大体可分为院落式、天井式、独立式三种（图 6-39），其中第三种形式在琉璃厂较为常见，自清代以后琉璃厂街逐渐演变成现在的文化商业街区，并依然存在着大量的独立式传统商业建筑，也成了文化街鲜明的景观文化特色。

图 6-39　三种商业建筑形态
图片来源：王赫．历史文化街区公共设施设计方法研究．清华大学，第 49 页。

琉璃厂文化艺术区由于历史悠久，中国传统文化演变传承脉络清晰，街区内的品牌又有自己的市场知名度，不仅影响和带动了周边区域的发展，也成为传统文化和艺术爱好者聚会、交流、喝茶、聊天的场所，并衍生出相关的服务、辅助性产业。

3.　"琉璃厂"模式的评价

"琉璃厂"模式重在延续中国传统建筑艺术文化，通过建筑和艺术传递了城市的悠久历史；这种文化完全依靠人群的喜好而非政府作用下的推动，因为传统书画和装裱都是师徒间的心口相传，文化传递方式较为单一和稳定。整条文化区内的人们之间的沟通交流都有专业的"行话"和不成文的约定；这里的活动人群也相对固定"买家""卖家""掮客"和慕名前来参观的游客。

园区景观在基本保存传统商业空间格局、街道保留了最初建成时的宽度的前提下，对环境的使用品质进行了优化。如每隔一段的古树以树池的方式种植，地面以现代机制的青石板材料，路面没有高差变化，建筑单体依据每户的经济和产品定位不同有些抬高了三个踏步台阶，突显登堂入室的庄重感。但另一方面也是受制于既有空间格局和尺度，难以开辟户外公共活动和停留场所、并增添时代内容，另一方面由于传统艺术品本身不适合户外展示，因而街区景观依然以建筑、招牌、牌匾等形式构成（图6-40）。

图6-40 琉璃厂街区景观
图片来源：作者拍摄。

（三）宋庄艺术区模式

宋庄艺术区位于北京通州新城东北部，宋庄镇南部，规划面积 14.6km²，是北京目前最大的艺术区，其中 10.3 km² 在通州新城范围内。其交通优势十分明显，距离北京首都机场仅 13.7km，距天安门广场 28.7km，距离国贸仅 22.4km（图6-41）。其最初是 20 世纪 90 年代艺术家寻找便宜且交通方便的工作室自发聚集而成，随着规模扩张和艺术家数量的增加，艺术区从最初的租用民房转变为政府规划指导下的大型综合性艺术区。经过 20 多年的发展，宋庄集聚了一批优秀的艺术家和艺术机构。目前，宋庄艺术区内艺术从业人员有 15000 人、大中型美术馆 30 多家、画廊艺术机构 200 多家、工作室 4500 个，并成功举办了各类型展览和宋庄文化艺术节。

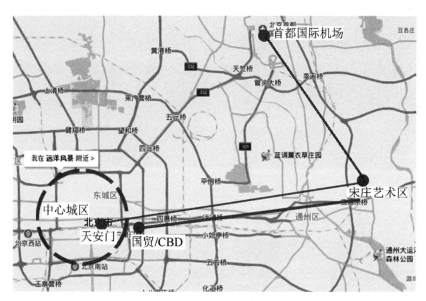

图 6-41　宋庄艺术区位置图

图片来源：作者绘制。

所谓宋庄模式是艺术家集群自发形成、具有了一定知名度和影响力后，纳入城市整体规划并进行大规模重建和引入现代化管理，完全抛开最初空间和运行模式，仅留下名称和产业方向不变。

最初艺术家们为了避免市内高昂的房租而将其生活和工作地点选择在城市的边缘区域；随着城市的发展，其边界变得模糊，也因为政府将通州区打造为北京"副中心"的规划，市政府机构迁到通州，因此需要对其周边区域进行清理、统一规划和管理，以形成与"副中心"相匹配的产业和空间格局。同时也是通过打造本区域文化产业的典范、组织各种文化艺术活动和大型博览会来提高区域国际文化知名度并带动区域经济增长。艺术区内部功能规划逐步改善并统一规划，提升区域整体风貌；从管理角度来看，从原来的自由发展到统一管理和协商有序。艺术品市场价值转化也逐年提升，带动小堡村服务业快速发展，区域经济增长迅速，并逐渐显示出艺术区带动城市区域经济转变的文化产业发展模式。

1. 产业内容与管理模式、产业链

（1）产业内容

以原创艺术为核心，同时结合艺术品的展览、展示、交易及文化会展、活动、艺术培训等，其产业内容从创作、制作加工到展示和销售的一体化产业链。核心的原创艺术伴随着宋庄艺术区已走过了20多年，从单一的艺术创作和销售，逐步多元化的结合展览、画廊机构、培训、宣传等多手段来推动转化。从产业内容来看，宋庄还是坚持以艺术家原创的发展动力来带动区域文化的发展同时带动新经济体的发展；而798艺术区则是完全通过商业化的模式来经营798艺术区的品牌，因此从产业布局来看，798主要围绕商业活动、展览、商业设计和策划来吸引人群并带动商业文化消费。

北京市政府搬迁到通州后，将对艺术区定位和产业规划进行了国际招标，对目前现有建筑进行综合性改造，并按照功能划分为日常办公区、展览展示区、咨询服务区和学习活动区等（图6-42）。

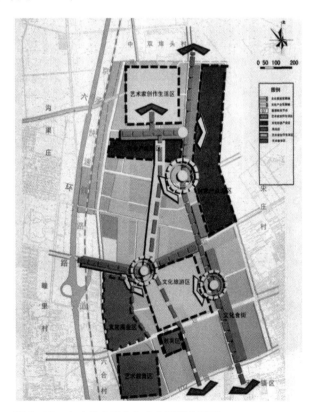

图6-42 宋庄艺术区文化产业发展分析图

图片来源：赵之枫、陈韶、张建. 小堡村的文化创意新村愿景. 北京规划建设，2006年第3期，第58页。

（2）管理模式

以市场为主导，政府作为政策指导和规划管理者，由政府牵头企业配合成立专门的管理和运营机构：宋庄艺术促进会和宋庄文化创意产业发展有限公司。宋庄艺术促进会是艺术家与政府双向沟通的重要桥梁；政府的引导作用是在提供产业布局总体控制、产业的合理化方面；管理机构则为艺术家和艺术机构提供日常服务、支持、协调、总体推广等，并对作品和活动内容进行审查。同时，艺术家都是以个人工作室的形式而集聚，管理上相对松散。宋庄艺术生态包括以美术馆为中心的公共文化服务机构、画廊、艺术家集群和艺术家工作室。

（3）产业链

宋庄艺术区由于是经过事先规划、多方论证，因而形成了完善的产业链，从创作到加工的生产过程的原材料（美术用品）提供，到作品成型后的装裱，进入美术馆（上上艺术馆、宋庄美术馆、东区艺术中心等）或者画廊展览，再到销售环节的画廊经纪机构或者直接对接终端客户等。在这条产业链中相关衍生行业链条也不可缺失，在宋庄教育培训产业是艺术区内最大的产业，它既承担着艺术类高考学生的培训，也服务于艺术爱好者，以及为了就业而开设短期技能培训班等；这里有着北京区域内最大的艺术画材店，各类型专业书店也分布其间，它们伴随在核心产业的周围；同时艺术区的快速发展也直接带动服务性产业的大发展，如超市、餐饮和住宿修车、洗车、物流、快递等（图6-43），这些服务机构也大大带动了地区就业。

2. 园区规划与建筑形态

（1）园区规划

由于宋庄艺术区的占地面积规模大，园区规划致力于改变原本破旧的农村住房和废弃的工业厂房，合理开发为可以利用的艺术工作室，新建（改扩建）区域道路，连通和城区的高速路；规划区域内功能布局，为五大板块，分别是艺术家自建区、规模化开发区、商业区、政府规划区、村民居住区（图6-44）。这五个功能板块都有相应的、各自不同的规划和建筑、景观风格。

在整体中又延伸成若干个子艺术区，这些子艺术区有的是依据地形地貌和历史面貌遗留而设立的，如国防工事艺术区；也有按照不同功能而设立，如原创艺术博览中心，则是以美术馆展览，艺术家创作的工作室为主体，主要功能是进行艺术展览、艺

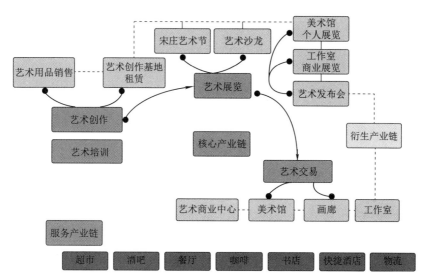

图 6-43 宋庄文化艺术区产业链

图片来源：作者绘制。

图 6-44 宋庄艺术区划分图

图片来源：作者绘制。

术品销售、艺术家交流以及供游客参观交流的综合性的平台。其共有 5 个展厅，每个展厅有一个配套的办公区，5 个展厅与大门围合成一个中心庭院。每个子艺术区都各具风格。

（2）建筑风格与形态

宋庄艺术家工作室最初是散落在通州小堡村的各处民宅中（图6-45），北京市政府搬迁到通州后，对宋庄艺术区总体风貌进行了国际招标。依据5个功能板块的定位、所有权、经营等的不同，其景观风格呈现出不同面貌特征，丰富了宋庄的景观层次和内容。

图6-45　宋庄最初的农民房，局部进行过翻修

图片来源：作者绘制。

如艺术家自建区多由个体艺术家长期租赁民房后进行改造以适合创作、生活、会友的需求，且由艺术家本人进行设计。虽然多数艺术家并没有经过正规的建筑设计教育，但这些艺术家工作室展现出各具特色的品位和创造性，给人带来的意外和惊喜使之本身就成为宋庄的一道风景（图6-46）。

而新建的公共空间由于其产业功能本来就是从国外引进，建筑设计都经过国内外公开招标，因而呈现出风格各异的当代风格，其配置上也与国外先进的同类型项目看齐（图6-47）。

（3）文化艺术区的活动方式及对周边的影响

宋庄艺术区的集聚以及艺术家的艺术创作、交流、展览活动带动了整个小堡村及周边的艺术氛围，并形成了以小堡村为中心往外辐射的艺术发展模式，这种发展模式推带动了宋庄地区乃至通州区域的文化和产业经济（如艺术商业化、培训产业化等），并带动服务类型第三产业（如餐厅、快捷酒店、画材供应销售以及各类劳动力需求等）的快速发展（图6-48）。同时，结合城市副中心的东迁，其影响不仅限于区域内部，同时也辐射到周边乡镇，为台湖文化演艺小镇和张家湾文化休闲小镇提供艺术创作基地和文化内容输送。

3. 未来发展之路

艺术改变了小堡村原本的乡村面貌，造就了这一区域的整体文化氛围提升和城市景观面貌改观，拉动了当地经济的发展和产业升级；室外的各种雕塑和装置艺术作为免费的艺术博物馆也成了标志性构筑物，丰富了景观视线和富有节奏的景观焦点。

伴随着北京城市的扩张和北京市政府的东迁以及疏解非首都功能、提倡文化自信，宋庄小堡村迎来了政府管理和统一规划下的城市规划新格局。市、区两级政府确定了打造文化产业的发展定位，根据2018年12月《北京城市副中心控制性详细规划（街区层面）（2016～2035年）》"第二节创新城镇化发展模式，建设各具特色的小城镇之第54条协调推进小城镇和新市镇建设"中，分类引导小城镇发展和实现小城镇特色化发展，宋庄被定为"艺术创意小镇"，和张家湾文化休闲小城镇、台湖演艺文化小城镇等小镇形成因镇制宜、各具特色的产业发展格局。通过文化辐射、带动打造特色小镇和原创文化基地，树立文化发展带动城市活力和国际竞争力。同时，提升区域环境景观品质和建筑立面的改造和业态更新，形成了从宏

图6-46 宋庄"国中美术馆"内的艺术家工作室
图片来源：作者拍摄。

图6-47 宋庄上上美术馆
图片来源：作者拍摄。

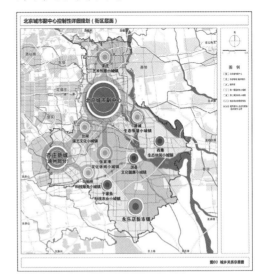

图6-48 艺术区带动周边文化产业发展
图片来源：北京规划和自然委员会网站。

观规划到微观实施的一系列指导性文件和实施细则。

小结

城市的进步需要各种文化的推动，文化推动社会前进、文化促进经济繁荣已成为共识，因而文化造城也成为当下最热门的词汇，体现出文化的强大驱动力。文化表达需要多重知识的综合构成，各类文化孵化器、营养供应器不仅是传达这些知识信息的方式，而且也是推动城市文化发展、塑造城市形象的有效方式。不同功能的文化艺术区提供者不同的文化内容，使得我们的城市文化变得丰富并具有很强吸引力。

从城市景观角度来看，艺术区不断向区域环境和城市整体环境输送文化养分，并以物化形态大幅提升了其视觉形象。作为特定文化聚集地的文化艺术区，被贴上不同的城市文明标签；有了这些不同文化的标签，不同喜好的人群会有序的走向这些文化空间，不同的思想会在这些文化艺术区汇集和传播，在人群中必定会有不同文化喜好的交流。在思想的交流和沟通中，文化成为这些交流和沟通的纽带，城市的景观也因为这些不同的纽带联系而变得丰富多样，有了多彩文化的支持而更具有特色。作为营养供应器的各类文化艺术区为城市景观文化品质的提升做出了润物细无声的支持；文化艺术区为城市文化发展起到推动作用，并源源不断地提供新鲜文化"血液"，推动了城市在世界舞台的地位提升。

而且，艺术区带动了城市经济的发展，艺术消费的普及和相关产业的兴旺带动了城市文化的繁荣并增强了城市的吸引力，以其产业链协同的方式带动相关衍生行业的进步，为城市的经济发展提供不竭动力。

第七章

可持续绿地系统

　　城市绿地系统作为生态基础设施，既是城市生态品质的保障，也是城市文化的基础和表现，因此，我们要从生态和文化双重属性来认识和研究城市绿地系统。这就意味着绿地系统同时作为城市自然环境和城市文化环境的重要组成部分，不仅是为城市的生态环境品质做出了卓越的贡献，也是城市文化不可或缺的部分；不仅具有生态功能，如防风固沙、调节局部微环境气候、提供氧分、保护水土等，是一个可量化的城市环境质量指标，其数量、规模、人均值等量化指标直观反映一个城市的生态品质；它还具有观光、游览、休闲、体育锻炼、社会交往等功能，并且传递着历史和文化信息。

　　2007 年党的十七大提出践行"生态文明"的发展理念；至 2015 年国家制定了《中国生态文化发展纲要》（2016 ～ 2020 年），从一系列的政府文件和学术观点中可以看出，我国城市生态建设的指导方针已经从单纯的自然生态转变为对生态和文化并重的发展观念。这个概念体现了一种跨学科的思考，不仅提供一种新的视角，也蕴涵着新的规划方法论，对土地利用规划、区域与城市规划和景观规划也产生了影响。

　　以文化生态学为理论依据之一的城市绿地系统就是为适应可持续发展要求的挑战，使之在发展中不至于丧失应有的文化、生态和精神特质；时刻以文化与生态为首要的考量，把城市绿地景观系统作为城市的基本资源、服务与媒介，形成精密而相对稳定的系统，以支持城市经济与文化的发展。因此，绿地系统本质上讲是城市的可持续发展所依赖的自然系统，以及城市及其居民能持续地获得自然服务（natures services）的人工设施。它包括城市绿地系统的概念，更广泛地包含一切能提供上述自然服务的城市绿地。具体包括自然系统基础结构（绿色基础设施，包括水道、绿道、湿地、公园、森林、农场和其他保护区域等），以及与之相关的城市文化历史及居民社会活动。

一、北京绿地系统概况

2018 年北京城市绿地面积 85286.37hm²，城市绿化覆盖率为 48.4%；2007 年北京城市绿地面积 45590.74hm²，城市绿化覆盖率为 43%。城市中的绿地系统按照《城市绿地分类标准》CJJ/T 85-2017，可分为公园绿地、道路绿地、生产绿地、防护绿地、生态景观绿地等（表 7-1）；其中公园绿地和道路绿地是和城市人居生活联系最为紧密的绿地类型，且兼具社会和生态、美学等功能，因此，本章重点探讨北京公园绿地和道路绿地分项（图 7-1）。

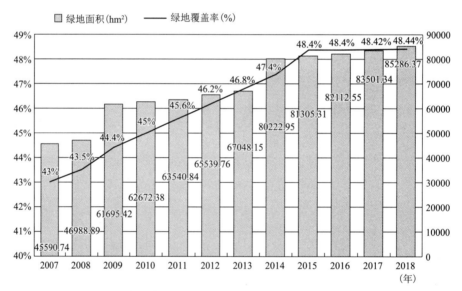

图 7-1　2007 ～ 2018 年北京绿地面积和绿化覆盖率

数据来源：北京园林绿化局网站。

（一）北京绿地系统的格局

从宏观上看，"城市绿地系统应致力于构建相互有机衔接、疏密有致、红绿蓝相嵌、生态服务功能完善的景观生态格局"[1]。通过各种形态和层级形成生态基础设施功能，保障城市的生态安全和生活品质，形成了三层防护区分别是山区、平原区和城市建设区，山区构建天然屏障，起到防御风沙、保持水土、保持生态多样性；平原区绿

---

[1]　北京市规划委、北京市园林绿化局 . 北京绿地规划。

表 7-1

两类主要绿地系统特征

类别	形态特征	形式构成	规模	活动内容	可达性	举例
公园绿地	点状：由原街区或道路交通限制下的形态，规则或不规则的，面积较小的，可进入的块状绿地	草地、树木、小径、花坛、空地、喷泉等	20hm²以内以小型居多	散步、健身器材锻炼、儿童嬉戏、穿行、静坐休息	步行	街心公园、马甸公园
	带状：由道路的延伸或者水系流进而形成左右对称或者单则平行的方式而形成，可以分区、分段	草地、树木、小径、花坛、空地、喷泉、雕塑及装置艺术品等	3～100hm²之间；小型、中型	散步、锻炼、聚会、观赏植物、便捷穿行	步行、公交车、地铁	皇城根遗址公园、元大都遗址公园、菖蒲河公园、永定门公园
	面状：面积广阔，公园内设施齐全，由多个出入口；交通可达性强，形态较为规整	草地、树木、小径、花坛、空地、喷泉、雕塑及装置艺术品、健步到、湖面、湿地、山体等	100hm²以上；大型居多	活动内容较广，包括上述外还有教育、划船、主体性活动等	公交、地铁、自驾车，步行仅为附近居民	朝阳公园、玉渊潭公园、奥林匹克森林公园
道路绿地	线状：连续性带状绿地，如分车带绿地、行道树绿地	草地、树木、花坛、花境等	1hm²以内；小型且具有连续性	形成连续树荫，适合于散步和通行等	交通可达性方便	环路的主辅路绿化分隔带、建筑物前绿地等
	面状：形成开阔绿地空间，也具有林荫道	草地、树木、花坛、花境、汀步、喷泉、休息设施等	2hm²以内；小型，以分段方式出现	空间围合，可进入的绿地具有聚会、休息、通行等		复兴门桥东西侧、广安门桥东西侧等

化具有形成城市开放空间，起到提供氧源、保护农田和景观游憩作用；城市建设区绿地改善城市生态环境、维持城市合理空间布局，为城市居民提供文化、休闲、体育等活动场所。确定了"青山环抱，三环环绕，十字绿轴，七条楔形绿地"[1]（图7-2）的城市生态绿化格局，及由绿色通道串联公园绿地形成点、线、面相结合的城市绿地系统（图7-3）。

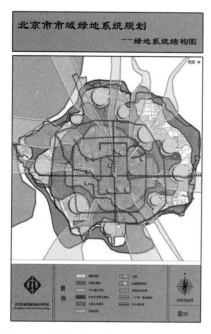

图7-2 北京绿地系统结构图

图片来源：2007年版本，来自北京园林绿化局。

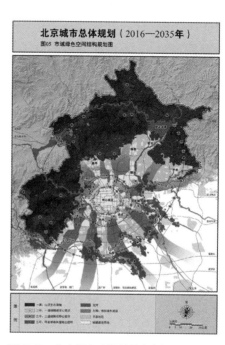

图7-3 北京绿色空间结构规划图

图片来源：2017年版本《北京城市总体规划（2016～2035年）》。

从规划图中我们可以看出，新一轮北京绿地系统规划中体现出绿地格局和城市道路格局相吻合，环状和射线状架构是其绿地布局主框架，形成稳定的绿地空间基础格局，并作为城市生态空间的基础框架，助力城市长期可持续的生态系统发展。

（二）北京绿地系统功能

各类绿地系统作为生态基础设施的重要组成部分，在空间上相互交织、互为补充，共同构建一个具有多功能的完整系统，主要体现在生态功能、文化功能和社会服务功能等方面。

---

[1] 北京市规划委、北京市园林绿化局.北京绿地规划。

1．生态功能

"生态基础设施是城市可持续发展所依赖的自然系统，是维护城市生态安全和健康的关键性空间格局，是城市和居民获得持续自然服务（生态服务）的基本保障"[1]。绿地系统是生态基础设施的重要组成部分，因此，突显了"生态基础服务"重要性，城市绿地系统在城市边缘区域，起到防风固沙、涵养水源、防灾减排，修复遭受破坏的生态多样性；在城市内部区域，具有降低城市整体噪声分贝数，调节区域气温（表7-2）、改善空气质量、提高含氧量并降低二氧化碳含量等等功能。

公园绿地的生态特征分析 表7-2

生态目标	生态功能	案例和数据
形成生态走廊和屏障	城市的第一道生态保护区	北京东北部防护林，抵御外部风沙，并形成绿化隔离带；
生物多样性保护	增加绿地覆盖率	公园绿地覆盖率在80%以上
	提高乡土植物比例	通常情况在60%以上
	有利于野生动植物数量增加和共生	以翠湖湿地公园为例，野生鸟类数量从187种增加到318种，湿地植物从348种增加到488种
改善局部环境气候	调节温度	温差在0.5～1℃
	增加湿度（植被的叶面具有蒸腾功能，可以提高周边空气湿度）	公园附近湿度比其他绿地少的区域要高出30%
	吸收二氧化碳，释放氧气	每公顷绿地每天可以吸收900kg二氧化碳，产生600kg氧气
	净化空气，吸收有害气体（二氧化硫、一氧化碳、氟化氢、氯气以及抵挡光化学污染）	公园绿地和裸露区域相比减少1/3～1/2
	减少空气中细微颗粒物浓度（PM2.5）	无污染或者轻度公园绿地比周边环境降低5%～7%
		中度污染时，公园绿地比周边环境降低3.6%～7%
		6～8月植物生长期,PM2.5浓度较低，9～12月到次年1～2月植物枯萎期PM2.5浓度呈现递增
	降低空气中的细菌	以中山公园和王府井大街相比，后者是前者的7倍含菌量

[1] 秦趣，冯维波，代稳，杨洪．我国城市生态基础设施研究与进展．重庆师范大学学报（自然科学版），2014年第5期，第142页。

2. 文化功能

　　文化与地域、民族、传统等因素相关联，经过长期历史过程，各种形式、色彩等都承载了文化信息。首先植物品种本身就具有强烈的文化属性，这是由于地域特产、文学、艺术品和历史文献等赋予其独特的文化信息。例如，郁金香作为荷兰的国花而广为人知，一提到郁金香就会令人想到荷兰；而"圣经"中有很多关于橄榄树的记载，许多圣经故事也与橄榄树相关，且广泛种植于以色列的约旦河谷地带，因而橄榄树在基督教、天主教、犹太教和伊斯兰教信徒心中几乎就是以色列的代名词。

　　同样，中国人都知道"国色天香"就是用来形容中国的国花牡丹的，"出淤泥而不染"说的是荷花的生长痕迹和特点，"傲雪临霜"描绘了冬天梅花的姿态等，再加上数不清的以梅花、荷花、牡丹、松柏等为主题的绘画、雕塑、工艺品、日用品和诗词等；《松鹤图》几乎成了经典构图；而毛主席的"咏梅词"更是脍炙人口，都赋予了这些植物本身以民族和文化的信息；中国人甚至逐渐将植物的生长、外表、色彩、造型等特点与人格特征相联系，使之人格化，使得这些植物具有强烈而稳定的文化特征和身份。

　　而种植方式、园林风格、植物形式等，也由于长期历史形成而具有了某种民族、地域、国家、文化的信息。如中国传统园林审美追求"虽由人作，宛若天开"的意境，而以法国凡尔赛宫花园为代表的西方皇家园林则以图案化、对称式布局、整齐的秩序感和空间感为华丽、高贵的表现。

　　不同城市的地域、气候、物种、历史文化各不相同，都会反映在组成绿地系统的品种、搭配、种植形式等方面。因此，绿地系统成为一个城市文化和视觉识别性的一个重要方面（表7-3）。

北京公园绿地文化信息部分代表　　　　　　　　　　　　　　　表7-3

文化特征	代表植物	文学和艺术	种植方式	位置
文化信息	牡丹	"国色天香"	规则、自然式、组团式	道路两侧、水面、水边
	荷花	"出淤泥而不染"、《荷花图》		
	梅花	《咏梅词》、"岁寒三友"、《咏梅图》		
	松柏	"大雪压青松"、《松鹤图》、"岁寒三友"		

续表

文化特征	代表植物	文学和艺术	种植方式	位置
文化信息	竹子	"竹林七贤"、"岁寒三友"		
	兰花	《兰亭序》		
地域信息	国槐、油松、柏树、西府海棠、紫叶李、紫叶小檗、碧桃、榆叶梅、车前草、柳树、五角枫	"海棠花溪""一树梨花压海棠""桃李满天下""杨柳岸晓风残月"	等距、规则、对称、图案式搭配、自然式	道路、建筑两侧、林荫道；大面积、不进入隔离带、防护林小面积、形态不规则的场地

3. 社会服务功能

城市绿地作为社会开放空间体系的一部分，人们可以进行休憩、聚会、小型活动、家庭聚会等社会性活动，是日常公共活动的场所（表 7-4）。同时、它有利于减缓人们工作压力、放松紧张的情绪、调节身心健康等。这些开放场所因塑造着不同的私密程度而形成不同的使用功能，例如开阔的草坪可以进行体育游戏和社会交往及家庭性聚会；树冠较大的庭荫树可以满足不同人群的乘凉、老年人间的聊天和休闲活动，如下棋、打牌等；同时，绿地系统也兼具应急避难场所的社会性功能。因此，绿地系统是社会和谐及城市生活品质的重要衡量指标。

公园绿地的社会特征分析　　　　　　　　　　　表 7-4

社会功能	特征分析	场所及形式
公共教育	知识学习	湿地、水塘、树林、亲水平台
健康	减压、放松、舒缓	小径、草坪、树下、步道、水面
情感交流	同性和异性间的沟通交流，愉悦心情、相互排遣	树荫下、草坪上、专门设置区域

二、公园绿地系统

综合考虑北京公园绿地系统的使用功能、形态特征、文化元素、所处位置、建造背景和服务人群等因素（表 7-5），北京公园绿地组成可以概括为传统皇家公园、综合性公园、生态公园、遗址公园等类型（图 7-4、图 7-5）；本章节将选择其中的典型市民免费公园绿地为案例来进行研讨。

表 7-5

北京市公园绿地分类及主要代表

分类	公园名称	规模	位置	功能	形态及构成
传统皇家公园	中山公园	2.3hm²	二环内（东城区中华路4号）	游玩、跑步、相亲、亲子等	方形；社稷坛、拜殿、唐花坞、古树、水榭、草坪、山体、草坪、坡地等
	颐和园	290hm²	北五环（海淀区宫门前街甲23号）	骑车、划船、跑步、穿行、聚会、亲子等	自由体；山体、水系、湖心岛、孔桥、历史建筑、宫廷彩画、古树、草坪、坡地等
	北海公园	71hm²	二环内（西城区，东邻故宫山、南濒中海、南海，西接兴圣宫、隆福宫，北连什刹海）	骑车、划船、跑步、穿行、聚会、亲子等	自由体；水系、山体、白塔、影壁墙、古树、画舫船、草坪、坡地等
	景山公园	23hm²	二环内（西城区景山西街44号）	跑步、穿行、聚会、亲子等	元宝形；山体、古树、宫苑、山体、庙宇、草坪、坡地等
	香山公园	160hm²	北五环（海淀区买卖街40号）	爬山、跑步、聚会、亲子等	自由体；古树、山川、别墅群、泉水、寺院、红叶、草坪、坡地等
综合性公园	玉渊潭公园	136.69hm²	西北三环（海淀区西三环中路10号）	划船、聚会、外景拍摄、跑步等	自由体；山体、水系、古树、樱花、草坪、坡地、湿地、古建筑等
	朝阳公园	288.7hm²	东四环（紧邻东四环北路西侧，团结湖湖南路北侧）	划船、聚会、婚礼活动、外景拍摄、跑步、主题活动等	自由体；山体、水系、古树、樱花、草坪、坡地、湿地、古建筑、体育场馆、沙滩等
	奥林匹克森林公园	680hm²	北五环（林萃桥南北区域）	划船、聚会、外景拍摄、跑步、主题活动等	自由体；山体、水系、树木、草坪、坡地、湿地、码头等
生态公园	翠湖湿地公园	157.16hm²	北五环外（海淀区上庄镇稻香湖景区内）	科普、生态观测、生态教育等	自由体；山体、水系、古树、草坪、坡地、湿地等

续表

分类	公园名称	规模	位置	功能	形态及构成
生态公园	东坝生态公园	35.13hm²	东五环外（朝阳区东坝乡东五环外康各庄路）	游玩、亲子、聚会等	自由体；山体、水系、古树、草坪、坡地、湿地，现代建筑等
	北京南海子生态公园	1165hm²	大兴区三海子东路	科普、游玩、文化教育、聚会等	自由体；山体、水系、古树、草坪、宫苑、坡地、湿地等
遗址公园	圆明园遗址公园	20hm²	北四环外（海淀区清华西路28号）	参观、穿行、爱国教育基地等	自由体；山体、水系、古树、草坪、坡地、古建筑遗迹、宫廷建筑遗迹、苑等
	皇城根遗址公园	7.5hm²	西城区	参观、穿行、散步等	自由体；古树、草地、城墙遗址、井等
	明城墙遗址公园	15.5hm²	东城区崇文门东大街9号	参观、穿行、散步等	自由体；古树、草坪、城墙遗址等
	元大都遗址公园	114hm²	三环，跨越朝阳、海淀两区	观赏、穿行、散步、亲子、聚会等	矩形；山坡、河水、古树、草坪、都城遗址等

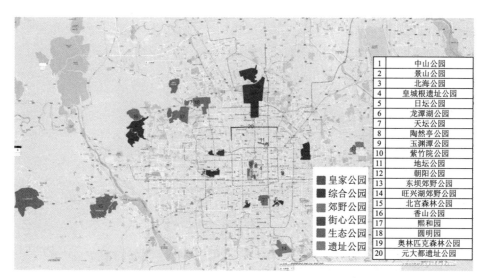

1	中山公园
2	景山公园
3	北海公园
4	皇城根遗址公园
5	日坛公园
6	龙潭湖公园
7	天坛公园
8	陶然亭公园
9	玉渊潭公园
10	紫竹院公园
11	地坛公园
12	朝阳公园
13	东坝郊野公园
14	旺兴湖郊野公园
15	北宫森林公园
16	香山公园
17	熙和园
18	圆明园
19	奥林匹克森林公园
20	元大都遗址公园

■ 皇家公园
■ 综合公园
■ 郊野公园
■ 街心公园
■ 生态公园
■ 遗址公园

图 7-4   北京主要公园绿地分布图

图片来源：百度地图 + 作者自绘。

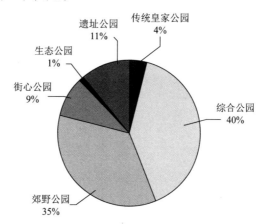

图 7-5   北京市各类公园数量占比

数据来源：自北京市公园管理中心。

（一）综合性公园：奥林匹克森林公园

综合性公园（Urban Comprehensive Parks）通常面积较大，且承担多项生态和社会服务功能，如游览休憩、体育健康、文娱活动、社会交往、科普、生态涵养、城市绿肺等。其位置基本在城市中心区域，交通方便，适合于各种年龄和职业的城市居民进行日常休憩、游赏活动（表 7-6）。

1. 公园概况

北京奥林匹克森林公园 2008 年 6 月完工，2008 年 10 月对外开放，占地

北京主要综合公园特征对比分析　　　　　　　　　表 7-6

	玉渊潭公园	朝阳公园	奥林匹克森林公园
位置	海淀区西三环中路 10 号	紧邻东四环北路西侧，团结湖南路北侧	北五环林萃桥南北区域
规模（hm²）	132.38	288.7	680
形态	自由体形态，不规则	自由体形态，不规则	自由体形态，较为规则
地形	地势平坦，有宽阔水面	地势平坦，有广阔水系、人造沙滩	地势高低有落差，地形有小幅度变化，有宽阔水面
元素	亭台、水榭、栈道、野生动植物、湿地公园、草坪、树木、坡地等	水系、植被、树种、喷泉、剧场、广场、沙滩、游乐园、古建筑、坡地等	健步道、栈道、水系、湿地植物、山体、草坪、坡地等
活动内容	观赏樱花、湿地参观、摄影节、外景拍摄、聚会等	国际风情节、北京书市、婚礼堂、沙滩主题乐园、外景拍摄、聚会等	体育活动、家庭聚会、湿地文化教育、跑步、外景拍摄等
交通可达性	公交车（121、846、37、300、717 路等） 自驾车 地铁（地铁 1 号线军事博物馆下车，往北走即到）	公交车（675、419、421、677、682 路等）； 自驾车 地铁 + 公交（地铁 10 号线亮马桥下车换乘公交 675 路车朝阳公园站）	公交车（379、419、415、518、124 路等） 自驾车 地铁（8 号线森林公园南门站）

680hm²（图 7-6），南北向跨度约 3.9km，东西向跨度约 2.9km，是北京面积最大的公园；其坐落在北京古老中轴线的北部延长线上；公园横跨北四环与北五环，并被北五环路分隔成南园和北园，南园以自然野趣密林形式为主，承担休闲娱乐、体育活动、健身、社会交往、科普等功能；北园以生态森林公园为主，承担生态保护与生态恢复功能为。南、北两园的功能和特色构成了其作为综合公园主要特征，多个出入口周边设置停车场、地铁为森林公园专设一站，交通便利性强，使用人次高。公园整体为自由形态，由山体、草坪、丰富的植物和水系、湿地等形式构成。

2. 公园设计挑战与策略

由于公园地处北京中轴线的北部延长线上，同时代表北京和中国形象；设计既要考虑传统文脉的历史延续性，让世人可以通过景观视觉便可以了解中国文化的核心；增强其生态功能和对于城市内生态效益平衡性作用；同时也要为公园长期的使用考虑，使之契合"奥林匹克"的内涵，弥补城市人均体育、休闲设施、空间的不足。因此，其设计策略以生态环境规划优先布局，评估和生态有关的基础设施的规划，以传统文化的展现为形态主线、突显中轴线的文化脉络。按照"北山南水"的传统都城格局，在北部采用山体作为屏障，南部理水，形成负阴抱阳的景观格局，与中轴线一致，形成一条贯穿历史和现代的景观视线（图7-7）。

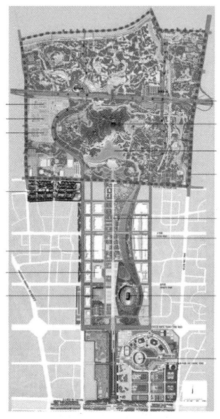

图 7-6　综合 Sasaki 和 THUPDI 的入选方案后的平面图

图片来源：北京清华同衡规划设计研究院有限公司、清华大学建筑学院景观学系．北京奥林匹克森林公园，北京，中国．世界建筑，2014年第 2 期，第 112 页。

图 7-7　从奥林匹克森林公园向南中轴线延伸

图片来源：作者拍摄。

　　奥林匹克森林公园地质构造为河流冲积平原，通过挖海（奥海）堆山（仰山）（图 7-8）形成了山水格局模式，这既是传统文化思想的展现，突显北京的历史城市地位和公园坐落的位置，同时也符合城市生态发展所要求的整体生态性、区域完整性，从景观视觉上使得山、水、林、坡水形成高低错落的层次感，山的实体和水的虚体相互映衬，使得城市古老中轴线向北延伸至无尽的大自然中。

　　作为主山的仰山海拔 86.5m，相对高度 48m。"仰山"的建设是利用鸟巢、水立方等周边场馆建设以及公园挖湖产生的土方堆筑完成，填方总量约 500 万 m³。山顶的泰山石高 6m、重 63t，正下方是北京中轴线的北端点。

图 7-8　仰山高度示意图

　　水系的造型采用"龙"形态的变形，符合中国传统文化元素及北京首都的身份，既实现了水系蜿蜒的贯通和相连，也连接了奥林匹克公园的水系景观，景观视线的延续性通过水系线和站在公园内仰山最高点俯瞰视觉观看形成一虚一实的对景关系（图 7-9）。

图 7-9　奥林匹克森林公园水系鸟瞰图
图片来源：北京清华同衡规划设计研究院有限公司、清华大学建筑学院景观学系.
北京奥林匹克森林公园，北京，中国. 世界建筑，2014 年第 2 期，第 108 页。

3. 生态与社会功能并重

与"绿色奥运"理念相一致，将公园功能定位为"城市的绿肺和生态屏障、市民的健康森林和休憩自然"，在公园内划定湿地保护区，修复生态较为敏感区域，并通过增加树木种植密度和种植层次以提高植被覆盖率。经过十年后，公园"年产氧量5208t，年吸收二氧化硫32012kg，树木年滞尘量约4731t，成片树林可降低噪声26～43dB，林地年蓄水量约65万 m^3，空气湿度比城市其他地方高27%，夏季温度比城市其他地方低3～5℃，冬季高2～4℃"[1]。同时，为动物和人设置了穿越五环的安全廊道，体现生态属性中的人与自然和谐相处（图7-10）。

图7-10　跨越北五环路的生态廊桥

公园内部设置有塑胶健身步道和各种林间小径，满足不同年龄、健康程度、空闲程度的人们健身；宽阔的草坪可以搭建露营帐篷、休闲聚会，小型体育活动，户外亲子游乐场、外景拍摄、观景等各类活动；水上进行游船和皮划艇训练等（图7-11）。同时，在科普方面有作为知识普及的人造湿地以及作为大自然的博物馆可以观察鸟类、各类植被、北方常见树种等（表7-7）。

4. 公园景观和使用评价

奥森公园作为北京市内最大的综合性公园，建造的目的是为了服务北京2008年奥运会，向世界展现中国文化；坐落于传统中轴线的最北端，通过景观形态（龙形水系）、园林手法（山水格局、北山南水等）等表现中国传统文化内涵。从景观视线来

---

[1] 数据引自奥林匹克森林公园网站 http://www.bjofp.cn/gyjj/.

图 7-11 奥林匹克森林公园内适应性强适合多种多样活动
图片来源：作者拍摄。

看，可以在仰山上通过俯视饱览中轴线上的城市发展阶段典型建筑；也可以通过平视来观赏公园内丰富的树种类型和构成层级，也可以在生态涵养区观看到珍稀树种和野生禽鸟；而且乔木成荫，温度较城市平均低 1 ～ 2℃、含氧量比城市其他公共区域要高，确实成了城市的"绿肺"。

　　公园的使用频率很高，便捷的可达性促使了人群从城市的四面八方集聚，这里既可以进行体育活动比赛（健步跑），也是家庭为单元的社交聚会的好场所。不同年龄段的人群在这里都可以有他们不同的休闲运动方式。因此，从高效的使用频率来看，大都市人们对于城市公共绿地的追求和向往还是很迫切的。

奥林匹克森林公园社会服务性　　　　　　　　　　　　　　　　表 7-7

社会目标	服务于自然生态，打造成为市民休闲活动场所		
公园形态	自由体形态，不规则，整个公园通过水系连接，水系呈现"龙"形		
使用对象	老人、中青年、儿童、青少年等；市民、游客等		
景观元素	水系、山体、栈道、下沉水池、景观植被、湿地、坡地等		
行为特征及场所	老人	散步、慢跑等	健步道、树荫下或者草地上
	中青年	散步、快跑、慢跑、社交、家庭聚会、爬山、亲子等	健步道、树荫下或者草地上、泛舟奥海水、仰山系

行为特征及场所	儿童	家庭聚会、爬山、体育活动、游乐场等	树荫下或者草坪上、泛舟奥海水、健步道
	青少年	快跑、慢跑、私密约会、家庭聚会、爬山、科普教育等	树荫下或者草坪上、泛舟奥海水、健步道、湿地公园
停留时间	老人	每天早上6～8点，18～21点	
	中青年	周末10～16点，其他时间段不是高频	
	儿童	周末10～16点，其他时间段不是高频	
	青少年	周末10～16点，其他时间段不是高频	

（二）遗址公园：元大都土城遗址公园

遗址公园是围绕历史遗迹或遗址开辟出公园，并以该遗址的历史信息作为公园主要文化特色，从而达到遗址保护、文化传承、社会教育、公共服务的多重目标。遗址公园大部分空间采用完全开放的方式如元大都遗址公园，局部、重点遗址、遗迹外部加玻璃遮罩，防止进一步的遭受破坏，如十三陵公园内的各种石碑等（表7-8）。

北京主要遗址公园特征和使用性分析　　　　　　　　　表7-8

	元大都遗址公园	皇城根遗址公园	圆明园遗址公园
位置	北三环，跨越海淀区和朝阳区	二环内，东城区北河沿大街与地安门东大街交叉口	西北四环和五环之间，海淀区清华西路28号
规模（hm²）	114	7.5	350
形态	矩形，规则、对称式	矩形，不规则	自由体形态，不规则
地形	地势平坦，伴随小月河	地势平坦；为现代改造	地势较为平坦，略有高起台阶
元素	小月河水系、景观雕塑、都城断片遗址、草坪、树木、坡地等	四合院、旧城墙遗迹、树木、古建筑、现代雕塑等	水系、古建筑遗址、宫苑、山体、草坪、坡地等
活动内容	散步、健身、家庭聚会、观赏等	参观、散步、穿行等	参观、接受主题教育、游览等
交通可达性	公交车（361、511、515、108、62路等）	公交车（8、60、103、111路）到沙滩站下车，步行即可到达	公交车（331、432、498、628路等）
	自驾车	步行	自驾车
	地铁（10号线北土城站），步行或者共享单车	地铁+步行（地铁8号线中国美术馆下车步行387m）	地铁4号（圆明园站）

1. 公园概况

元大都城垣遗址公园于 2003 年兴建，以元大都散落的单体遗迹为公园核心元素，沿北土城路形成带状绿地。它"西起学院南路明光村附近，向北到黄亭子，折向东经马甸、祁家豁子直到朝阳区芍药居附近，分为朝阳段和海淀段，朝阳段大体上与北京的 10 号地铁线相重合。公园总全长 9km，宽度最窄处 80m，最宽处 190m，总面积 114hm² （图 7-12 ）"[1]，由小月河、古树、山坡、草坪、都城城墙遗址片断等元素构成。

遗址公园南侧为居住区，北侧毗邻城市主干道，小月河并行于遗址公园内部，因此，也可以算是道路绿化的一种延伸方式（图 7-13 ）。

图 7-12　元大都遗址公园

图 7-13　元大都遗址公园与周围环境的剖面图

2. 设计挑战与策略

鉴于其历史遗址保护的核心及其所处的地理位置，北土城遗址公园的挑战在

---

[1]　引自百度百科。

于两方面：一是在遗址保护前提下历史文化信息的传递；二是在城市主干道、小月河的双重夹击下形成带状空间，如何有效地实现生态屏障、社会活动、日常服务等功能。

遗址和遗迹是城市历史变迁的见证者，它们和文字记载的史书并行。元大都遗址公园以城墙遗址为核心，力图反映元代历史文化，对"线"状形态进行分段，每个段落设置不同景观单元（如双都巡幸、四海宾朋、元城新象、安定生辉、大都鼎盛、龙泽鱼跃等）。例如，以历史文化事件为单元主题，在海淀段设置了"大都盛典"（图7-14、图7-15）展示元代的恢宏气势及作为马背上夺天下的"鞍缰盛世"等多个历史景观段落。

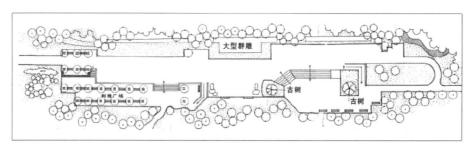

图 7-14 "大都盛典"景观段落平面图

图片来源：王荣，刘银华．植物造景在城市公园中的应用研究—以元大都遗址公园北土城段为例．农业科技与信息，2010 年第 4 期，第 16 页。

图 7-15 "大都盛典"景观段落的大型群雕

图片来源：作者拍摄。

同时，通过公共艺术和景观构筑物将元代历史文化代表作品和图案元素融入了这个带状公园中，例如将元代青花瓷器扁壶以景观雕塑的形式设置在遗址公园的景观段落中（图7-16）。

图 7-16　不锈钢做成的青花扁壶造型
图片来源：作者拍摄。

　　公园的社会服务功能通过使用状况可表现出来。首先，由于公园的北侧是城市道路，南侧比邻住宅楼、办公楼和学校等，因此住宅楼的居民和办公楼的上班族及其他穿行人群和参观人群是公园的高频使用者；既要为附近居民提供休闲、娱乐场所、锻炼身体（主要活动有散步、运动、慢跑、跳舞、晒太阳、钓鱼等）场所（图7-17），也要为上班族午饭后的散步、三三两两的聊天以及上下班地穿行等提供便利，从而提高公园使用频率（表 7-9、表 7-10）。

图 7-17　元大都遗址公园内人群的活动方式
图片来源：作者拍摄。

元大都遗址公园社会服务性　　　　　　　　　　　表 7-9

社会目标	历史纪念性延续，生态改善型
公园形态	带状形态，规则、对称式布局；整个公园通过水系小月河联系
使用对象	老人、中青年、儿童、青少年等；市民、游客等
景观元素	水系、山体、栈道、亲水平台、景观植被、坡地、都城断片遗址等

续表

行为特征及场所	老人	散步、慢跑、各类体育活动等	步行道、树荫下或者草地上、公园海棠花溪段
	中青年	散步、快跑、慢跑、穿行、家庭聚会、爬山、亲子、观赏等	步行道、树荫下或者草地下、空地上游戏、公园海棠花溪段
	儿童	家庭聚会、爬山、亲子、观赏、游戏等	树荫下或者草坪上、空地上游戏、步行道、公园海棠花溪段
	青少年	快跑、慢跑、家庭聚会、观赏等	树荫下或者草坪上、步行道、湿地公园、公园海棠花溪段
停留时间	老人	每天早上6～8点，15～17点，18～21点	
	中青年	周末10～16点，工作日12点30～13点30	
	儿童	每天早上6～8点，15～17点，18～21点	
	青少年	时间不固定	

元大都遗址公园主要植物及种植特点 表7-10

乔木			灌木、草本			水生	
常绿乔木	落叶乔木		常绿灌木	落叶灌木	草本	挺水类	浮水类
油松	银杏	樱花	铺地柏	月季	马蔺	千屈菜	睡莲
白皮松	玉兰	紫叶李	砂地柏	紫荆	鸢尾	水葱	
华山松	法桐	碧桃	大叶黄杨	红瑞木	淡竹	香蒲	
圆柏	梧桐	国槐		丁香	凤尾兰	芦苇	
	旱柳	紫穗槐		连翘	水葱	菖蒲	
	毛白杨	金枝槐		迎春		黄菖蒲	
	银白杨	龙爪槐		刺槐			
	红枫	漆树		紫薇			
	鸡爪槭	臭椿		石榴			
	五角枫	白蜡					
	栾树	六道木					
种植方式	种植方式		种植方式			种植方式	
丛植、孤植，等距	丛植、片植、群植，对称、规则		丛植、片植、群植，自然式、有些形成图案式			单枝、群片、自然式	
主要特征	形成连续树荫，交通引导性		形成景观层次，具有障景，封闭空间的功能			—	

3. 公园使用及景观评价

无论是附近居民的日常使用，或是作为穿行而减少绕路过程的费时费力的上班族和其他人群来说，公园整体上使用较为频繁，居民对于公园内的环境和设施的满意度较高，而且使用频率高的居民对于公园内的环境和管理及设施状况具有更高关注度和保护意识。但是，由于公园的游览量增加，人群的素质参差不一，随手乱扔垃圾的现象增多，破坏了公园的干净整洁的形象；也有不少人在每天晚饭后 7 ~ 9 点聚集于此跳舞，使用的喇叭播放音乐产生的噪声严重影响了周围居民的正常生活。这些都带来了管理上的挑战。

从景观方面看，公共艺术虽然从主题力求通过再现的方式重现元代时期的文化和历史，但是由于选择的材料过于现代化，以及艺术形式的表现力和水准欠缺，降低了整体场地的品质。另外，缺少文化主线来衔接每个景观段落，不是特意走完全程 9km 的人，很难读懂设计者想表达的文化意图，倒是其特色树种如海棠花而形成的"海棠花溪"成了春季市民纷纷来此参观的亮点。

（三）生态公园：翠湖湿地公园

相比之下，生态公园（Eco-park）是一个较新的概念，是公园发展的一个历史阶段；是以生态学和生态文化为指导思想，强调对整个城市生态环境的参与意识，主张有目的、有组织地开展生物多样性保护和维持自然生态过程，致力于综合生态量的最大化。生态公园多是利用原本的自然山水资源打造生态保护区，并采取限制性手段适当引入游览活动，从而在保障生态的前提下，达到教育、游览、文化等的多重目标。生态公园的概念在我国开始时间较晚，目前仍处于探索阶段，尤其是在党的十九大以后国家将生态文明作为国策，将生态纳入政绩考核之中，突显其重要性；从另一个侧面来看是我国的生态环境品质已经到达了一个很不乐观的发展程度。目前，北京较为成熟的生态公园有南海子公园、东坝郊野公园、潮白河湿地公园、翠湖湿地公园等，其中除了南海子公园历史较久，早在在明清时期就是皇家苑囿外，其他都是围绕和利用原有自然资源进行打造，实行现代生态公园的设计和管理模式。

1. 公园概况

翠湖国家城市湿地公园位于海淀区上庄镇上庄水库北侧、稻香湖风景区内（图 7-18），距北京城区 30km，占地面积约 157hm²，东西长 1.9km，南北宽 1.2km，水域面积 90hm²（图 7-19、图 7-20），公园分三期于 2005 年建成（表 7-11）。

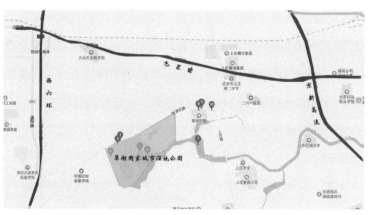

图 7-18 翠湖国家城市湿地公园位置

图片来源：百度地图 + 作者自绘。

图 7-19 公园局部

图 7-20 亲水生态驳岸及植被

翠湖湿地公园社会服务性　　　　　　　　　　表 7-11

社会目标	湿地公园，生态优先，打造国家级城市湿地公园		
公园形态	自由体形态，水系呈现岛状，水域面积 90hm²，占据总面积 2/3		
使用对象	学生、科研工作者、市民等		
景观形式	水系、山体、栈道、亲水平台、景观植被、湿地、岛、半岛、水塘、溪流		
行为特征及场所	学生	科普学习、参观等	允许进入的区域
	科研工作者	观测、数据记录等科研工作	允许进入的区域
	市民	家庭聚会、亲子、观赏等	允许进入的区域
停留时间	每年 4 ～ 10 月接受预约	每天 9 ～ 11 点，14 ～ 16 点	

2. 设计挑战与策略

根据统计数据及《北京日报》的报道，公园内野生鸟类达到 202 种、湿地高等植物达到 422 种，因此，设计挑战在于两方面，一是如何在人为管理的干预下，改善生态环境，促其生长发育，修补脆弱的生态基础设施；改善城市大气环境与水环境，保护地表和地下水资源，调节小气候，减少城市周围地区的裸露地面，减少城市沙尘，并可以为野生动、植物提供生境与栖息地，从而提高城市的生物多样性。二是作为自然博物馆的生态公园，其科普教育功能既以其独特的自然资源、动、植物资源和生态多样性给人们提供眼见为实的大自然的科普知识，加深人们对自然、生态的了解和认识，从而帮助人们建立生态意识并形成生态自觉，指导日常的工作、生活行为。

翠湖湿地公园采用了人工修复手段，根据内部区块不同的生态敏感度和科普教育功能进行整体规划，并根据不同划分因地制宜地采用生态设计和自然修复手段改造实施，将其分为封闭保护区、过渡缓冲区、开放体验区等；又从功能上将公园分为保护区、缓冲区；从游览参观和科普教育的社会性角度划分为科普教育游览区、观鸟区、湿地植物观赏区、服务管理区等（图 7-21）。

图 7-21　翠湖国家城市湿地公园平面图
图片来源：翠湖湿地公园官网。

3. 公园景观评价

通过近十年的封闭修复，翠湖湿地公园的生态指标发生明显好转，通过植物和动物数量可以明显反映出来，植物科目类别每年也基本保持稳定甚至增加；整体环境上可以体验到"湿地秋夏皆绿妆，跌宕芦苇鸟深藏，小舟轻漾惊白鹭，菱叶浮水见鱼翔"的景象。水质的提高（从原先的 V 类或劣 V 类水恢复到现在的 III～IX 类水）带动了水生植物和陆地植物的茂盛，改变了区域内景观的效果，荒山秃地渐渐变绿，绿地覆盖率显著提升，营造了良好的水系和植被环境，野生鸟类也开始迁徙到此繁殖栖息；经过 10 多年的修复，区域内的鸟类、植物和水生类动物无论从品种还是数量都显著提升，达到了生态修复的目标。

公园还开展了一系列主题科普活动，如"湿地日""爱鸟周"；科普活动和开放区处于生态修复较为良好的区域，对于敏感脆弱区域依然是控制每日入园人数，但也造成因为预约上限控制而不得多次预约方可成功的情况。

从长远来看，生态公园是一个系统性的综合提升城市生态景观的过程。因此，在修复实践过程中要依据已有的和已经掌握的生态环境特点编制和制定更为系统的北方湿地公园修复策略，为其他生态公园做案例样本和数据参照，避免重复性探索和试错的时间成本。

三、交通绿地系统

按照一般的定义，"城市道路绿化是指在道路两旁及分隔带内栽植树木、花草以及护路林等以达到隔绝噪声、净化空气、美化环境的目的"[1]。但现代城市的交通绿地系统的范畴及形态、功能显然已经超出了这个界定，因而具有了除改善生态品质、强化空间透视功能以外的社会活动及文化功能。

由于现代城市道路的不断延伸和升级，交通绿地系统具有分布广、单体面积较小、但与居民日常出行和生活活动密切相关等特点。结合城市交通格局、空间尺度及道路形式等，北京绿地系统具有不同于别的城市的形式和特点，从位置来看可大致分为两类（表 7-12）。

一类是道路绿地，指的是沿着道路走向而形成的、带状的绿化带，可以是进人的也可以是不进人的；具体表现为车道间的隔离带、人行道与车道间的隔离带——以强化道路空间走向、避免视线干扰、提供树荫为主要功能；以及人行道与建筑之间宽窄不一的绿地——这部分绿地可能扩展成为带状公园。

另一类是节点绿地，指的是位于道路交叉节点或转弯处，由于道路形态形成的岛状绿地。多数是不可进人的，如位于立交桥下、十字路口和交通环岛等处，出于安全和人车分流的考虑，因而呈封闭状态；也有少部分是可以进人的，是道路绿地和节点绿地的混合形式，进人的方向为单向。

---

[1]　胡长龙 . 城市道路绿化，北京：化学工业出版社，2010。

两类主要道路绿地特征分析　　　　表 7-12

	道路绿地	街心交通绿地
位置	各环路主路、辅路、其他等级道路等	位于道路一侧，形成带状或者面状绿地
形态	矩形或者自由体，规则和不规则都有	矩形或者自由体，形态不规则
功能	交通功能、社会功能、生态功能	社会功能、文化或者体育功能、生态功能
代表案例	复兴门立交桥苜蓿叶型绿地；阜成门立交桥苜蓿叶型绿地；西直门高架桥下多形态绿地等	马甸公园、皇城根遗址公园、金中都公园、顺城公园等

（一）道路绿地——西二环道路绿地

不同的道路绿地由于其所处的位置不同而侧重不同的功能并采用与之相适应的种植形式。隔离带和人行道两侧侧重于交通视线的引导、强化道路透视感，因而种植形式采用"林荫道"式：规则、整齐、等距种植是其基本特征，从而形成秩序感，使得行人和司机对道路空间有快速、清晰的认识；在较宽的隔离带可沿道路方向采用二方连续图样的种植方式；而路边公园则相对自由。一个普遍的规律是，行车（走）速度越快的道路，其两侧绿化越是应采用等距规则式种植；形式越自由，速度越慢（表 7-13）。

道路绿地的功能分类及其特征　　　　表 7-13

内容分类	交通功能	生态功能	社会服务功能
功能描述	视线诱导、强化透视判断道路路况	吸收有害气体、降低噪声、过滤粉尘	形成林荫道，遮阳避雨
	分隔车道、阻挡视线、防止炫光	具有乡土性、并形成色彩季相性	分隔交通空间，形成障景
表现形式及位置	点植行道树，树间距相等	点植和群植混合，具有色彩变化性	点植行道树，树间距相等
	车道右侧	道路中间	人行道上
	群植灌木类（如黄杨），配合单棵灌木	乔灌草混合，吸收不同频率噪声	群植灌木形成闭合空间
	车道中间	主辅路之间和人行道上	主辅路之间或者建筑前绿地

具体来说，道路绿化空间包括三部分：分车带绿地、人行道绿地、路旁绿地。其中，分车带绿地具有隔离不同车道机动车、降低双向车道视线干扰、强化透视功能；行道绿地具有分隔机动车道和非机动车道，提供树荫的功能；路旁绿地具有阻隔噪音

和视线阻挡作用（图7-22），宽度不一，若宽度达到10m以上，可具有线性公园的形式和功能。

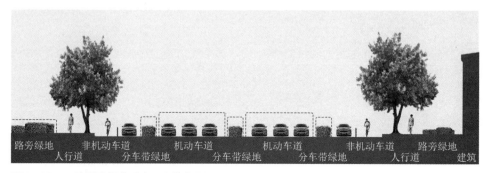

路旁绿地　非机动车道　　　机动车道　　　机动车道　　　非机动车道　路旁绿地
　人行道　　　分车带绿地　　　分车带绿地　　　分车带绿地　　人行道　　建筑

图7-22　三种道路绿化形态及所处位置

图片来源：作者绘制。

1. 北京道路分级与绿化形态

北京主干道由环状快速路（从二环到六环）及棋盘格状的东西、南北向道路构成（图7-23），它们与各级城市道路一起，共同构建了北京城区的整体格局。探讨北京城市道路绿地就必须要将道路绿地和道路分级相关联。交通绿地就是沿着这些路网及其节点而形成的（表7-14），因而道路绿地整体呈现线性和带状，而在交通交汇处和立交桥等结点处呈现点状和块状的斑块。

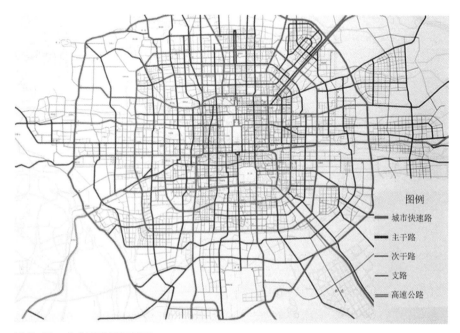

图例
　城市快速路
　主干路
　次干路
　支路
　高速公路

图7-23　北京道路网规划图

道路绿化分类及形态　　　　　　　表 7-14

道路绿地	宽度	种植形式	常用植物	功能	道路等级
分车带绿地	通常为 1m	群植、点植	黄杨、碧桃、紫叶李等	减少眩光	快速路、主干道、次干道
人行道绿地	3 ~ 7m	点植	国槐、合欢、雪松、白蜡、桧柏、油松等	形成连续树荫成为林荫道	快速路、主干道、次干道、支路
主辅路绿地	距离不等（5 ~ 25m）	群植、点植	黄杨、碧桃、紫叶李、丁香、鸡爪槭、木槿、流苏、国槐、合欢、雪松、白蜡、桧柏、油松等	形成景观层次；阻止穿越	主干道、次干道
路旁绿地	距离不等	群植、点植	黄杨、碧桃、紫叶李、丁香、鸡爪槭、木槿等	形成景观层次；起到阻隔作用	主干道、次干道、支路

　　道路绿化的具体形式和道路分级及功能相关，在不同部位形成点植、群植、混合等不同形式的组合（表 7-14）；点植以乔木类应用于行道树；群植以灌木或草本花卉；混合以两种及两以上搭配形成如乔木和草本花卉、灌木和草本花卉以及乔木、灌木和草本花卉等；不同的组合方式既要满足功能需求也适应于空间形态的制约（图 7-24、图 7-25）。

图 7-24　北京城市快速路（西二环广安门段）道路绿化形式

2. 道路绿地分析 – 以西二环为例

　　北京二环路是划分内城和新区的重要标志和界线（图 7-26），其内侧既有城墙遗迹（东便门、西便门）、围绕城墙的护城河（东便门到天宁寺段）、四合院片区等，也有金融、政府办公大楼；其外侧（二环和三环之间）是曾经的新区，现在由于城市

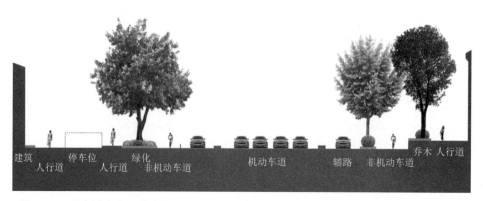

图 7-25　北京城市次干道（南蜂窝路）道路绿化形式

的发展扩张而成为"城里"。西二环指的是从西便门桥到西直门桥路段，长 4.5km，由双向四车道的快速封闭式主路、辅路及人行道构成，沿路由多个公交和地铁站点，是北京最重要的交通基础设施。此段有三座立交桥（西直门、阜成门、复兴门），其中阜成门和复兴门为长条苜蓿叶型互通立交桥，西直门为高架桥。

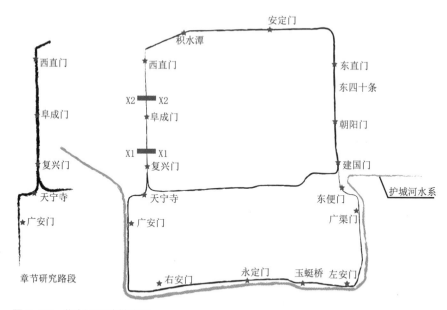

图 7-26　北京二环路轮廓图

（1）立交桥、高架桥下绿地

立交桥下绿地多为封闭式不进人，其形态由立交桥空间形态所决定。以西直门立交桥为例，连接东西向的西直门内、外大街，和南北向的学院路和北二环，南往阜成门；垂直方向四个层级相互交叉，因此其桥下绿地形态也随着层级和交叉复杂性而形成多种形态（图 7-27、图 7-28）。

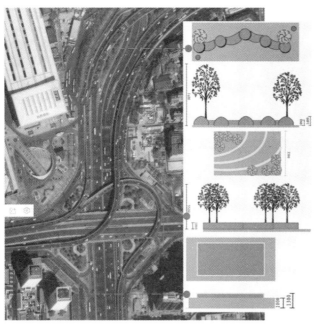

图 7-27　西直门高架桥绿地形态分析
图片来源：作者绘制。

图 7-28　西直门高架桥绿地实景
图片来源："昵图网"。

　　阜成门（图 7-29）和复兴门（图 7-30）立交桥下形成对称的苜蓿叶样式绿地
形态，其四周为围合的绿篱，中间是绿色植被和点植低矮植物；景观视线上平坦且具
有视线的引导作用，尤其是从东西长安街向南北二环方向引导上具有直观效果；从使
用者角度来看，驾驶人员心理安全感较强，道路没有增加和缩减车道，所呈现绿地的
形态规整，行车安全度较高。

　　立交桥下及周边绿地由道路围合而成，其形态和尺度取决于道路走向既转弯半
径，因而既可作为该立体交通节点区域的底板而衬托出不同层次、不同方向道路的空
间关系，使得此区域显得规划有致；同时也避免了相对方向车辆的视线干扰，而且为

司机提供了暂时的视觉休息和情绪放松。

图 7-29　阜成门立交桥绿地形式

图片来源：地图在线。

图 7-30　复兴门立交桥绿地实景

图片来源：作者拍摄。

（2）主干道道路绿地

西二环南段（阜成门桥到复兴门桥）内侧（二环路内）是金融街高大的现代风格商业建筑，主路辅路之间仅采用绿地分隔，辅路为机动车道和自行车道且均为单向，道路旁的建筑与便道之间以不宽的绿地分隔（图 7-31）。

图 7-31　西二环南段复兴门段剖面图

图片来源：作者绘制。

西二环北段（图 7-32）从西直门向南到阜成门，主路为双向车道，中间隔离带没有绿化，两侧辅路与主路之间有绿带和行道树分隔，辅路用绿带隔离快慢车道，两侧辅路自行车道均为单向布置；环路外侧（融金大厦）临街建筑与道路连接一体，通过很窄的绿地相隔（表 7-15）。

图 7-32　西二环北段车公庄段断面图

图片来源：作者绘制。

道路 X1-X1、X2-X2 段道路绿地种植　　　　　　　　　表 7-15

位置	植物（按照位置划分）	宽度	种植方式
阜成门 - 复兴门段	行道树：国槐	大于 1.5m	点植，等距种植
	分车带：黄杨绿篱、杨树、白皮松、紫叶李、油松	2.5～20m 不等	群植和点植，连续种植灌木中等距种植乔木
阜成门 - 车公庄段	行道树：国槐	1.5m	点植，等距种植
	分车带：银杏、海棠、黄杨	4m	点植和群植，连续种植灌木中等距种植乔木
车公庄 - 西直门段	行道树：国槐	1.5m	点植，等距种植
	分车带：黄杨、海棠、国槐、杨树	4m	群植和点植，连续种植灌木中等距种植乔木
	交通岛：桧柏、黄杨	30～50m 不等	点植和群植，群植形成外部围合封闭空间，围合区域内点植乔木

（3）道路和建筑之间绿地

道路绿地除了具有交通指示和分隔功能外，还是分隔建筑和道路的主要形式，甚至形成带状公园，成为城市开放空间的一部分而服务于周边工作和生活的人群（图 7-33）。

图 7-33　可进人林荫步行道

图片来源：作者绘制。

3. 西二环绿地景观评价

可以看到西二环道路绿地整体形态较为统一，景观层次是高的乔木、中部底部以灌木和植被或者灌木的形态。景观形态的变化完全根据尺度而定，狭窄部位以灌木和植被构成或者单植乔木作为行道树；道路绿地空间相对封闭且没有休憩设施，故此和市民的关系较为疏远；道路绿地的生态效益主要体现在吸收尾气、屏蔽高分贝机动车噪声；政治口号、活动标语及吉祥物等造型的植物是其一大特征（图 7-34）。

图 7-34　绿植做成的"一带一路"峰会标志

图片来源：作者拍摄。

（二）街心交通绿地：马甸公园

马甸公园兼具城市公园和道路绿地双重属性，公园内有满足附近市民活动的场所和设施，同时公园的生态调节功能可以改善微气候、增加含氧量、减弱噪声等，可以缓解大城市"生态病"。作为道路绿地是因为其位置关系所决定，毗邻城市快速路，具有道路绿地的属性：隔离机动车和人群、参与组织交通等。

从使用角度来看，马甸公园既提供了片状绿地空间服务于周边居民对于绿色和公园的向往，同时借助公园的多出入口方便了上班族穿行；从交通来看，仅对位于公园西侧和办公楼居民楼东侧的马甸东路的道路宽度压缩了，造成了一定的交通不通畅；从生态角度来看，把原本的硬质铺装空地变成街心交通绿地，提高了局地区域的绿化率并形成了一定"生态屏障"效果。马甸公园这样的街心绿地在北京很常见，兼具多重社会属性和服务功能。

1. 公园概况

建成于2004年的马甸公园位于北京市北三环马甸桥西北角，两面为城市主干道、快速路所包围（东临八达岭高速、南接北三环中路），北望北土城西路，而西边是冠城园住宅区和办公区。规划用地南北长680m，东西宽80～160m不等（图7-35），总用地面积为8.6hm²（表7-16）。

图7-35 马甸公园区域位置图

图片来源：作者绘制。

马甸公园主要特点及功能 表 7-16

服务人群	服务附近居住区居民和上班族		
公园形态	梯形形态		
使用对象	老人、中青年、儿童，上班族等		
景观元素	植物、喷泉、栈道、景观花池、步行道等		
行为特征及场所	老人	散步、慢跑、休息、照顾小孩等	步行道、树荫下或者草地上、儿童活动区、读者坐在休息椅子上等
	中青年	散步、穿行、打球、亲子等	步行道、树荫下或者草地上、空地上游戏、篮球场
	儿童	游戏等	树荫下或者草坪上、空地上游戏、步行道、儿童活动区
	上班族	快跑、慢跑、散步、穿行、打球等	步行道、树荫下或者草地上、空地上游戏、篮球场
停留时间	老人	每天早上 6～8 点，15～17 点，18～21 点	
	中青年	周末 10～16 点，工作日 12 点 30～13 点 30 分	
	儿童	每天早上 6～8 点，15～17 点，18～21 点	
	上班族	工作日 12 点～14 点	

2. 公园设计挑战与策略

马甸公园位处道路和居住及办公建筑中间，且占地面积较小，形态受制于道路的设置，既要满足穿行的"捷径"也要满足附近老人健身散步、儿童游玩等服务功能，同时也起着城市道路与居住区、办公区的隔离带、减少噪声污染和及一定的视线遮挡作用。

因此马甸公园的设计定位于服务周边居民和上班族，并针对不同人群和年龄段来具体规划功能组团，利用道路的联系、引导和指向性来形成公园的整体框架（图 7-36）；针对人群活动的内容和行为特点，利用绿化植物围合、塑造不同空间感和私密度；

针对不同人群的活动内容、使用时间、行为特征等进行不同功能组团空间布局，如儿

图 7-36 马甸公园功能布局图和交通流线图
图片来源：作者绘制。

童活动区设置运动器械、沙坑和滑梯等，可以适合不同年龄段儿童进行单人和群体以及在成年人帮助下进行的活动（图7-37）；运动区设置篮球场；若干大小形态不一的袋状空地可以灵活使用；环形步道可以散步和慢跑等。不同位置种植分类见表7-17。

图 7-37　儿童休闲区
图片来源：作者拍摄。

不同位置种植分类　　　　　　　　　　　　　　　　　表 7-17

位置	种植			功能	
	上部空间（乔木）	中部空间（小乔木、灌木）	下部空间（喜阴灌木地被、草本）	景观功能	生态功能
公园东侧	油松、云杉、桧柏等	大叶黄杨、榆叶梅、西府海棠等	珍珠梅、金银木、沙地柏、丹麦草	障景，视线引导；围合形成封闭和半封闭空间；覆盖空间	遮阴、阻隔噪声，阻隔噪声，形成季节色相性；形成整片绿地空间
公园中部	国槐、洋槐、白蜡、栾树、油松、银杏、梧桐	丁香、木槿、碧桃、连翘、垂柳等	沙地柏、丹麦草		
公园西侧	落叶乔木	玉兰、西府海棠、黄杨、金银木等	沙地柏、丹麦草、		

3. 公园景观评价

从社会服务方面来看，公园自2004年建成后，因其位置的便利性而成为附近市民（以老人和孩童）的日常活动场所，使用频次一直较高；老人利用环形步道三两成群的散步和聊天；儿童活动区内的设施对于年龄较小的孩童来说尺度偏大、操控性较弱，因而需要成年人的协助下使用；同时公园为"抄近路"穿行到达地铁和公交站点人群提供了方便。但是，由于穿行方向和公园慢行道路有多个垂直交叉点和部分重合路段，在上下班高峰期时段，公园内会出现"拥堵"现象。

从景观布局来看，利用地形起伏来塑造空间并形成不同私密程度地围合，以适应不同人群活动的行为、心理和安全性等方面需求。作为街心交通绿地，马甸公园为了阻隔了城市主干道（京藏高速公路和北三环）产生的噪声和尾气污染，并形成视觉屏障，优化住宅和办公楼内的观景效果；在种植上采取三个层次：公园的东侧紧邻京藏高速的部分种植高大乔木（常绿和落叶树种），并配合灌木对污染源形成第一道屏障。这一绿色屏障同时服务于公园内外的人群——作为行道树为公园外路上行人提供遮阴和视觉引导性；为公园内的人群提供视觉屏障阻隔车辆带来的噪声、灰尘、尾气和嘈杂。第二个层次是公园中部，主要由乔木和乔灌混合以及成组团式的灌木，结合园内地形和道路，服务于日常使用人群，从树种和景观视线力求丰富层级关系，带来了四季的不同色彩变化，为人们塑造安全、优美的环境，增进了公园和居民之间的"亲密度"。第三个层次是公园西侧靠近住宅办公区，选用中等高度乔木及灌木组合，也是同样服务于公园内外的人群并起到边界、阻隔、绿色屏障的作用。

四.　可持续绿地系统

实际上城市各种绿地形式的划分和概念界定不是非此即彼的关系，他们之间并没有特别明显的界线，甚至存在交叉关系。因此，把各种绿地形式看作是一个相互关联、相互协作的系统，探讨怎样设计、管理以及运行绿地系统才能有助于增进城市文化和生态的可持续性，已经成为我们工作中要考虑的现实的难题。在生态问题已经成为我们最大的社会问题的今天，城市绿地系统必然要聚焦于以社会的途径来解决生态的问题，并且对生态学赋予哲学和人文的意义。为了表述方便，此处以"公园"一词来概况性地指代各种形态、各种表现形式的城市绿地开放空间。

（一）社会的公园

过去，相关的绿地研究多是基于自然学科的生态价值、景观格局、植物恢复等，"一般借鉴自然科学方法，侧重探讨应急避难、空间可达性、规划设计等"[1]。然而，《公园设计的原则：美国城市公园的历史》（The Politics of Park Design: A History of

---

[1]　陶晓丽等. 城市公园的类型及其与功能的关系分析. 地理研究，2013 年 10 月，第 32 卷第 10 期，第 19 页。

Urban Parks in America）一书以时间为顺序，总结了相继出现的 4 种类型的城市公园，却发现每一种类型都对应的是社会问题，而不是生态问题，这确实有些令人匪夷所思。实际上，这些传统的城市公园都对社会问题作出了反应，并且表达了关于自然的各种理念，虽然它们很少关注实际的生态适应性。

如今，生态问题已经成为我们最大的社会问题之一，与这个事实相对应的是出现于 20 世纪 90 年代后期的、一种聚焦于以社会学的途径去解决生态问题的新型公园——可持续公园。毫无疑问，可持续发展的城市应该以富有智慧和社会和谐为目标，那么在这个框架下，我们要问：公园能够为促进城市的生态平衡及可持续发展做出怎样的贡献？通过研究，我们认为可持续公园的贡献可以总结为以下三条："（1）公园从物质和维护的角度具有独立自主性；（2）解决了公园边界以外的更大的都市问题；（3）提供了关于美学、公园和都市景观管理的新标准。它涉及公园设计、景观建筑实践、市民参与及生态教育等方面，这不仅意味着关注自然资源的自给自足，而且从这种关注发展出新的景观形式和审美观"[1]。

对城市绿地进行分类的目的之一是为了指导将来的设计，为项目的定位提供依据，并进而指导具体的规划和设计细节，在政策层面提供建议等。实际上，过去关于城市公园的分类，更多的也是关于社会问题而不是生态可持续性，比如《美国城市公园的历史》一书从社会学的角度定义了相继出现的 4 种类型的城市公园——休憩场（1850 ~ 1900）、改良公园（1900 ~ 1930）、休闲设施（1930 ~ 1965）、和开放空间系统（1965 ~）。这种分类法既包括了那些公园所服务的、多变的社会目标，也包括相应的设计形式的变化。

然而，在分析了中美期刊上发表的 70 多个公园（绿地），从其物理形式、社会程序、开发倡导者、建设目标和实际的受益者以及公众娱乐等方面对这些公园进行分析，我们可以发现可持续公园具有不同于这四种公园的特征。实际上，每一种类型公园之间的界限常常不是那么清晰，某个公园可能具有多种类型的特征，因此可以将每个公园归为其中的一类或不止一类。这样的分类法，更多地是体现了关于城市公园建设理念而不是形式的发展，而且这种发展是基于解决不断出现的新的社会矛盾。进

[1] Cranz. Galen and Boland,Michael.2004, *Defining the Sustainable Park: A Fifth Model for Urban Parks*, Landscape journal, p102.

行这样的分类和对比，是为了便于可持续发展公园能够在历史的脉络中被理解（表7-18）。

概括了每种类型的社会目标、社会参与者和主要特征   表 7-18

	休憩场 （1850~1900）	改良公园 （1900~1930）	休闲设施 （1930~1965）	开放空间系统 （1965~）	可持续公园 （1990~）
社会目标	公共健康、社会改良	社会改良、儿童玩乐、同化作用	娱乐服务	公众参与、城市复兴、防止暴乱	人类健康、生态健康
活动	散步、骑自行车、划船、音乐会、社会教育	有监护的玩乐、体操、手工、跳舞、演出和盛装游行	积极的消遣、篮球、网球、团队运动、游泳、观赏运动	心灵放松、自由玩耍、流行音乐、公共艺术	散步、远足、自行车、积极或消极的娱乐、观赏鸟、公众教育、管理
规模	很大（1000英亩+）	小、街区	小型或中型，有一定的模式	各种、多数是小型的，地点不固定	不等、重点在廊道
形式	曲线	直线	直线	曲线或直线	发展的审美形式
元素	林地和草地、曲折的步行道、大面积平静的水体、乡野的结构、有限的花卉展示	沙坑、操场、直线的通道、游泳池、	柏油或草坪玩乐区、直线的通道、标准娱乐设施	树木、草、灌木、曲线或直线步行道、水景或水元素、自由形式的玩乐设施	当地植物、可渗透的表面、生态修复绿色基础设施、自给自足的资源
与城市的关系	与城市模式相对比	可接受城市模式	郊区	形成网络、认为城市是艺术	艺术自然连续性、大都市系统的一部分、其他的模式
受益者	所有的城市居民（理论上）、中高阶层（实际上）	儿童、移民、工薪阶层	郊区家庭	居民、工人、低收入城市年轻人、中产阶级	居民、野生动植物、城市、整个地球
倡导者	健康革新者、房地产开发者	社会革新者、社会工作者、娱乐工作者	政治家、官员、规划师	政治家、环境主义者、艺术家、设计师	环境主义者、当地社区、志愿者、景观建筑师

以上的总结对比显示了第五种公园模型非常独特，完全不同于其他的几种。实际上，每种类型公园的界限常常不仅不是如此清晰，以至于我们很难对其进行归类；而且，它们无论从形式、活动内容、使用者等各方面来看，都可能具有重叠的地方。而新建的公园，比如说美国1990年后发表的文章中的公园，86%都具有可持续性的特征。

这个变化是发生在 1965 年开放空间理念产生之后 25 年。我们观察 1998 ～ 2018 年，休憩场的数量急剧减少，而开放空间和可持续公园的数量却增加了。

（二）城市公园发展的趋势——可持续绿地系统

我们不能够仅仅从外观来判断一个公园是否属于可持续公园，因为可持续发展公园的生态的功能不能很快从物质形式上体现出来，而是要从其运行、管理机制；物质材料的处理手段等隐性方面体现出来。一个通常引用的关于可持续性的定义，是"满足当前的需求，而不会损害下一代满足他们自己需求的能力。在一代和不同带之间，强调可持续性与公正相关"[1]。"可持续公园这些新特征包括当地植物的使用、河流或其他自然系统的恢复、野生动物栖息地、适当的技术或基础设施的整合、循环使用以及可持续的构造物和保养程序等"[2]。这种定义虽然突出强调了公园的生态价值，但我们知道还应包括社会价值。毕竟，可持续性根本上是一个社会的概念而不是技术的或生物的概念，人类要为今天的生态危机负责。

虽然从外观看，我们难以确定这些公园是否成功地减少资源使用、自我维持和创造健康的生态系统；我们甚至不能区分哪些是仅仅唤起生态象征主义的公园和哪些是实际上恢复了功能生态系统的公园。但是纵观历史，对可持续性和生态学赋予哲学和人文的意义，对于城市公园来说已经是一个令人瞩目的改变了。

1982 ～ 2014 年中美主要景观建筑期刊中发表的公园类型   表 7-19

	1982 ～ 1990	1991 ～ 2002	2003 ～ 2014	总共
休憩场	12（23.5%）	12（16%）	9（14%）	33（17%）
改良公园	0（0%）	3（4%）	4（5%）	7（3%）
娱乐设施	12（23.5%）	0（0%）	2（2%）	14（7%）
开放空间	23（45%）	34（46%）	25（35%）	82（42%）
可持续公园	4（8%）	25（34%）	32（44%）	61（31%）
共计	51（100%）	74（100%）	72（100%）	197（100%）

---

[1] Thompson. Ian, 2000.The ethics of sustainability. In *Landscape and Sustainabilily*, edited by John Benson and Maggie Roe, London and New York: Spon Press, 12–32.

[2] Cranz, Galen and Boland,Michael.*Defining the Sustainable Park: A Fifth Model for Urban Parks*, Landscape journal,© 2004 by the Board of Regents of the University of Wisconsin System, p108.

　　因此可持续公园也不完全等同于我们常听到的生态公园，包括森林公园和郊野公园等，它们"一般具有较大规模面积，有良好植被，景色秀丽，环境优美，空气质量良好，能够满足市民回归自然和郊游等户外活动需求。生态公园是城市系统中最完整地保留地域性原生自然生境的区域，具有多样性、系统性演替的生态系统，是对局地微气候改善最为突出地区域，有助于改善城市系统生态失衡的问题，缓解城市热岛效应"。[1]

　　实际上，作为大城市一部分的可持续公园，它有助于解决公园边界以外的城市问题。过去人们往往将像纽约中央公园这样的休憩场设想成都市生活的一剂解药——包括糟糕的空气质量、缺乏阳光，没机会体育锻炼以及其他伴随着封闭的城市生活的问题等。但可持续公园的目标远远超过了这些，它是将生态与生活、形式美学与解决问题等作为一个整体来加以发展的——可持续公园就是在这样的历史前提下出现的。

（三）可持续公园边界的内外——再生策略

　　我们将再生策略定义为提高资源的自给自足和物质的自我循环，包括可持续的设计、建设和管理、植物选择、施肥、水体保持与收集等。首先，从物质资源来说，可持续发展公园努力达到自给自足；其次，与其周边城市肌理相结合，它能够在解决其边界以外的问题当中承担重要的角色；第三，为公园和其他城市景观创造了新的审美形式。

1. 内部的自给自足

　　过去的城市公园类型不是自给自足的，而是需要外界提供大量能量、肥料、植物材料、劳动力和水，同时还会制造噪声、附加的农药、废水、草屑和垃圾——所有这些从场地运出都花费大量人力物力造成了负面影响。沉重的保养和运行资金，使得大量城市公园都面临着难以长期维持的境地。例如纽约的中央公园，奥姆斯特德（Olmsted）虽然寻求创造一种自然主义的景观——在美学的层面上模仿自然，但在物种的组合和生态功能上却并非如此。"在接下来的世纪中央公园逐渐陷入失修的境地，成了预算降低的受害者，呈现出使用过度、自然寿命减少、不可再生的景观。从

---

[1]　陶晓丽等，《城市公园的类型及其与功能的关系分析》，《地理研究》，2013 年 10 月，第 32 卷第 10 期，第 19 页。

维护的角度来看，后果之一就是，遭受了入侵物种的蔓延——比如挪威枫树和日本节草、苏格兰金雀花和水生风信子，人工种植的森林成为最早被废弃的景观（Cramer 1993，106）"[1]。这种仅仅出于美学效果的设计，以及对维护资金的大量需求常常造成公园维修不及时，而失修的公园进一步被公众所抛弃，从而在使用和资金方面造成恶性循环（图7-38）。

图7-38　纽约中央公园龟池（Turtle Pond）的维护资金已经成为公园管理处的负担
图片来源：作者拍摄。

同样的情况在我国也时有发生，在传统公园中的部分植被，特别是下层的地被、多年生植物和草坪，都出现了严重退化、物种单一、缺乏趣味等状况。例如上海解放公园，起初是作为苗圃建设的，没有底层植被的保护，加上排水基础设施的陈旧缺乏，地表裸土、降水漫排逐渐导致了水土流失和水质退化等连带问题。

可持续公园在内部物质和能量的循环方面不同于其他都市公园类型，它利用一系列多样的策略来减少对资源的需求，并提升自给自足的能力。这些策略交织在公园设计、建设和管理的方方面面，并有效地减少资源使用和维护。例如，可持续公园中建筑物的选址和设计都力图将建筑物及使用中的能耗降到最低：建筑物面向太阳；依赖自然采光和通风系统；游泳池使用最新的无毒清洁系统；使用循环或耗能低的建筑材

[1]　*Defining the Sustainable Park: A Fifth Model for Urban Parks,* Landscape journal, ©2004 by the Board of Regents of the University of Wisconsin System, p112.

料。材料专家对材料进行评估，比如说从长期看，金属、塑料、竹子、木材、多孔混凝土、沥青等在各种环境下，对环境的损耗最低——这就是材料的生态功能的含义之一。当然多数项目实践只是着重在某个方面，例如加州 Santa Rosa 的春泉公园游客中心（The Spring Lake Park），力图将建造和运行的费用都降到最低——简单的金字塔形构造小心地插入布满树林的场地，只移走了 3 棵树；金字塔的形式便于构造，也使得太阳能板的功效达到最大；结构的一部分埋在地下以减少其视觉冲击力并提高能源效应；建筑物以太阳能取暖，利用简单和自然的系统来通风降温，只有在冬天最冷的几天才需要烧壁炉取暖等。

2. 外部与基础设施的结合

长期以来，我国城市基础设施建设给绿地带来的更多是限制而不是机遇。尤其是近年来高压走廊、地铁、高架桥、轻轨等基础设施的迅速发展，都给城市公园带来限制性或不利因素。如上海人民公园因地铁建设，局部有大面积的地下建筑和地上的通风设施，这一地块的恢复改造就受到很大的局限。

将城市基础设施与公园相结合，并不是新鲜的概念，比如通过其中的园路提供自由穿行的路线，从而在城市交通中起到关键性的作用。波士顿的 Boston's Emerald Necklace 就是由道路、停车场共同组成的网络系统，形成了独特的城市肌理延伸的模式。同时，它还是一个精密的雨水蓄集系统，用以解决城市化带来的水质和排水等问题（图 7-39）。但是，Boston's Emerald Necklace 只是一个特例而不是规则，在许多案例中，公园只是基础设施穿过的一个容器，公园景观很少本身作为大都市基础设施系统的一个组成部分来发挥作用。

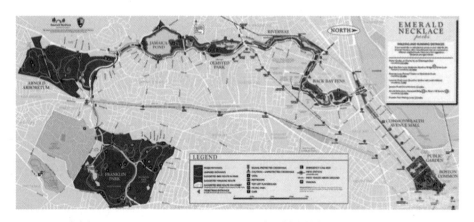

图 7-39　波士顿 Boston's Emerald Necklace 贯穿了城市的很大一部分

可持续公园改变了这种状况，通过利用公共场地来处理城市废水和雨水，提出了使废水基础设施与公园结合的途径。这种策略还有第二个好处，就是创造野生动物栖息地、娱乐和景观装置。有些是利用河流系统来处理都市废水和雨水，例如俄勒冈州希尔斯博罗市（Hillsboro）的杰克逊底公园（Jackson Bottom Park）就是利用现有的滨水系统和池塘系统来处理雨水、污水和其他城市排泄物。

（四）可持续公园的文化社会活力——完整大都市系统的一个部分

可持续公园同样致力于处理都市中的社会和文化问题，这些问题包括健康发展、情感与社会和谐、美学表达的新模型等。当然问题不仅仅局限于这些，这只是我们最常遇到并进行总结的。

1. 健康

健康是可持续公园关注的重要问题。运用公园来教育和维护公共卫生是个古老理念——以草药为主的花园见之于古代中国、古埃及、希腊和罗马地区。在西方国家，将城市公园作为社区总体健康指标的一部分已经深深地嵌入国家文化了。实际上所有类型的城市公园都在提升居民健康方面作出了不同程度的努力。

可持续公园在身体和精神两方面提升人们的健康，甚至比传统公园做得更直接。例如，德国博特罗普（Bottrop）附近 $10hm^2$ 的健康公园就是特别为附近社区中医院的病人而建造的。它们与社区公园相结合，目的是促进住院病人的康复，支持社区自我救助团体，并且协助重症病人的术后调养。而公园内人们活动的内容也相应变化，甚至可提供某些课程，如瑜伽、太极、冥想等，都是力图使公园更加广泛而深入地介入到城市生活之中。

2. 情感与社会和谐

都市疏离、与自然隔绝是人们对城市生活普遍担忧的问题，许多人担心城市居民已经疏离了自然和自然进程，缺乏了解自然的机会，甚至进而造成人与人之间情感的疏离。而"可持续公园声称要寻求提升社会和谐，提倡市民更广泛地参与到都市公园的管理中，而都市农场能激发归属感和社区感……在都市环境中对生态进程的了解和接触加深，能够提升一个人与地域环境的联系。可持续公园通过提供新的媒介来指导公众在公园概念、创造和管理的参与，加强了市民之间的联系，以及市民与土地直接的联系"[1]（图 7-40）。

图 7-40　位于曼哈顿第六大道的 Bryant Park 是纽约独特都市生活的代表，经常成为影视作品的外景地

图片来源：作者拍摄。

3. 美学表达的新模型

可持续公园也创造了新的美学表达模型。公园本身的形式及其与城市的关系、它的设计风格和管理实践，都更加朝着生态的方向发展，从而产生了一种进化的审美观、一种与城市的新型空间关系、一种对设计师来说新的角色。这种新类型可以作为城市景观或私人花园，并且进而成为城市本身的模型。

真正的可持续公园必须不仅超越了关于景观风格固定的、静止的形象的传统观念，而且包含变化的因素——一种动态变化的审美观。这种审美观使得自然景观对人和建筑物来说是补充，而不是隐藏。许多艺术家和景观建筑师创造了能诉说生态进程的景观。例如，材料的简单变化；抗旱的、低维护的本土物种；为了土壤改良的可循环垃圾；木屑铺筑的路径和树池；可回收的塑料做长椅；低维护、本地的，或可再生的材料等。设计师控制植物和地形时，不是把它们当作静止的材料，而是作为动态的

---

[1]　Kranck, Karen, and Lynda Schneekloth.Ordering *Space: Types in Architecture and Design*.1994. New York: Van Nostrand Reinhold.

生态系统副产品的景观。按照恢复生态学的指示，塑造了多样的植物群落，强调了植物的装饰和生态价值，这一步超越了仅仅用当地物种来替换装饰性的外来植物。这种管理植物的方式不仅带来了结构上的革新性变化和物种的多样性，而且已经成为种植和公园景观管理的必要方式。

另一方面，也有艺术家希望主要从现实主义出发来探索公园中的生态理念。加拿大多伦多市中心的 The Village of Yorkville Park 是一个市中心广场，由 17 个部分组成，每个部分包含的植物都是来自当地不同的植物群落。通过展示当地植物群落与当地生态，这个公园将地方性景观的意象带进多伦多市中心，创造了它们潜在的形态学、气候学的进程——它们是被高度控制的、非常清晰精确的关于生态进程的标志或表现。虽然对于景观如何与生态进程相配合来说，它也许并不是完美的模式，但它唤起了景观应包含生态美学最原始的冲动，并建议在城市环境中，艺术能够在生态进程的大众教育中起作用（图 7-41）。

图 7-41　加拿大多伦多 The Village of Yorkville Park 岩石从地下裸露出来，挑战了人们的审美习惯

而且，出乎多数人意外的是，规则的设计在为生态目标服务方面同样具有潜力。对于某些动物和植物来说，规则的花园也许比英国田园式花园更适合生存，因为在规则的花园中，人被严格地限制在步道的范围内。而鸟类可以在安全篱笆内筑巢和繁殖，因为规则的边缘给鸟类安全感（图 7-42）。

图 7-42 在 Parc de Sceaux 公园规则的树篱是鸟类栖息和繁衍的安全处所

（注：本章根据论文《可持续公园——城市公园的生态与社会服务功能》，黄艳，《北京社科规划》2015.06，第 16~20 页改写）。

小结

总之，可持续绿地系统意味着开放的系统，提倡公园与城市之间、公园与其周边环境之间的空间关系应该是多样化的。从外表来看，它可以是自然的也可以是人工的；它不是被设想成与城市生活相对比的解药（实际上，将公园看作是与城市分离的自然场所，这种观念在真正的可持续城市公园中已经被废弃了），而是基于开放空间系统的理念，通过将开放空间融入城市而建立的。然而，它又超越了开放空间系统，它的生态动力比开放空间思想走得更深更远，因为它在城市环境中还为其他物种服务，例如，为野生动物建立安全通道等。

由于可持续绿地以各种各样的方式广泛地介入到城市和社区中，它们不再是专家和管理者的专门领域，必定带来公园设计和管理方面的一套不同的方式，这也说明发展的或进化的审美观概念拥有巨大的社会价值——一个进化的审美观必定带来设计目的的改变，设计师的作用也从过去的项目策划者转变为自然与社会的中介，从而使得自然和社会的各种力量都能表达他们自己。

第八章

历史文化景观的再生

　　"再生"是生物学术语，指的是"生物体的整体或器官受外力作用发生创伤而部分丢失，在剩余部分的基础上又生长出与丢失部分在形态与功能上相同的结构，这一修复过程称为再生"[1]。任何一个成熟的生态系统或生物体都会经历过不同程度、不同规模的受伤或受损，但最终康复继续生存下来，就是再生的过程。

　　顾名思义，"历史文化景观"指的是具有较久历史的文化景观，是城市景观系统中的重要部分，也是携带文化信息最为丰富的部分。因此，"历史"和"文化"可以说是不可分的。而"文化景观"这一词汇自20世纪20年代起即已普遍应用，最初是由美国人索尔（Sauer Carl.O.）在1925年发表的著作《景观的形态》中提出，他认为历史文化景观是人类文化与自然环境相互影响、相互作用的结果；是任何特定时间内形成的某一地区的自然和人文因素的综合体，因人类作用而不断变化。

　　文化景观是人类活动所造成的景观，它反映文化体系的特征和一个地区的地理特征。因此法国地理学家戈特芒·J. 更进一步提出，要通过一个区域的景象来辨识区域，而这种景象除去有形的文化景观外，还应包括无形的文化景观。"文化被定义为持续的符号，其中一些就在景观当中"[2]。实际上，文化景观的形成本身就是个长期过程，每一历史时代人类都按照其文化标准对自然环境施加影响，并把它们改变成文化景观。

　　城市景观具有生态系统特征，在其长期发展过程中，会经历生长、发展、受伤、

---

[1] 百度百科。

[2] ［美］史蒂文·布拉萨著 . 景观美学 . 彭锋译 . 北京 : 北京大学出版社，2008年，第149页。

疾病、受损和消亡等过程。造成这种现象的原因很多，外力的作用首先表现在自然灾害，如地震、火山爆发、洪水、极端天气等造成对景观物的部分破坏甚至毁灭，著名的意大利庞贝古城（Pompeii）就是在公元 79 年被维苏威火山喷发的岩浆瞬间摧毁并掩盖，直到 1748 年被考古发现后才逐渐展开其原始面貌。另一种是在日常的风雨侵蚀下，出现的腐烂、腐蚀，以至于年久失修而造成的损坏。而人为的破坏力同样巨大，战争甚至能摧毁一座城市，大屠杀也使得几百万人失去生命，欧洲城市的许多教堂墙上现在还留着二战时期的弹孔。始建于 1100 年左右中世纪风格的伦敦圣邓斯坦教堂（St. Dunstan）在 1666 年伦敦大火（Great Fire of London）中未能幸免，虽然经过重建，但还是在二战的伦敦闪电战（London Blitz）中大部分都遭到了破坏，只剩下南北墙和尖塔。伦敦政府最终没有再次重建它，而是将其改造为一座公共花园，从而使之为今天的市民服务。

然而，除了以上剧烈的、明显的破坏以外，日常的或者借"保护"和"开发"之名而造成的破坏同样不可忽视，其规模、总数甚至超过了自然灾害和战争。因此，在城市文化景观发展研究中借用"再生"这个生态学概念是为了阐明一种城市景观发展的生态规律和一种理解和处理历史文化景观的态度与方法，强调的是赋予历史文化景观以当代生命动力与营养并与当代生活相联系；从而使得城市文化景观的保护基于生物体本质发展规律，并且以"再生"为指导思想来复兴城市文化景观。

一、北京历史文化景观的再生

北京由于历史悠久和都城地位造就了其历史文化景观种类丰富、层次多样性的特点，也同样经历了自然灾害、风雨侵蚀和人为、战争破坏，例如八国联军烧毁圆明园建筑群；日渐受风雨侵蚀的长城、城区内的东、西便门城墙；也有在进行合理保护之下继续使用并展示出历史性和文化性的历史街区及历史建筑等。

（一）北京历史文化景观保护的状况与方式

中华人民共和国成立以来，中央和北京政府都对北京的历史文化保护非常重视。1982 年，国务院公布北京为国家级历史文化名城；1993 年国务院批复的《北京城市总体规划》明确提出："北京是著名的古都，是国家历史文化名城，城市的规划、建设和发展，必须保护古都的历史文化传统和整体格局"。北京政府更是出台了多条法律法规，如《北京旧城历史文化保护区保护和控制范围规划》（1999 年 4 月）、《北京市区中心地区控制性详细规划》（1999 年 9 月）、《北京 25 片历史文化保护区保护规划》（2001 年 3 月）、《北京历史文化名城保护规划》（2002 年 9 月）、2000 年 3 月 25 日北京市第十二届人民代表大会常务委员会第十九次会议审议通过的《北京历史文化名城保护条例》等，并于 2010 年 10 月成立了北京历史文化名城保护委员会，且投入了大量资金。自 2000 年起，北京市政府安排近 6 亿元专款用于文物修缮，除了对白塔寺、历代帝王庙、先农坛、圆明园、十三陵等重点文物加以修缮外，还对南中轴线、东皇城根遗址、明城墙遗址、永定门等体现古都城市轮廓的重要遗迹进行了整治和修复。

1. 保护与破坏共存

但事实却是一面在努力保护，一面又产生破坏；不仅结果没有完全达到最初的预期，甚至还有一定数量的历史文化景观遭受破坏。从遭受破坏产生的机制可以分为主动破坏和被动破坏，主动破坏学术界有具体定论，而被动性破坏的原因首先是由于专业人员和政府部门人员对历史文化认识的局限性而采用一些不合理保护方式；其次是过于关注经济价值而忽略了文化价值的长期意义，加速了其破坏的程度和速度；第三是相关政策文件描述空泛而缺乏具体的操作指导。这从中华人民共和国成立以来北京历史文化名城保护经历的几个阶段可见一斑：

中华人民共和国成立之初 20 世纪 50 年代掀起了第一个建设高潮，旧城风貌基本保持完整。但由于思想认识和财力不足等诸方面原因，北京的城市建设以利用和改造旧城为主，因此，不可避免地对北京历史文化名城的整体保护带来一定程度的破坏，崇文门瓮城、天安门广场上的东、西三座门；东、西长安牌楼以及北海大桥两端的金鳌玉蛛牌楼等就是在这个阶段被拆除的。为迎接中华人民共和国成立 10 周年，北京掀起了中华人民共和国成立后第一个城市建设高潮，改造了天安门广场，新建了人民大会堂、中国革命历史博物馆等十大建筑。新的建筑在设计思想上继承和发展了中国传统建筑的风格，由于数量不多，因此对北京古城整体格局和景观风貌没有产生大的影响，部分建筑对保持北京旧城古朴、端庄、气势宏大的城市风貌起到了较好的烘托作用。

20 世纪 60 ~ 70 年代地铁和二环路等项目的建设，使旧城面貌开始发生较大变化。为了修建地铁和二环路，拆除了北京的内城和外城城墙，兴建了一批立交桥。这些建设工程使北京旧城风貌、城市道路布局和城市轮廓线发生了较大变化。

近 30 年来大规模的房地产开发，使旧城保护受到严重打击。为了尽快把北京建成现代化国际大都市，以房地产开发模式为主的旧城改造全面展开。由于政府财力有限，迫于加快改善旧城内居民的住房条件和居住环境，北京房地产开发热潮迅速深入到北京历史文化名城的核心区东城、西城、崇文、宣武。四个城区的大规模改造客观上给北京旧城风貌带来了较大的冲击。据不完全统计，从 1990 年到 1999 年的 10 年间，北京累计开工建设危改小区 150 片，拆除危旧房屋 436 万 m²。从 2000 年到 2002 年，拆除危旧房屋 443 万 m²。北京的胡同以每年 600 条的速度消失，中华人民共和国成立初全市共有 3600 余条胡同，现在保留下来的总数不超过 1500 条。根据清华大学建筑学院 2002 年 2 月卫星影像技术提取的信息表明，除北京历史文化保护区和主要文物建筑外，支撑北京旧城风貌的老胡同、四合院现在只占旧城总面积的 14.14%，其中有一部分已列入近期的危改项目中。

2. 保护方式的变化

随着认识的不断深入，在实践与探索中，北京历史文化名城保护逐渐步入规范化和法制化的轨道。北京市政府已批准了北京市文物局提出的"保用并举、恢复景观、成片整治、形成风貌"的工作思路，确定了整治"两线"景观，恢复"五区"风貌，重现京郊"六景"的实施方案。通过梳理总结北京旧城和文物保护的相关政策文件，可以看到 1949 年以来北京历史文化景观保护经历的三个阶段，同时也对应了三种不同的对历史文化景观的理解及保护方式：静态保护、动态保护和"再生"保护（表 8-1）。

三种不同保护方式对比　　　　　　　　　　　　　　　　　　表 8-1

保护方式	静态保护	动态保护	再生保护
物－人关系	物－人分离，单向的信息传播	物－人接触，双向的信息交流	物－人共存、共生，多向的信息传播与交流
保护对象	单体的、局部的、孤立的实体	片区的、群体的实体	综合的、整体的、片区的、成体系的实体和虚体
方法	隔离式的保护措施	隔离式保护措施＋有限的互动交流	互动交流、转型利用

保护方式	静态保护	动态保护	再生保护
呈现状态	静止、被动，完全丧失原有功能	被动地呈现，部分丧失原有功能	处于工作状态、发挥实用功能，原有功能的延续或更新
案例	首都博物馆前的石碑、清华大学建筑学院的老门楼、前门北京坊、益祥谦等	十三陵景区、故宫、历代帝王庙、天坛、圆明园、雍和宫等	烟袋斜街、南锣鼓巷街区、菊儿胡同、五道营等

（二）北京历史文化景观的构成与特点

正如本书第三章中所阐述的，从景观的物理特征来看，文化景观包括实体性和虚体性景观两大类，也就是包括建筑物、开放空间、基础设施、公园绿化等在内的、具有具体的、有形的、可视的、稳定的、可度量的物体要素和细节等，是整个城市文化生态的外显部分，是人们感知城市文化的直接的媒介。以及包括人们的活动方式、生活习惯、行为举止、语言文字等在内的、由非物质化文化形态构成的无形、但是具有一定持续性和持续性的人类活动和视觉信息。

从实体性和虚体性文化景观的关系来看，虚体性景观是由实体性景观所引发并规范、影响着的，就像碗和水的关系；但反过来虚体性景观也塑造和改变这实体景观，是原因和结果的关系。例如，北京人喜欢喝茶，而外国人则喜欢喝咖啡；而茶和咖啡不仅味道、所用的器皿不同，其所需的空间形式也不同，从而由饮用内容不同而塑造的不同风格与形式的空间实体。

北京历史文化景观种类繁多，构成丰富，既有我们能看到的明长城、十三陵、元大都城墙遗址等实体景观，也能看到二环内的传统民居及历史街区，还有独具北京地域特色的京腔京韵等虚体景观；北京历史文化景观既有有形的物质形态也有无形的文化方式，它们相互交织构成了北京丰富的历史文化景观。

1. 实体历史文化景观分布特征

国家现行的分类是参照国际通行的遗产保护的方式来划分，从大类上按照国际标准划分为遗产保护和非遗产保护；而"我国的遗产保护体系是在借鉴国际经验的基础上逐步建立和完善的，在以"自然—文化""有形—无形"为依据的遗产类型划分中也存在一些难以明确界定的对象和范畴。因而，文化景观也应成为我国遗产构成体系的必要补充"[1]。同时，文化景观是一种与地区文化传统不可分割的遗产类型，因地区差异而有着不同特点；从其构成要素来看分为物质系统构成要素（"物质载体为媒介在人类社会历史中传承的，即使相同的文化内涵也会有不同的表现形式"[2]。具有五种表现形式，分别是行为、建筑、空间、结构、环境）和价值系统构成要素（"除可见物质形式之外，文化景观还包括载体中蕴含的无形文化内涵，可以将其称为价值系统，包括人居文化、产业文化、历史文化、精神文化等"[3]）。

我国文化景观分为设计景观、遗址景观、场所景观、聚落景观和区域景观；综合国家的划分标准和依据，我们将历史文化景观的物质和价值系统相结合，以其空间分布形态特征为依据，将北京现存历史文化景观归纳为点状、线状和片状三类，在分类中依次阐述物质和价值系统内容，以形成相互关联的方式来论述。

（1）单体点状：由于整体遭受破坏而造成群落和片区消失，只剩下单体或局部景观，如城墙、城门楼等；也有一些本身就是独立单体建筑景观及其附属物，如天坛祈年殿、雍和宫、吕祖宫、教堂（西什库、宣武门）等。

（2）群落线状：呈线状分布或组合，常常与城市基础设施相关，如南北中轴线、王府井大街、前门大街、前门－大栅栏商业街、长安街、城墙、长城等。

（3）片状：由水系、公园（皇家、综合性）、古代机构等呈现出规则或不规则片状形态，如什刹海、通惠河、天坛公园、地坛公园、圆明园、颐和园、孔庙国子监等（图8-1）。

2. 北京历史文化景观特点

（1）都城历史文化特点：作为六朝古都，北京不仅各个历史时期的遗留类型广、数量多、规模大、建造品质高，且文化类型丰富，聚集了包括汉族在内的满、蒙、回等多民族文化元素。

（2）都城跨文化性融：北京历史文化景观不仅包含了实体的外国建筑形式和风格，也融合了虚体的生活、工作方式、节庆日、餐饮生活习惯以及思维模式等。

---

[1] 李和平，肖竞.我国文化景观的类型及其构成要素分析.中国园林，2008年11月，第91页。
[2] 李和平，肖竞.我国文化景观的类型及其构成要素分析.中国园林，2008年11月，第91页。
[3] 李和平，肖竞.我国文化景观的类型及其构成要素分析.中国园林，2008年11月，第91页。

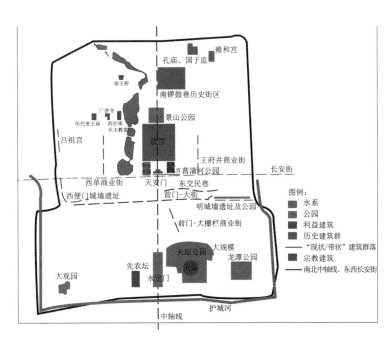

图 8-1　北京二环内主要历史文化景观分布

图片来源：作者绘制。

3. 北京历史文化景观现状

但不容忽视的是北京许多历史文化景观正在走向消逝、发生转变、中断和萎缩中。

（1）已经消逝：有些"点"、"线"状的实体已经消失，如四九城的城门、线性的水系已经干涸、城墙渐渐缩短，现在仅剩下东便门和西便门的局部等；某些"虚体"如传统手工艺、语言和文字等，因没有传承人而面临消失。

（2）正在发生转变：实体如珠市口大街的尺度发生变化，是因为交通方式发生变化导致道路变宽等；虚体如"胡同－四合院"文化内涵发生了变化，从居住功能变成了商业功能等。

（3）发生中断和萎缩：科技发展和国际交流提高了劳动效率，但同时也削弱了传统文化精神，传统文化消费受众人群逐渐萎缩、机构难以为继，如许多非物质文化遗产面临后继无人、失传的状况。

（三）历史文化景观"再生"的类型

生物学上的"再生"分为完全再生和不完全再生，完全再生指再生细胞完全恢复原有组织、细胞的结构和功能；而不完全再生指的是部分组织或结构的再生，也称作

"修复"[1]。由于其历史发展的不可逆性、城市复杂性及政策的区域差异性等多因素的影响使得北京城市历史景观多数属于不完全再生。这意味着再生后的景观既承接于原来景观又不同于原来的景观，是继承和发展的关系；它们之间不仅具有天然的文化基因联系、也具备了与时俱进的使用需求。"再生"策略的提出就是为了让我们及后人能够感受到城市发展变迁的时代感、读懂城市文化发展脉络。

"修旧如旧"是当今颇为流行也是有益的做法，但设计师不应受到局限、套用一种模式，而是从优秀设计理念中寻找不同具体项目自身的元素，为旧区改造注入新的模式。因此，北京城市历史文化景观的"再生"方式必须基于其客观物质条件、历史背景、空间要素等。具体来说，要求充分考虑其规模、空间尺度和风格形态特点、损坏的程度、周边城市肌理及经济内容和人群构成等因素，从而使之再生为"活在当下"的、"可使用"的、"工作着"的景观。综合考察北京历史文化景观保护开发利用的现状，可以概括出其三种主要的"再生"模式，分别是风貌恢复再生、活动场景再生和转型利用再生（表 8-2）。

北京城历史文化景观"再生"模式 表 8-2

		风貌恢复再生	活动场景再生	转型利用再生
物质空间基础	所处位置	旧城以内、历史文化保护区	旧城以内，城市核心区和人口密集区	零散分布于二环到六环，以工业厂房居多
	城市肌理	保持原肌理，并与周边形成统一关系	基本延续原肌理，尺度和形态有较大改变	保持原肌理，室外空间可做适当改变
	建筑保留程度	基本保持原有风貌，适当修整可重新利用	原有建筑大部分拆除	基本保留原有风貌，建筑质量好，适当修整可重新利用
	空间条件	室内空间尺度较小	重建空间	空间尺度高低
人文经济基础	产业延续性	基本延续原产业和生活内容	在延续原产业定位的前提下，增加相适应的新内容	与原产业完全没有联系
	行为内容			
	使用对象	周边居民及到访人群	周边居民及到访人群	到访人群

---

[1] 引自百度百科。

		风貌恢复再生	活动场景再生	转型利用再生
再生结果	新旧关系	基本延续原来的风貌和经济内容、活动模式	风貌基本改变，产业内容延续	风貌基本延续，产业内容完全改变
	代表案例	南锣鼓巷、烟袋斜街、什刹海、菊儿胡同等	王府井商业街，前门商业街等	798艺术区、首钢遗址工业园、天宁一号文化产业园等

二、"风貌恢复再生"—以什刹海（烟袋斜街）为例

此种"再生"方式是基于虽然建筑遭受了一定的破坏、侵蚀等，但是整体形态和肌理保存较为完整，对其物质基础进行局部更新改造达到使用条件，基本能恢复原貌，并可以实现"回到从前"的场景感受。因此"风貌恢复再生"的实质是分阶段进行有机更新和重建，置入和原场地空间具有密切关联度的活动内容，以逐步适应并重建区域活力的过程。"风貌恢复"再生特别强调"场景"的带入感，这就要求从空间的尺度、形态、肌理等方面尽量保持原始状态和历史遗留信息，以区别于人们当今日常生活的场景；从景观视觉感受到活动内容、从味觉到听觉，都有一种类似舞台布景的效果，把人们带入"那个年代"。

（一）风貌恢复再生切入点

什刹海包括前海、后海和西海（又称积水潭）三个水域及临近地区，位于北京中心区的西城区，毗邻中轴线，北海公园北侧一条马路之隔。其东起地安门外大街北侧；南自地安门西大街向西至龙头井向西北接柳荫街、羊房胡同、新街口东街到新街口北大街，西自新街口北大街向北到新街口豁口；北自新街口豁口向东到德胜门，区域面积 146.7hm^2，水域面积 33.6 万 m^2，与中南海水域一脉相连（图 8-2）。

由于其紧邻皇城，处于北京最核心区域，故清代起就成为游乐消夏之所，为燕京胜景之一，也是众多皇亲贵胄的居所所在，因此这里至今除了保留着较为完整的典型的胡同和四合院名人故居，也有宗教类建筑如火神庙等。又由于水运的发达而形成了商业体系，因而也成为离皇城最近的民间商业活动区——这些为"怀旧式"再生提供了物质空间基础和活动内容依据。

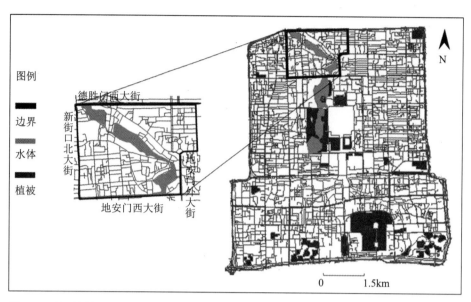

图 8-2　什刹海地区范围及其在北京旧城的位置图

图片来源：成志芬绘。

烟袋斜街是什刹海片区内前海东北的一条街巷，因其街巷格局就像一个烟袋造型而得名，是北京最古老的一条商业街。它东起地安门外大街，西至小石碑胡同与鸦儿胡同相连，为东北西南走向，全长 232m（图 8-3）。从建成后作为京杭运河的分支水运通道而形成的商贩集市，再到发展为明、清时期作为贵族的消遣之地，都是和商业紧密关联。因此，这里的建筑一直是处于"工作"中，并且经历过多次修缮，但是从街巷肌理和街巷宽度、和"烟袋型"的空间形态来看，跨越了几百年的时空，街巷肌理一直保留，商业形态也是和烟袋斜街的自身特色及生活服务相关。

1. 物质空间基础

物质空间基础指的是位置、建筑形态与尺度、建筑及周边环境条件以及区域空间格局和肌理等。物质基础是看得见、摸得着的实体，它是"风貌恢复再生"的前提，为置入和原场地空间具有密切关联度的活动内容提供了物质空间条件。

位置意味着场地所处的城市空间特质，代表了当时的生活基础和肌理，侧面展示了其历史时代性，确保了物质基础的时效特征。烟袋斜街位于北京历史文化核心区，周边不仅有吸引众多游客的南锣鼓巷、鼓楼、地安门、德胜门、北海公园、恭王府等历史文化古迹，也有依旧住着原住民的四合院居住区，因而形成了浓厚的北京历史文化氛围及聚集效应。

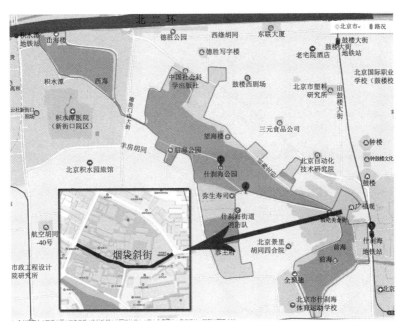

图 8-3 什刹海及烟袋斜街位置图

图片来源：百度地图 + 作者绘制。

建筑的质量品质不一，但比较完整地保留了街巷空间格局和肌理，街巷保持着原先宽度、格局没有发生过多改变；胡同街巷串联、名人故居穿插其间，因此通过休整改造后能重现往昔的旧貌。部分建筑都延续着 20 世纪清末或者仿清末的风格和样式，因为一直处于使用状态下，所以它们基本被保留下来，作为"风貌恢复再生"的物质基础提供了场所空间的历史回忆。

2. 人文基础（人文活动依据）

人文基础通过具有历史年代性的物质形态和生活方式等表现出来，有形和无形的文化景观通过传承有序并和生活习惯的不停重复和循环而得以延续下来，并在市民心中留下深刻的集体记忆。

居住人群是风貌恢复再生的核心，正是他们的日常活动将建筑形态得以长时期保存下来，同时通过生活方式的代代相传成为地域性生活习惯而具有了怀旧的对象和风貌的基本模式。什刹海在历史时期曾是皇家园林，围绕其周边居住人群为贵族和为贵族服务的平民阶层，因此，这里既有四合院（已经作为历史文物进行保护）也有平民居住的胡同－院落，这类型建筑是我们当前探讨怀旧风貌恢复再生的物质基础。而且，此区域规模大，聚集的人员多且充满了不同阶层的生活气息，因而不同阶层的文化在

图 8-4　20 世纪 90 年代烟袋斜街

图片来源：李嫣，丁丁. 北京什刹海烟袋斜街改造研究. 装饰，2008 年第 188 期，第 35 页。

此汇集，共同构成风貌恢复再生的物质基础和文化形态。

（二）"风貌恢复再生"模式的策略

烟袋斜街经过多次更新改造后全部为各类商业活动，经营内容既有本地传统文化形式如景泰蓝、茶、扇子、烟斗等工艺品和北京小吃等，也有外来文化形态如酒吧、咖啡屋等。这些本土文化和外来文化都装在了怀旧式的"胡同－四合院"式建筑中，保留了传统建筑的"表皮"，对其内部进行了现代化改造以满足"活动内容"业态的整体风格，在保护原建筑的前提下辅以玻璃、不锈钢、木材等材料，也有将建筑立面完全做成现代风格的橱窗以满足展示需求。

1. 物质空间基础的利用与改造

纵观历次改造，尤其是进入 2000 年以后的三次改造（表 8-3），都是围绕着改善"硬件"基础设施；烟袋斜街的改造主要针对市政设施和规范停车、没有扩大街巷宽度和改变肌理及格局，对于建筑形态上进行修缮和整修，这种改造符合让历史街区恢复"生命力"的本质基础。

烟袋斜街的街巷保留了历史时期的格局，街巷并不是宽度一致，而有宽有窄、坡度也随着地势有高低起伏。街巷的宽度（5～8m 不等）和建筑高度的比值在 0.6～1 之间（图 8-5）；路面没有采用混凝土硬化（图 8-6），而是继续保留条砖或方砖的形式；街巷延续了步行的交通方式，辅助以共享单车。

"硬件"物质基础设施改造[1]　　　　表 8-3

时间	改造目的	改造重点	实施的依据及参考
2000～2001 年	改善居民生活环境和街道整体面貌	拆除违章建筑，改造市政工程和基础设施	《北京旧城 25 片历史文化保护区保护划》
2003～2005 年	提升历史文化价值，吸引游客发展旅游	广福寺搬迁修缮，烟袋斜街门牌恢复，商业店面部分更新，保留两家烟袋店的功能	《北京市"十五"时期商业发展规划》《北京市发展特色商业街办法》
2007 年	进一步发展商业服务业，提升地区品质	院落改造，提升基础设施水平，增加了电缆、燃气、停车场和照明等基础设施配置	小规模、渐进式，保护与开发并对"一线、一片、一点、一角"重点区域进行的整治工程规定了建筑区域限高

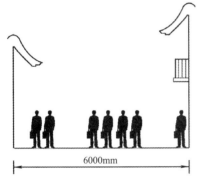

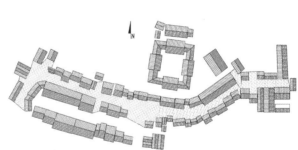

图 8-5　街道示意图　　　　　图 8-6　烟袋斜街街巷肌理和地面铺装图
图片来源：作者绘制。　　　　图片来源：作者绘制。

"政府强行拆除了沿街的违章建筑，完成了市政工程的改造和更新（包括重铺路面、铺装天然气、自来水及污水管线），维修了沿街的危险房屋，对一处文物保护单位（广福观）进行了保护性修整，并对沿街有价值的建筑遗迹进行了修缮和原样保护"[2]。在政府的支持下，有经济条件的住户按照政府制定的规范修建和局部加建二层，建筑物没有了居住功能，都转变成为商业用途。建筑物入口处是改造的重点，外立面

---

[1]　杨君然，吴纳维 . 商业开发对旧城保护与更新改造的影响分析—以北京什刹海历史文化保护区烟袋斜街为例 . 北京规划建设，2014 年第 1 期，第 98 页。
[2]　井忠杰 . 北京旧城保护中政府干预的实效性研究 [D]. 北京：清华大学 ,2004 年。

上挂起了各式招牌，门前也做了景观种植和配饰以服务于商业活动（表 8-4）。

物质空间基础分析　　　　　　　　　　表 8-4

街道	建筑			招牌	
保持传统格局，街巷尺度延续，地面铺装仿古条砖	外部				
	完全改变传统建筑立面形态	部分改变传统建筑立面形态	保留传统建筑立面形态	传统牌匾类	现代简约式
	内部				
	内部完全现代化设计改造	保留内部传统框架结构	用现代方式复原传统环境氛围	采用悬挂方式	采用粘贴或者上下固定方式

2. 人文经济内容的延续

　　商业形态呈现两大类型，一类经营内容为表现历史文化为主的工艺品、古董和日用品，一类是服务产业的餐饮、小吃等（表 8-5），两种类型的商业共同作用维系着这条历史街区的发展和传承。商业的发展也促进了对于基础设施改造的动力。服务对象从 2000 年之前的对内服务（周边居住区居民）转变为 2005 年以后的对外服务（参观、旅游者服务）。本土建筑空间承载着外来文化形式，如咖啡厅、酒吧等，反过来它们又促进了各类本土文化的创新，文化创意产业行业逐步升温。

人文经济的延续　　　　　　　　　　表 8-5

时间	经营内容（文化传承类）	经营内容（生活服务类）
元代	布匹绸卷、柴炭器用之类	新奇果品、饼面、食品，客栈，茶馆
明代	保持元代商业，并有所发展，更为繁荣	酒楼（天香楼），茶馆，
清代	烟具（"同台盛"、"双盛泰"）、古玩、	酒楼（庆云楼）
清末到 20 世纪 20～30 年代	旱烟袋、水烟袋、烟具、古玩、书画装裱	各类型风味小吃

续表

时间	经营内容（文化传承类）	经营内容（生活服务类）
20世纪40、50年代	烟具（"同台盛"、"双盛泰"）、古玩、西服裁剪发源地、药店、钟表店	展现"京味"特色小吃"爆肚"、"面人汤"等，包子铺、烧饼铺，理发、澡堂、茶馆等
20世纪60～90年代	公私合营后，商业减少到16家，直到90年代开始逐渐恢复	满足居民基本生活服务
20世纪90年代～21世纪初年	开始综合整治，恢复商业，以文化产品、服饰店、少量烟具店	各类型特色小吃、酒吧、饭店（庆云楼）等
现状	本地文化（烟斗文化等）	外来文化（模型和手伴） 中华特色小吃 外来休闲文化（酒吧、咖啡厅）

基本保持"硬件"物质空间基本格局，而其内部"软件"人文经济形态发生局部的适应性的更替。例如20世纪初至今烟袋斜街店铺布置及街巷肌理、尺度、格局基本一致，两个著名老字号"洪吉南纸店"和"庆云楼饭庄"的位置也一直保持不变。在这样的不变与变当中文化在延续和更新、特色餐饮在传承，而烟袋斜街本身也成为留给我们一代代人的文化符号而存在。图8-7为1956年公私合营前烟袋斜街店铺分布示意图。

（三）评价与建议

1. 评价

打个比方来说，烟袋斜街就是老坛装老酒，是容器与内容的关系，因而从其经营内容和景观视觉上我们可以很容易获得历史信息的场景代入感，也体现了商业的变迁、时代的发展以及文化的再造之间的关联性和同步性。通过其实体建筑、街巷格局以及建筑材料等方面依旧可以看出"前店后厂"的传统商业格局。

景观视线随着街巷的走势和建筑高度的统一性而具有强烈的透视感，街巷充满了各种店铺的广告招牌和绚丽的灯光，以及在统一建筑风格基础上的外立面改造，给人

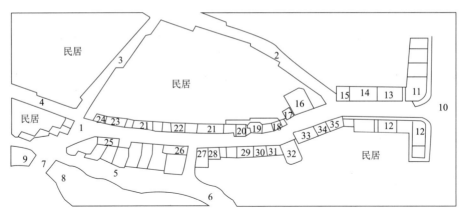

图 8-7　1956 年公私合营前烟袋斜街店铺分布示意图

图片来源：《烟袋斜街述往》。

1—烟袋斜街；2—大石碑胡同；3—小石碑胡同；4—鸦儿胡同；5—前海东沿；6—义海河沿；7—银锭桥；8—什刹前海；9—什刹后海；10—地安门外大街；11—洪吉南纸店；12—公和魁点心铺；13—恒泰烟袋铺；14—双盛泰烟袋铺；15—钟表铺；16—鑫国澡堂；17—龙王庙；18—湖笔店；19—广福观；20—义信裱画店；21—各类风味小吃店；22—黎光阁裱画店；23—油盐粮店；24—菜店；25—豆腐坊；26—庆云楼饭庄；27—温记染坊；28—双龙盛弹花店；29—太古斋、宝文斋等古董店；30—同和假发店；31—振兴理发店；32—"中和当"当铺；33—古玩店；34—西服店；35—潘步西服店

的信息量过于庞杂和选择性过多。店内的空间舒适性不高，首先是空间狭小，其次是进店人数多而且多数以走马观花式的闲逛，消费体验性不够；街巷的宽度也保留原来尺度，最宽处不超过 5m，在节假日大量游客聚集的时候显得拥挤，人与人基本是擦肩而过，密集程度可以和南锣鼓巷相当。

2. 建议

从建筑风格形态上看，各自为政的改造打破了原有建筑立面的统一性，减弱了历史街区的风貌统一性，建议：（1）对整条街巷的立面改造以及广告招牌设计进行统一规划和控制，在色彩、材料、尺寸、位置等方面作出明确而具体的规定，以保持原始风貌的统一性和纯正性，强调"怀旧"的场景特质；（2）并根据当代商业内容及行为活动的特点进行公共空间的局部改造，以增加户外公共活动空间，丰富景观视线和节奏；（3）利用边角零碎空间种植植物，阻隔、吸收噪声，提升空间舒适度等。

三、"活动场景再生"—以王府井商业街为例

由于各种因素造成建筑风貌、空间格局完全改变，但是利用长期形成的市民集体记忆使得其中的活动方式和产业内容得以延续和保留，并符合当今区域产业内容

的发展定位，此类再生叫"活动内容再生"。这是由于活动内容的重复性经过长期历史所形成的集体记忆，而这种记忆具有异常稳定性和印记性，不容易被替代和遗忘；如此一来，一提起这个地名首先反映在人们脑海中的就是发生在此地的活动。国内外将地名与某种活动内容相关联的做法屡见不鲜，甚至可以画等号成为某种活动内容的代名词，即所谓的"地名形象"或者"内容形象"。例如伦敦切尔西区在人们心目中是小资、文艺、艺术和休闲的代名词，而纽约曼哈顿的切尔西区（Chelsea）就是得名于伦敦的切尔西区，200 年前是英国移民的聚居住地，靠近哈德逊河的中南部下游。这里是多元文化的汇集地，随处可见画廊、设计师小店、餐厅、咖啡馆、酒吧和集市，就和伦敦切尔西区一样。因此，可以说，一个地名不仅仅意味着地理空间位置，而且包含着其历史和经济产业信息，就像华尔街意味着金融行业、百老汇意味着戏剧表演一样。

集体记忆脱胎于生物学上的记忆，集体记忆并非是一个个具体个人记忆的汇总，而是一个群体通过各种仪式塑造的共同记忆，属于一个群体自身的、内在文化基因。因此，法国学者诺拉（PierreNora）将这些能够传承文化记忆的载体形象地称之为"记忆的场"[1]。商业文化作为文化的一个分支同样为集体记忆所固定下来，即使是建筑实体被拆毁不复存在，但其地名信息却依旧清晰强烈。因此，通过活动内容"再生"某个建筑实体空间完全破坏的历史区域，不失为有效而顺其自然的途径。

正如学者托尼·亚历山大（Toni Alexander）指出"集体记忆既是时间的，又是空间的，它根植于地方，包含了地方的往日，文化景观则记录下审视往日的种种方式，即一种记忆和纪念场所相互交织的网络"[2]。王府井的历史可追溯到辽金时代，明成祖时在这一带建造了十个王府，便改称十王府或者十王府街；到了清光绪、宣统年间，街的两旁出现了许多摊贩和店铺，还有一个"官厅"，成为当地有名的繁华一个区域。从那时起，王府井就与商业文化密不可分了。因此，王府井的商业文化集体记忆也是依附于其地点、空间格局、组织形式以及视觉印象等，并经历了长期历史阶段，且其活动内容在这个历史阶段中一脉相承而为人们所公认。这些活动内容持续并且和人们的记忆相关联，具有高度的重复性和高频使用性，它们是最有效

[1] Nora , Pierre, Between Memory and History Les LieuxdeMemoire , In Representations,1989.

[2] 李凡、朱竑、黄维 . 从地理学视角看城市历史文化景观集体记忆的研究 . 人文地理，2010 年第 4 期，第 62 页。

的广告并促进消费。

　　因此，活动内容"再生"模式其实质是在现代化的条件下让历史品牌和文化精神找寻到合适的场所，它既满足自身发展的需求，也可以帮助人们重拾历史记忆。

（一）活动场景再生切入点

　　传统商业街区不仅是人们生活的重要组成部分，也是珍贵的历史文化遗产，是城市中一道独特的景观；当人们提及其商业街时它已不再仅仅是一个地名，而是城市文化的一种代表。无论法国巴黎的香榭丽舍大街，还是美国纽约的第五大道，英国伦敦的牛津街或是日本东京的银座，莫不代表了城市文化和经济，成为最吸引当地居民和访客的令人兴奋、信息多元的场所。

　　"王府井商业街地处北京的核心地段，位于中轴线东侧，紧邻故宫、天安门广场、人民大会堂。北起五四大街——东四西大街，南至东长安街，东至东单北大街——东四南大街，西到南河沿——北河沿大街，区域内面积 1.65km^2。（图 8-8）由于拥有优越的地理位置，使得其成为北京几大商圈的中心，具有巨大的商业潜力和深厚的文化底蕴，也因此被誉为'首都第一商业街'，成为北京商业的标志"[1]。

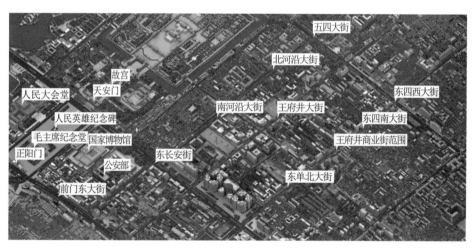

图 8-8　王府井大街区位图
图片来源：作者绘制。

　　随着时间的变迁，历经数次改扩建，目前王府井商业街街道全长 1818m，从南

---

[1]　李虹. 基于王府井步行街探讨商业步行街公共空间设计 [D]. 北京林业大学，2010，第 10 页。

至北共分为 4 段，其中的东单三条至金鱼胡同段长度为 548m，是完全的步行街，宽
38～45m 不等。重塑王府井商业文化的第一步就是将各种类型的老字号品牌邀请回
来，包括人们日常生活的穿衣、吃饭、理发、高档消费品类等，通过唤起人们对这些
老字号的品质、服务的集体记忆而在最短时间内保持了大众的兴奋度；并进一步联手
金宝街缔造国际化纯高端消费商街，聚集国内外知名品牌，形成了涵盖商业、餐饮、
艺术中心、酒店式公寓、酒店、写字楼等的完善产业链。

如此一来，当多个单体商业文化集体记忆汇聚于一个大的商业街区时，不仅会增
强整体集体记忆，而且这种商业文化集体记忆的影响力并非简单的单体的数字累加而
是会形成倍数扩张。

1. 物质基础

伴随着社会发展的深入，原来的物质基础发生着巨大的变化，有些保留、有些被
扩建，还有些消失或自然消亡。在城市整体规模扩展及时代新经济形式等多方面因素
影响下，实际上王府井商业街的物质基础形态除了地点以外已经发生了巨大改变。据
2012 年 9 月 16 日新华网报道，王府井大街 5 年内新增建筑面积 80 万 m^2，扩容
40% 以上（图 8-9）；每 200m 有一处主题商业中心。新建项目按照现代商业建筑的
要求规范设计，不仅适合当代经济内容和形式，也符合人们的行为心理因素要求，并
引入了当代城市公共空间的理念和元素。

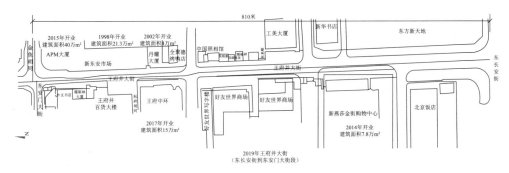

图 8-9　王府井大街（金鱼胡同到东长安街段）扩建建筑及面积平面图
图片来源：作者绘制。

从历史发展过程来看，从 20 世纪 20 年代末王府井大街一带集中了北京城内最
高级的洋行、旅馆、电影院、商场、舞厅等，历经几十年的发展到现在我们所见到的
现状面貌。同时，建筑的形式和装饰也发生时间的流逝而发生着变化（表 8-6）。

物质空间规模扩建过程 表8-6

时间	扩（新）建建筑	扩（新）建规模	王府井商业街规模
1950～1960年	新建北京市百货大楼	不详	14万m²
1960～1970年	扩建东安市场	2.7万m²	
1980～1990年	新建外文书店、穆斯林大厦、工商银行大楼、港美大厦等	—	18万m²
1991～2000年	新建北京百货大楼北部商业楼	—	—
2001～2010年	扩建北京百货大楼，新建"青春馆"	扩建后百货大楼总营业面积10万m²	—
2011～2018年	新建北京新燕莎金街购物广场 新建APM大厦 新建王府中环	新建面积7.8万m² 新建面积40万m² 新建面积15万m²	—

而且，周边商业（东方新天地）、历史文化（传统四合院、南池子、隆福寺）、文化机构（中国美术馆）、旅游名胜区（故宫、中山公园、景山公园）等，共同形成了北京内城的"文化+商业"系统和格局；公共交通方便，地铁1号线、6号线都在此设有站点、毗邻的长安街有快速公交等（图8-10），都为它的商业文化活了提供了基础设施保障。

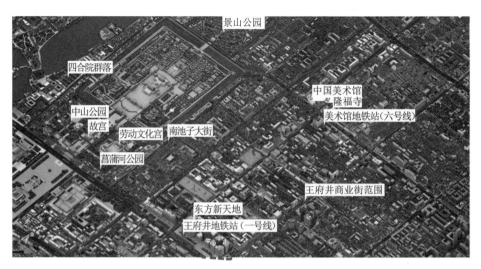

图8-10 王府井大街周边环境分析图

图片来源：作者绘制。

2. 人文基础

人文基础与活动内容发生着紧密联系，经过几十年、甚至是百年的重复而被固定。王府井商业街文化基础中居首位的是那些老字号（图8-11），它们的产品浓缩了文化精髓，历经了时间的洗礼，在人们心中留下深刻而持久的印象，也成为一个城市文化的代表之一，如"吴裕泰"、"张一元"、"四联美发"、"瑞蚨祥"等。活动内容品牌和行为方式产生很好的匹配并互为代名词，理发就和"四联"品牌关联、茶叶"吴裕泰"就代表着茶叶；老北京人甚至将一些品牌和行为方式编排成了口头禅，如"头顶马聚源、脚踩内联升、身穿瑞蚨祥、腰缠四大恒"等，将人穿戴的帽子、鞋、衣服以及日常用的银票和品牌直接融为一体。这是文化的效应、更是品牌历史口碑效应的集聚，因而具有丰厚的历史沉淀。

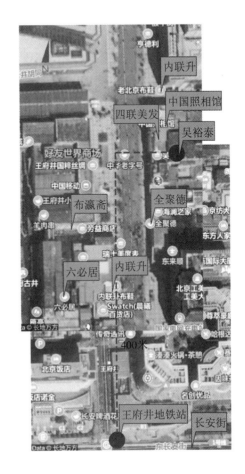

图8-11 王府井街道上老字号
图片来源：作者绘制。

（二）"活动场景再生"模式的策略

1. 物质空间基础改造

王府井大街通过改造市政基础设施，拓宽了步行街的道路宽度（最宽处可达45m）（图8-12），不仅可以避免在节假日期间人员过度密集而导致通行不畅的问题，为人们的户外公共休闲活动提供了场所，而且能设置服务和公共艺术（图8-13），提升了街区的文化艺术气质，符合当代城市公共空间的要求。

王府井商业街的主干道采用了暖灰色调的毛面花岗岩，以体现其历史厚重感；两侧人行步道则采用浅米色系的步道砖，尺度图样力求亲切雅致，兼顾耐久防滑等功能要求。同时，城市家具（包括座椅、路灯、垃圾筒等）为步行的人群提供了临时休息的地方（图8-14）；街道小品则不仅增添了环境的趣味性（图8-15），而且形成景观节点，促成了新的市民活动内容。空间开合形成多个袋状小广场空间，不仅丰富了空间层次和节奏感，让人们可以停留、徜徉、观赏及交往，而且为人们的空间和方向定位提供了依据或坐标。

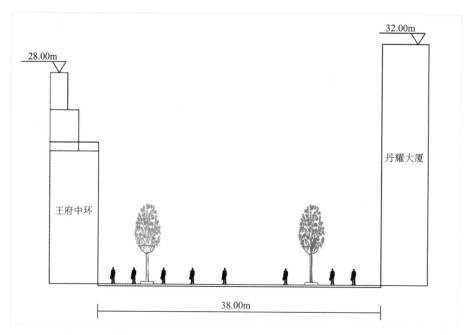

图 8-12　街道拓宽后剖面
图片来源：作者绘制。

图 8-13　王府井大街上的公共艺术"五牛图"
图片来源：作者拍摄。

图 8-14　王府井大街各类景观设施（一）

图片来源：作者拍摄。

图 8-15　王府井大街各类景观设施（二）

图片来源：作者拍摄。

　　街道两侧的建筑有些是新建（新燕莎购物广场、王府中环），有的是在原建筑基础上改扩建（王府井百货大楼）。从建筑形态看呈现多种风格，既有传统风格的王府井小吃街，也有现代风格的 APM 大厦、东安市场，伊斯兰风格的北京穆斯林大厦等（图 8-16～图 8-18）。

图 8-16　2014 年建成开业的新燕莎购物广场

图 8-17　2017 年建成开业的王府中环广场

图 8-18　王府井北京百货大楼（1955 年建成，2004 年改造）

2. 活动内容和产业种类的丰富与延伸

王府井商业街与北京其他商业区最大的区别就在于它融合了传统与现代的商业内容及形式，并成为北京规模最大、产业链最全、最具北京特色的商业区；老字号品牌与当代商业模式相互配合，共同打造中国商业街的世界品牌。建立起依托品牌和活动内容为主导的软实力，增强服务内容的黏度和关联度，将活动内容作为区域"再生"的动力。

王府井和其他商业街，如三里屯相比，相似之处在于他们都有传统和时尚的品牌入驻，不同之处在于传统和时尚品牌的比例差距甚大，三里屯仅有个别传统品牌，如三联书店，多数是现、当代时尚大牌，以服饰和配饰、电子产品、咖啡等。因此，从参观和消费人群的年龄来看，王府井的参观人群较为综合；而三里屯以年轻人和外国人比例较高；从景观来看，三里屯的视觉景观和建筑景观通过现代文化符号元素和简洁形态来传达，王府井是通过较厚重的传统的文化元素来体现其历史久远和"老字号"的百年老店的发展历程。因此，通过视觉感知可以明显区分出不同的文化特色（表8-7）。

经营和活动内容   表8-7

时间	经营内容增加
1950 ～ 1960 年	蓝天服装店、四联美发厅、中国照相等品牌入驻
1960 ～ 1970 年	新华书店以及工艺美术服务部
1980 ～ 1990 年	东华服装公司、红光照相馆、大明眼镜店等
1991 ～ 2000 年	开始跟随国际化，开始学习现代商业，积极引进国际知名品牌
2001 ～ 2010 年	开始品牌专柜制度，联合各大品牌如"欧莱雅"、"MORGAN"、"NINEWEST"，分层开始经营不同类型和功能如地下经营美食、地上分别为首饰及化妆品层、男装层、女装层、儿童层等；开始转向重点关注中青年的消费人群和阶层。
2011 ～ 2018 年间	商业综合体展现，细化商业品质，开始走高端、奢侈品化，同时融入酒店、高端智能综合写字楼。打造高端商业街，淘汰落后及低端商业。

这些老字号的经营内容通常是和居民衣食住行等生活密切相关的，并以其品质和服务赢得口碑并流传至今（图8-19），虽然现今已经在不同地段和地区都有分店，但是其经营内容的主体性和识别度依旧将它和品牌名称相互锁定。

现在的王府井商业街开始转向高端商业地产，同时增加国际影响力，更多关注商

（a）　　　　　（b）　　　　　（c）　　　　　（d）

图 8-19　王府井大街上的中华老字号

图片来源：作者拍摄。

业产值和整体商业氛围的营造，针对高净值消费人群，正在蜕变脱离传统的百货店的模式，但是并没有否定传统老字号在传统商业文化中的历史推动作用。因此，在发展现代商业的同时需要提升传统老字号的更新和迭代，让老字号在发展中继承；未来的王府井大街将形成品牌管理和品牌直营的模式，在全国各地开展地区王府井大街（如现在已经落地的武汉王府井大街、成都王府井大街等），品牌在商业的驱动下花落各地，但是传统的大街精神却只保留在首都北京。

（三）评价与建议

1. 评价

王府井大街经过历次的改造和扩建，形成了现在我们看到的面貌，而每一次的改造都拓宽了街道（达 45m）、拔高了建筑（一层 4～5m），部分区域街道宽度和建筑高度比值在 1.2～1.7 之间，大大高于国内外多数步行街的，行走在其间的感觉更像是空旷的广场。

实际上西方国家很多城市的商业步行街宽度大多在 30m 以内，窄至 10m 或以下的步行街也随处可见。就人的视力而言，30m 以内，从商业街的一侧可以看到另一侧店铺，看到店铺里摆布的商品，会拉近店铺与顾客之间的心理距离。另外，宽度 30m 以内便于人们快速在街道两侧穿行，形成双向、"之"字形的行走路线，大大增加了人在街区内停留的时间，不仅提升了商铺的客流量，而且给人以一种自由的选择（图 8-20）；而自由正是令人感到休闲、放松的根本原因。例如成都太古里街道宽度多在 7 ～ 13m 之间，建筑多为两层，因此街道的宽高比 D/H 基本保持在 1 ～ 2 之间，形成了十分宜人的尺度关系，走在这样的街道里既不压迫也不空旷。

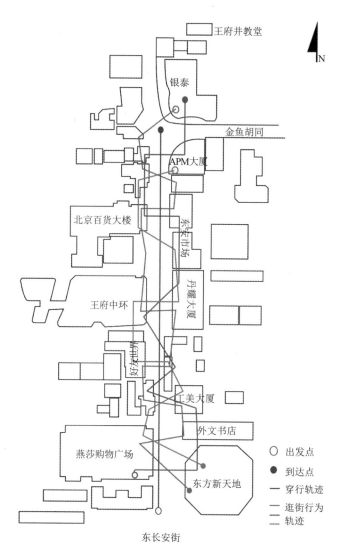

图 8-20　王府井步行街行为流线分析图

图片来源：作者统计分析绘制。

从历史视觉风貌来看，主要体现在局部点缀的符号，如印有"王府井"字样的下水道井盖、记载王府井发展演变历史的文字等；以及依旧醒目的老字号牌匾和沿街立面形式及彩画上。但由于缺乏较大树冠的行道树，且过大的宽高比而不能形成阴影覆盖，因此整条街缺乏可以遮阴的区域，在夏季地表温度可高达 40℃，产生强烈的热辐射，大大降低人体舒适度，从而减少到访人数（图 8-21）。

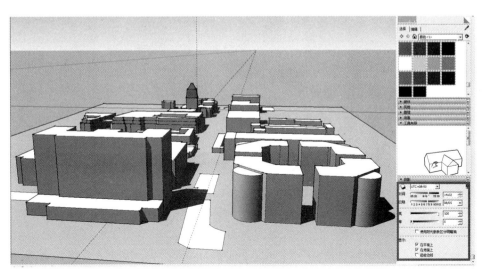

图8-21　王府井大街夏季（8月）下午2点光照模拟图

图片来源：作者绘制。

2. 建议

（1）鉴于以上分析和场地条件，从整体上来说可以将王府井步行街看作线性的集步行交通、休闲、健康等为一体的综合性城市公共空间。这样在改造设计中将有更开阔的思路。

（2）针对视觉空旷、日照强烈、风筒等问题，建议增加步行街上景观元素，如水体、植物等，不仅改善微环境品质，使人感到更加舒适，而且使视觉效果不至于空旷而显得人情味不足；并围绕景观物设置休息设施，人们可以在此休息、吃东西、观景，为丰富人们的活动提供条件，增强环境的亲切感，同时服务于游客和周围工作的人。

（3）在空间开阔处设置定期的传统艺术活动表演，不仅使得人们在休息时不至于无聊，而且也增添了空间的吸引力，传扬了传统文化。

世界最大的露天购物中心——夏威夷阿拉莫阿那中心（ALA MOANA CENTER）就是以一条步行街为主线，辅以三个环岛或环岛式袋状节点空间贯穿所有的店铺。虽然步行街的宽度不到10m，其中却设置了充满夏威夷风情的狭长庭院，并根据庭院形态设置了休息座椅，中间穿插数个小型售货亭；庭院由多个分隔处供人们自由穿行步行街两侧（图8-22）。而在袋状节点处，则每天定时有几场夏威夷风情歌舞表演，甚至会邀请游客上台参与表演，活跃气氛，丰富休闲内容，给人留下愉快而深刻的记忆。

图 8-22 美国夏威夷阿拉莫阿那步行街

图片来源：作者拍摄。

四、"转型利用式再生"—以首钢工业遗址为例

"在一个快速变化的世界中，过去历史遗留下来的可视和可触的实物，通过它传递的场所感和历史延续性而获得价值。历史遗存的特殊价值正是在于场所感和它自身特质的相对永恒性。尽管城市经常发生变化，但是城市要素以不同的速度改变，所以城市的某些特征得以保留下来"[1]。这些"可视和可触的实物"便是"转型利用式再生"的物质前提。具体来说，此种再生方式的前提是环境和建筑品质较好，经过适当的维修可以使用而不必拆除；空间尺度大，转型再利用的适应性强；其原来的产业内容已经失去存在的条件或被取代。

因此，"转型利用式再生"是在保持原"硬件"物质基础、空间格局不变的前提下，仅改变其原来功能和产业内容的再生方式；新的产业内容需要符合目前城市发展定位和社会需求。其实质是"破"与"立"的关系，保留"硬件"更换"软件"的过程；它特别适用于建筑品质好、空间尺度大（适应性强）的条件，例如工业厂房、老旧火车站、传统皇家建筑等，因为这类的建筑或者构筑物具有空间结构跨度大、层高高等

[1]　【英】Matthew Carmona, Tim Heath, TanerOc, Steven Tiesdell 编著. 城市设计的维度. 冯红等译. 南京：江苏科学技术出版社，2005，第 194 页。

特点，适合于改造成办公、酒店、商业、艺术创作、文化创意产业等空间。

（一）转型利用式再生的切入点

首钢工业区的前身是建于 1919 年的北洋政府官商合办的龙烟铁矿股份有限公司，位于北京市石景山区西南部，永定河畔的石景山东麓，长安街西延长线的尽端，西南侧紧邻永定河。在北京"两轴 – 两带 – 多中心"城市空间结构中，首钢工业区处于西部发展带和东西文化轴相交的节点位置；主厂区占地 7.07km²，现有建筑面积规模约 200 万 m²（图 8-23）。由于国家产业政策和城市发展的调整，首钢于 2010 年在北京市区全部停产，其原厂区、厂房和设备等被纳入国家工业遗址（图 8-24）。

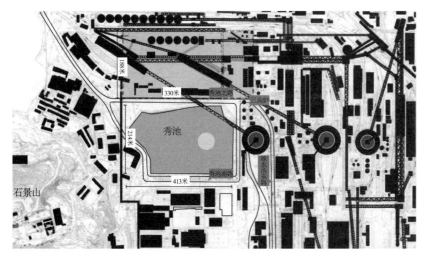

图 8-23　首钢遗址局部空间肌理

图片来源：作者绘制。

图 8-24　首钢遗址风貌图

图片来源：作者拍摄。

1. 物质基础

"硬件"物质基础完好，厂房建筑空间高大，可以满足现代各种公共和商业活动要求，为新的产业提供了很好的硬件基础设施。建筑内部空间层高较高，有的没有完全围合，具有优越的自然采光效果，其光影又给建筑带来动态的装饰感，适合于更新改造为创意、艺术创作工作室或者其他对于采光有特殊要求的行业。简仓（直径20m 及其他尺寸，高度 15 ～ 20m 不等）用来存放工矿料，其立面有竖向条窗和直径不一的圆形观察孔，利用这些条窗和观察孔引入自然光线并结合人工光源，为室内的办公和创意工场环境提供实用而独特的美学效果（图 8-25）。

厂区内的工业遗产包括炼钢设备、高炉、烟囱、连续排列的简仓、送料缆车、火车轨道等，展现出典型的工业美学特色，例如高炉建筑最高（70 多米）（图 8-26），建筑保留建成时的钢铁材质和局部出现的斑驳锈迹，成为可供改造利用的景观审美元素。厂区规划格局清晰合理，室外空间宽敞，道路较宽（10m）可以并行通过重卡货车，为公共活动和公共艺术提供了空间可能性。这些都成了"转型利用式再生"的物质基础和功能改变的切入点。

图 8-25　简仓改造成办公区
图片来源：作者绘制。

图 8-26　首钢高炉遗址
图片来源：作者拍摄。

2. 人文基础

首钢曾经是我国产业经济发展成就的代表，拥有多项"中华人民共和国第一"的纪录，如 1958 年建起了中国第一座侧吹转炉，结束了首钢有铁无钢的历史；1964 年建成了中国第一座 30t 氧气顶吹转炉，在我国最早采用高炉喷吹煤技术；20 世纪 70 年代末首钢二号高炉成为当时我国最先进的高炉等。改革开放以来更是获得巨大发展，成为以钢铁业为主，兼营采矿、机械、电子、建筑、房地产、服务业、海外贸易等多种行业，跨地区、跨所有制、跨国经营的大型企业集团，同时也是股票市场上的巨无霸，2012 年财富世界 500 强排名第 295 位，员工人数达到114807 人（2015 年）。可以毫不夸张地说，长期以来首钢既是北京经济的重要支柱，也代表了新中国的形象，承载了几代首钢人的梦想，因而首钢人具有强烈的自豪感和对首钢深厚的情感。

首钢也是中华人民共和国成立后"大院"模式的一个代表，是集工作、生产、生活为一体的功能和空间综合体，曾经是一批"以厂为家"的职工真实写照。这种工业美学、情感和集体记忆是首钢遗址转型利用式再生的最根本人文基础。

（二）转型利用式再生模式的策略

2017 年最新的《北京城市总体规划（2016 ~ 2030 年）》中这样描述："新首钢高端产业综合服务区，是传统工业绿色转型升级示范区、京西高端产业创新高地、后工业文化体育创意基地。描述着首钢的未来，相信首钢改造之后将成为长安街延线西部重要的产业区，也将带动周边的发展，尤其是长安街延线，都将迎来新的产业发展，商务活力。"在这样的政策指导下，首钢将进入新的转型利用式"再生"改造，重新焕发可持续发展的"生命力"。

工业遗产的转型利用因建筑条件和区域规划的不同而定位各不相同，国内外都有许多成功案例。以荷兰集装箱酒店为例，"其工业遗址再利用以'风车'为核心元素，同时结合国土面积有限的客观条件，其改造再利用一部分继续使用，另一部分改造结合旅游，打造成旅游区。在保护手段上有些采用整体性的博物馆式保护，利用博物馆的门票收入来保证风车的日常维护和当地居民的生活，当地居民为游客当向导介绍风车的机械原理和历史上人们的生活方式。还有一类则是动态更新，将天车中植入一定高度的集装箱改造成体验酒店（图 8-27）。此项实验式改造获得了 2015 年欧洲三项酒店奖。"[1]

转型利用式再生主要以原建筑及空间为物质基础，以恢复各类工业遗产"生命力"为主旨，以满足现代城市规划定位为目标，赋予工业遗产以与时俱进的生命力。首钢遗址由于其工业区范围广阔、种类繁多，每种类型的转型利用式再生的具体方法各不相同。

---

[1] 孟璠磊．荷兰工业遗产保护与再利用概述．国际城市规划，2017 年第 32 期：第 110 页。

图 8-27　荷兰集装箱酒店

图片来源：孟璠磊．荷兰工业遗产保护与再利用概述．国际城市规划，2017年第32期，第111页。

1. 生产设备设施的"场景化"利用

"场景化"利用是通过舞台布景的手段将旧的物质单体置入一个新的或者其他空间场所中，从而产生一种类似蒙太奇的视觉效果并赋予其新的使用价值，越来越多的构配件通过"场景化"配置而产生新的价值属性。以首钢内的废弃的火车为例，在原空间中它丧失了价值，甚至成为一堆废铁，但是当它被刷新后放置在"高炉博物馆"门前时（图8-28），其历史价值就有一种场景带入感，将人们的记忆带到一个特定历史时间段中。

图 8-28　高炉博物馆前的工业构件

图片来源：作者拍摄。

从视觉上这些设备设施可以成为区域内的景观标志物，作为历史年代痕迹和文化的文脉延续；保留其主要和标志性构件元素为典型代表，而次要和辅助部分则采用减法的再利用，使之运用在景观构筑物上。如首钢北京冬奥会组织委员会办公厂区，其步行道旁的景观使用的是厂区的旧轨道枕木；部分照明设备是从首钢型材老厂房中拆

除的旧灯具。五号和六号简仓北部的几处景观小品，这些栩栩如生的卡通动物是利用
废弃钢材等艺术加工而成，暗示了场地过去的历史（图 8-29）。这样的再利用方式
从物质形态上是保护了工业文化遗迹，从非物质形态上是保存了工业文明的文化，同
时也让废弃的材料有了再利用的价值。

工业设备，如冷却塔、高炉、储气罐都可以与体育和工业旅游项目相结合，利用
其外立面改造成为攀岩、潜水、冒险等旅游项目或作为主题公园的重要景观元素。例
如高炉通体被加以安全化处理和局部装饰后改造成为工业遗址博物馆，其外部架设安
全扶梯和围栏，竖向依托设备主体附加观光电梯（图 8-30）。内部空间改造成博物馆，
既可以把原设备动态保护，也可以让人近距离地观看和感受。这些场景用无声的语言
诉说着故事，有助于我们对于历史的了解，借助"场景"可以加深对于未知事物或者
没有经历过的事情的一种情景化感受，一种直观的表达，让各种不同文化层次和背景
的人达到情感的共鸣。

图 8-29　首钢北部办公区内利用废弃型材制作的　图 8-30　外部改造加设楼梯和围挡外部改造加
景观小品　　　　　　　　　　　　　　　　　　　　设观光电梯

图片来源：网络。　　　　　　　　　　　　　图片来源：作者拍摄。

2. 单体建筑物和构筑物"功能转化式"利用

国外的经验也给我们极大的提示，奥地利首都维也纳的近郊区有 4 个巨大的砖
砌筑的煤气储罐（图 8-31），在 19 世纪建造用于存储市区所用煤气，随着煤气被
石油气替代，4 个煤气罐建筑保留下来，经过设计师的再利用改造成为了集合公寓、
商业、娱乐和办公用房的综合体。如今的煤气罐社区既是维也纳的地标建筑、同时
也是记录城市历史变迁和延续城市文脉。这种功能转化实际上是实现了资源有效再
利用和功能的合理转变，转变的前提是具有可以转变的物质基础，正是由于煤气罐

的内部空间的单一性和结构具有多重可适应性。根据城市发展的定位和社会的需求，将其改造成多重功能属性的公共空间和住宅空间。虽然功能转变了，但视觉景观却保持了延续性，新与旧之间达到了和谐共生；同时，景观的多层次性也通过不同的功能实现出来，不同的功能带来不同的行为方式，较传统的单一储藏功能具有更加多样化的内容。

图 8-31　维也纳煤气罐社区
图片来源："http://www.sohu.com/a/271220114_100302211"。

首钢北七筒也具有相似的特质，仓筒为竖向建筑，其单体尺寸为直径 18m，高度 25m，是一种结构坚固可以耐压的筒体，且筒仓内部也没有任何分隔，这就成了功能转化的前提；在没有对内部主体结构做改动的情况下，筒仓内部被改造成具有特色的办公空间或者创意空间。由于建筑通体没有分层，因此，在改造过程中可以依据不同使用功能进行封板或者半封板，形成错落的层高和不同观景视线；充分尊重建筑的原始条件，结合筒仓外墙的条形开窗，利用 4 层条窗将空间划分为 2 层或者 4 层办公楼；两仓筒间增设一部扶墙观光电梯，以解决相邻两栋筒仓办公楼的垂直交通问题，减少了传统楼梯对于建筑平面的占空性，增加办公面积（图 8-32）。

改造后的筒仓基本保留了原始外立面风貌，仅在筒仓壁开洞采光（图 8-33），同时加建钢结构楼板，在两筒之间新建景观电梯（图 8-34）。这样的功能转变没有破坏外部整体景观风貌统一性，也没有对内部结构有任何损害；因此，这样的功能转化是符合"转型利用式再生"改造的要求。从改造后的对景观的影响来看，增强了使用效率、提升了自身和周围环境活力，让筒仓进入了"工作"状态。

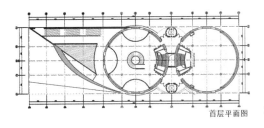
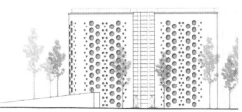

首层平面图

图 8-32 西十筒仓区 5、6 号筒仓
图片来源：舒赫.西十筒仓区 5、6 号筒仓设计.城市环境设计，2016 年 8 月：第 373，374 页。

图 8-33 2022 年北京冬奥会筒仓办公区
图片来源：作者拍摄。

图 8-34 北七筒外立面
图片来源：作者拍摄。

这样的功能转化是符合"转型利用式再生"改造的要求，打造建筑风貌"表皮"统一下的内部空间再利用，这既是对空间的再定义，也是对历史建筑的尊重和工业遗址的合理开发，更是对不可再生资源的保护和生命延续。

（三）评价与建议

1. 评价

从城市文化的角度来看，首钢工业遗产首先是工业文明留下的实体性痕迹，记录了一段不容忽视的历程，而这一历程并非每个城市都拥有，因此，具有其风格形式的独特性以及城市特质的代表性；其次，它对城市文化的影响是通过工业建筑的实体承载若干新的的功能和用途，并丰富了城市建筑类型。

从景观角度来看，高炉的建筑高度代表当时这个区域的最高点；整个厂区的竖向高度形成错落有致的工业遗产画面，有透叠，有遮挡并结合不同建筑材料和建筑体量的差异，形成虚实交织的"立体构成"空间。从景观的审美角度来看，厂区的美体现在历史年代作用下工业建筑的"沧桑"和斑驳的痕迹，映衬出工业机械美感；从景观体验角度来看，人们仿佛置身于时间隧道，脑海中浮现黑白电影里的工业时代的机械轰鸣声和一股股白烟从工厂的烟囱里排出；我们可以看见和可以接触的是泛黄和被磨"亮"的工业设备金属外壳和砖石砌筑的厂房和黑色的桁架等。既感叹时间流逝带来了沧桑历史陈旧感，也有旧地焕发新芽的蓬勃生机即将来到。

借助景观再造来保留建筑形态，合理地将不同功能的工业遗址建筑"再生"利用成为仅保留"表皮"的办公场所，也有将"表皮"和内部生产构件一并保留改造成的钢铁博物馆等；将实体建筑和工业遗产文化相互关联，打造成为内容丰富的景观群落。景观的再造延续了历史面貌和文化，更多的是让工业区的环境氛围提升，这里规划定位成为了北京西部高端产业综合服务区。同时，景观的规划和改造依托于当下的生态发展的趋势和首钢遗址的地理位置（长安街西延线）的特点，塑造成为生态景观和工业特色交融的景观区域，从城市景观形态的角度来看形成了观山、望水、远眺工业遗迹的山水格局。

2．建议

（1）拆除不合理和没有保留价值的多余工业构筑物以退让空间建设厂区服务中心，解决基本服务需求，这是目前所缺失的。

（2）尽快平整、硬化道路，避免出现晴天一身土，雨天一身泥的现象；同时做好环境生态保护以及生态修复工作。首先是在拆除过程中产生的大量粉尘，以及伴随着设备中原有的废弃物遗存；其次是在改造过程中加强生态涵养以及功能转化后的产业要形成无污染产业集群。

（3）增加区域内景观植物和水体的比例，不仅改善生态环境，而且与工业遗产构筑物形成多重对比关系，如软硬、新旧、材质和色彩等，从而将工业之美烘托到极致。

（4）通过户外空间和小品设计来丰富人们的活动内容，从而延长停留时间。

小结

一切试图重建历史脉络的努力都是徒劳的，毕竟，这些历史脉络都是经历了永无止境的起源、事件、人物和抛弃的、周而复始的过程而形成的。任何试图去复制、拷贝这一过程的努力无疑是愚蠢的，这就是为什么"假古董"式的景观设计在骂声中却不断涌现的原因吧。我们能做的，只能是永不停歇地向前奔跑，努力识别时间和未来发展的变化趋势，使之最终成为历史文化中的一部分。因此，研究城市历史文化景观的再生其实就是平衡复兴与怀旧的关系，这与城市景观的传承性与递进性是紧密相连的。任何事物的发展总是在前进与后退的交叉中进行的。在城市景观的发展中，复兴与怀旧就像是一个物体的不同表面一样，永远相伴随而存在并成为客观事实，主观的只是人们的体验及其对它的感受而已。复兴，意味着发掘丰富的、复杂的新内涵，并使之成为契合当代美学评价、哲学思潮和设计实践探索的主题；怀旧，则强调了与过去的、历史之间的关联与继承，在城市景观中，则体现出其传承性和递进性；城市景观的文化特性，总是包含着复兴与怀旧的双重含义。

谈到历史文化，总让人很容易联想到保护，而对再生的理解却颇多争议，但凯文·林奇（Linch）（1972，p.233）认为保护的关键是"把保护从保存历史的概念中解脱出来"。"再生"在生物学上是用来说明生命机体的一部分在损坏、脱落或截除后重新生成的过程，与之相对应的英文词 regeneration 就具有再生、更新、改造等含义。"因而再生指的是事物（人物）完全或部分重新生成的现象和过程，其前提是在历史上具有可参照的对象……景观再生并非景观实体及其环境的保存于复原，而是以创造性目光看待旧建筑的利用及其在现代的适应性变化；景观再生也不仅仅关注景观的历史文化价值，而是将其看做整个社会经济体系中的一个产品，看到经济、文化、生活、生态各方面的潜在价值"[1]。

因此，历史文化景观的再生，就不仅包含着"保护"，更着重在"再生"上，也就是让它如何适应今天的审美、经济、使用等要求。作为不可再生的宝贵资源，历史文化景观的持续利用成为关注的焦点；同时，作为生物体的历史文化景观也是文化的载体。

---

[1] 戴代新，戴开宇著.历史文化景观的再现.上海：同济大学出版社，2009，第 22 页。

参考文献

期刊论文：

[1] (美) 朱利安·斯图尔德. 文化生态学 [J]. 潘艳、陈洪波译. 南方文物, 2007, 02:12-15.

[2] 塞西莉亚·索达诺. 国际章程中的文化景观 [J]. 赵郁芸译. 国际博物馆 (中文版), 2018, 12:67-72.

[3] 邱杨、张金屯等. 景观生态学的核心: 生态学系统的时空异质性 [J]. 生态学杂志, 2001, 19.

[4] 江金波. 论文化生态学的理论发展和新构架 [J]. 人文地理, 2006, 4.

[5] 黄艳. 实现视觉与文化的可持续发展——浅谈北京高层建筑对城市景观的冲击及应对 [J]. 城市规划, 2014, 04:92-96.

[6] 谭烈飞. 北京城市高度的演变及特点 [J]. 北京建都 850 年论文集, 2003.

[7] 侯仁之. 北京城市发展中的三个里程碑 [J]. 北京联合大学学报, 2003.

[8] 关于北京市区建筑高度控制方案的决定 [J]. 首都规划建设委员会, 1985.

[9] 宋晓龙. 北京名城保护: 20 世纪 80 年代后的主要进程和认识转型 [J]. 北京规划建设, 2006, 5.

[10] 周果. 户外多种广告形式的兴起 [J]. 新闻前哨, 2011, 11:87-91.

[11] 吴焕加. 北京城市风貌之我所见 [J]. 北京城市规划, 2000, 3:8-10.

[12] 雪媛. 从三里屯成长抑或消失 [J]. 北京文学 (精彩阅读), 2008, 11.

[13] 佚名. 规划中的新三里屯 [J]. 北京纪事, 2005.1.

[14] 何仲山、庞桂香. 耸立在北京的世界第三大世贸中心——中国国际贸易中心的筹建与辉煌 [J]. 北京规划建设, 1995, 04:22-31.

[15] 徐希、王上、石佼. 北京市 CBD 商务中心区色彩调查 [J]. 法制与社会, 2008, 24:264.

[16] 戴春. 冲突与协调北京 CBD 综述 [J]. 时代建筑, 2003, 3:26-28.

[17] 熊星. 当代北京 CBD 开放空间研究 [J]. 清华大学, 2009.

[18] 董光器. 对北京城市总体规划编制与实施的思考 [J]. 城市总体规划, 1996.

[19] 孙洪铭. 新北京城市总体规划方案的奠基之作——北京市 1958 年城市总体规划方案编制纪事并以此献给建国 55 周年庆典 [J]. 城市规划, 2004.

[20] 侯仁之.北京城市发展中的三个里程碑 [J].城市规划，1994.

[21] 马建农.北京琉璃厂的历史文化内涵 [J].中国古都历史文化讲座，2015，2:264-271.

[22] 王乃萍.文化街区的文化品质研究 [J].社科纵横，2011，6（下）：252-253.

[23] 欧雄全、王蔚.文化造城运动的新策略：城市艺术区及博物馆群落的兴起 [J].华中建筑，2017，1:17-24.

[24] 俞剑光.文化创意产业区与城市空间互动发展研究 [J].天津大学，2013.

[25] 纪群.浅析建筑色彩对城市环境的影响 [J].科学与财富，2012.3.

[26] 刘杨.雾霾天气下城市建筑色彩属性的视觉舒适度分析 [J].哈尔滨工业大学学报，2018，4.

[27] 董峻岩、李克超、马传鹏.探究基于周边环境影响因素的建筑色彩设计方法 [J].科技展望，2016(32):294.

[28] 梁铭.基于周边环境影响因素的建筑色彩设计方法分析 [J].建材与装饰，2016(22):89.

[29] 文丽丽.浅析城市建筑色彩设计 [J].科技创业家，2012（24）.

[30] 万怡芳.建筑外观设计中色彩的运用分析 [J].中华民居，2014.9.

[31] 魏琰、杨豪中.解读北京展览馆 [J].华中建筑，2015，33(04):32-35.

[32] 李媛.论后奥运时代中国当代建筑发展趋势 [J].中国建筑学会室内设计分会.2008 年郑州年会暨国际学术交流会，2008.

[33] 杨静.论中国当代建筑色彩发展趋势 [J].现代装饰（理论),2012，06:97.

[34] 郭红雨、蔡云楠.传统城市色彩在现代建筑与环境中的运用 [J].建筑学报,2011，7:45-48.

[35] 何哲瑾.地域性视角下的城市色彩规划探析 [J].中国包装工业，2014，22:110.

[36] 肖锐、符宗荣.建筑色彩设计的地域性、民族性、时代性分析 [J].重庆建筑,2004，5:17-19.

[37] 温宗勇、董明、臧伟、李伟:什刹海历史文化街区保护调查 [J].北京规划建设，2011，3：146-155.

[38] 毛小岗:2000-2010 年北京城市公园空间格局变化 [J].地理科学进展，2012.

[39] 高欣:北京城市公园体系研究及发展策略探讨 [J].北京林业大学，2006.

[40] 胡洁，吴宜夏，张艳.北京奥林匹克森林公园种植规划设计 [J].中国园林，2006（06）：25-31.

[41] 胡洁，吴宜夏，吕璐珊.北京奥林匹克森林公园景观规划设计综述 [J].中国园林，2006（06）：1-7.

[42] 胡洁，吴宜夏，吕璐珊，刘辉.奥林匹克森林公园景观规划设计 [J].建筑学报，2008（09）：27-31.

[43] 张强.北京翠湖国家城市湿地公园 [J].建筑科技，2010.

[44] 彭历.北京城市遗址公园研究 [J].北京林业大学，2011.

[45] 李嫣、丁丁.北京什刹海烟袋斜街改造研究 [J].装饰，2008.

[46] 刘辉龙.基于"有机更新"理论的北京南锣鼓巷历史文化保护区的提升策略 [J].中国文化遗产，2018.

[47] 刘伯英.首钢工业区工业遗产资源保护与再利用研究 [J].建筑，2006.

[48] 朱文一 . 北京首钢筒状构筑物改造设计 [J]."城市翻修"教学系列报告（十七），2012.

[49] 温宗勇、董明、臧伟、李伟 . 什刹海历史文化街区保护调查 [J]. 北京规划建设，2011，3：146-155.

[50] 夏青 .60 年来什刹海的变化 [J]. 史苑撷萃：纪念北京史研究会成立三十周年文集，2011.

[51] 李源石、陈占海 . 京华胜地什刹海的规划建设 [J]. 北京规划建设，1995，4.

[52] 唐鸣镝 . 快速城市化进程中的文化景观保护 - 以北京什刹海历史文化保护区为例 [J]. 北京规划建设，2013，3：71-75.

[53] 刘磊 . 北京什刹海历史文化保护区色彩管理研究 [J]. 北京建筑工程学院，2012.

[54] 宋璇 . 北京南锣鼓巷地区改造与更新案例研究 [J]. 北京建筑工程学院，2009.

[55] 张先得 . 烟袋斜街述往 [J]. 北京规划建设，2001，02：65-67.

[56] 王思萌 . 烟袋斜街广福观修缮与复建工程设计 [J]. 建筑技艺，2010，07：62-65.

[57] 舒赫 . 西十筒仓区 5、6 号筒仓设计 [J]. 城市环境设计，2016，102（8）：368-375.

[58] 孟璠磊 . 荷兰工业遗产保护与再利用概述 [J]. 国际城市规划，2017，32（02）：108-113.

[59] 李凡、朱竑、黄维 . 从地理学视角看城市历史文化景观集体记忆的研究 [J]. 人文地理，2010，4：60-66.

[60] 张强 . 北京翠湖国家城市湿地公园 [J]. 建筑科技，2010，12：60-62.

[61] 李晓光、王晓星 . 翠湖湿地公园水生植物资源及其保护与管理 [J]. 北京园林，2013，29（105）：34-40.

[62] 王荣，刘银华 . 植物造景在城市公园中的应用研究——以元大都遗址公园北土城段为例 [J]. 农业科技与信息，2010（4）：15-17.

[63] 周罗军 . 遗址公园的发展探析 [J]. 时代农机，2018，45（10）:41.

[64] 秦趣、冯维波、代稳、杨洪 . 我国城市生态基础设施研究与进展 [J]. 重庆师范大学学报（自然科学版），2014，31（5）：138-149.

[65] 李锋、王如松、赵丹 . 基于生态系统服务的城市生态基础设施：现状、问题与展望 [J]. 生态学报，2014,4(1): 190-200.

[66] 张玉钧、薛冰洁 . 生态基础设施视角下的城市生态修复策略 [J]. 城乡规划，2017，6：53-59.

[67] 杜士强，于德永 . 城市生态基础设施及其构建原则 [J]. 生态学杂志，2010，29（8）：1646-1654.

[68] 孔建华 . 文化经济的融合兴起与北京想象——基于北京文化创意产业集聚区发展的再研究 [J], 艺术与投资，2009.02:69-79.

[69] 吴焕加 . 北京城市风貌之我所见 [J]. 北京城市规划，2000，3：8-10.

[70] 刘东云、李膝利，应笑辰 . 街道景观作为城市重要公共领域的研究—以北京 CBD 核心区为例 [J]. 风景园林，2017，10：44-49.

[71] 张复合 . 北京近代"洋风"建筑 [J]. 建筑创作，2002，8：32-37.

[72] 杨君然、吴纳维 . 商业开发对旧城保护与更新改造的影响分析—以北京什刹海历史文化保护区烟袋斜街为例 [J]. 北京规划建设，2014，1：97-102.

[73] 沈清基，刘波 . 都市人类学与城市规划 [J]. 城市规划学刊，2007，9:40-42.

[74] 姚先铭，康文星 . 广州市城市森林社会服务功能价值及其评估 [J]. 湖南林业科技，2007，34（3）：1-5.

[75] 周罗军 . 遗址公园的发展探析 [J]. 时代农机，2018，45（10）:41.

[76] Sauer Carl O.The Morphology of Landscape[J]. University of California Publications in Geography,1925，2: 19-54.

[77] 黄建辉、韩兴国 . 生物多样性何生态系统稳定性 [J]. 生物多样性，1995.3(1): 31-37.

[78] 王东 . 中华文明的五次辉煌与文化基因中的五大核心理念 [J]. 河北学刊，2003(5).

[79] 陈康琳、钱云 . 北京西郊三山五园文化景观遗产价值剖析 [J]. 中国园林，2018.05.

[80] 杨宝林、刘征、张晓为 . 北京应明确建成"望得见山，看得见水"的花园城市 [J]. 北京规划建设，2017.11.

[81] 施卫良 . 试论北京"山水城市"特色的继承与发展 [J]. 北京规划建设，2017，11: 50.

[82] 马岩 . 浅析北京北海兴造理法之意境营造 [J]. 北京农学院学报，2015，01: 100-102.

[83] 王坤平 . 浅谈北京四合院建筑在当代语境下的保护与传承 —— 以菊儿小区改造项目为例 [J]. 绿色环保建材，2017，02: 206.

[84] 郭竹梅、张大敏、褚玉红 . 北京胡同绿化保护与建设 —— 老城保护中的为与不为 [J]. 北京规划设计，2019.01.

[85] 赵波平、徐素敏、殷广涛 . 历史文化街区的胡同宽度研究 [J]. 城市交通，2005，08: 46.

[86] 张英杰 . 北京皇家园林的保护策略探讨 [J]. 黑龙江农业科学，2010.6: 77.

[87] 蒋玉洁 . 我国古典主义在现代景观中的再应用 —— 以紫竹院公园为例 [J]. 现代园艺，2017.10: 90.

[88] 杜潇潇 . 北京城市文化色彩的特征 [J]. 城市发展研究，2007.6:11.

[89] 陈昌笃、林文棋 . 北京的珍贵自然遗产 —— 植物多样性 [J], 生态学报，2006.4: 969.

[90] 王桢 .2022 年北京形成三季有彩 四季常绿的宜居景观 80 多个优新植物为北京"添彩"[J]. 绿化与生活，2017.11: 26-29.

[91] 张宝鑫、杨洪杰、成仿云等 . 北京地区园林植物引种栽植 [J]. 农学学报，2017.11: 75.

[92] 胡振园 . 浅谈颐和园的植物造景 [J]. 北京园林，2014.2:24.

[93] 常姝婷 . 探讨日照对园林植物色彩视觉的影响 [J]. 现代园艺，2019.2: 139.

[94] 车生泉、寿晓明 . 日照对园林植物色彩视觉的影响 [J]. 上海交通大学学报，2010.05: 168.

[95] 曾云英、徐幸福 . 彩叶植物分类及其在我国园林中的应用 [J]. 九江学院学报，2005.06: 16-19.

[96] 董峻岩、李克超、马传鹏 . 探究基于周边环境影响因素的建筑色彩设计方法 [J]. 科技展望，2016.11: 294.

[97] 张建忠 . 北京地区空气质量指数时空分布特征及其与气象条件的关系 [J]. 气象与环境科学，2014.2: 33.

[98] 周瑞乾 . 北京色彩 [J]. 美与时代 (城市版)，2015.2: 19.

[99] 朱锦雁 . 色彩在城市公共艺术景观中的应用 [J]. 西部皮革，2019.6: 125.

[100] 谭烈飞 . 北京城市色彩的演变及特点 [J]. 北京联合大学学报，2003.3: 63.

[101] 南亭 . 北京大栅栏 —— 古代商业文明的缩影 [J]. 商业地理，2017（4）: 80.

[102] [3] 余琪 . 现代城市开放空间系统的建构 [J]. 城市规划汇刊，1998（6）:49-56.

[103] 周波. 浅谈城市步行街 [J]. 山西建筑，2008（1）：52.

[104] 刘斌，张宇. 北京道路交通三十年变迁 [J]. 北京规划建设，2016（5）：113.

[105] 宋禹瑶，丁怡丹. 商业街区公共景观空间设计研究 [J]. 美与时代，2018（10）：78.

[106] 周尚意，吴莉萍，张庆业. 北京城区广场分布、辐射及其文化生产空间差异浅析 [J]. 地域研究与开发，2006（12）：19.

[107] 路林. 北京旧城城市公共开放空间的保护与发展 [J]. 北京规划建设，2002（8）：20.

专著：

[108] E.Saarinen.The City: Its Growth, Its Future.Reinhold Publishing Co.New York, 1945.

[109] 詹姆士·科纳主编.《论当代景观建筑学的复兴 [M]. 吴琨、韩晓晔译，北京：中国建筑工业出版社，2008.

[110]（日）白幡洋三郎著. 近代都市公园史欧化的源流 [M]. 李伟、南诚译，北京：新星出版社，2014.

[111]（英）Matthew Carmona, Tim Heath, Taner Oc, Steven Tiesdell 编著. 城市设计的维度 [M]. 冯红等译，江苏：江苏科学技术出版社，2005.

[112]（美）凯文林奇著. 城市意象 [M]. 方益萍、何晓军译，北京：华夏出版社，2001.

[113]（英）大卫·路德林、尼古拉斯·福克著. 营造 21 世纪的家园——可持续的擦邻里社区，王健、单燕华译，北京：中国建筑工业出版社，2005.

[114]（美）查尔斯·瓦尔德海姆 编. 作为都市研究模型的景观（Landscape as Urbanism/ Charles Waldheim），刘海龙、刘东云、孙璐译，北京：中国建筑工业出版社，2011.

[115]（美）查尔斯·瓦尔德海姆 编. 景观都市主义 [M]. 刘海龙、刘东云、孙璐译，北京：中国建筑工业出版社，2011.

[116]（英）Catherine Dee 著. 设计景观 [M]. 陈晓宇译，北京：电子工业出版社，2013.

[117]（美）史蒂文·布拉萨著. 景观美学 [M]. 彭锋译，北京：北京大学出版社，2008.

[118]（英）伊恩·本特利等著. 建筑环境与共鸣设计，纪小海、高颖译. 大连：大连理工大学出版社，2002.

[119] 朱剑飞著. 中国空间策略：帝都北京（1420-1911）（Chinese Spatial Strategies: Imperial Beijing 1420-1911）[M]. 诸葛净译，上海：三联书店，2017.

[120] 梁思成. 梁思成全集（第四卷、第五卷）[M]. 北京：中国建筑工业出版社，2001.

[121] 吴良镛. 广义建筑学 [M]. 北京：清华大学出版社，1989.

[122] 尹思谨. 城市色彩景观规划设计 [M]. 南京：东南大学出版社，2004.

[123] 刘勇等. 北京文化生态与城市发展 [M]. 北京：文化艺术出版社，2014.

[124] 荆其敏，张丽安. 城市空间与建筑立面 [M]. 武汉：华中科技大学出版社，2011.

[125] 吴勇. 北京大院记忆 [M]. 北京：学苑出版社，2015.

[126] 吕拉昌、黄茹著. 新中国成立后北京城市形态与功能演变 [M]. 广州：华南理工大学出版社，2016.

[127] 宋壮壮、李明扬著. 京城绘 1. 人来人往 图解北京的交通 [M]. 北京：中国建筑工业出版社，2016.

[128] 华揽洪著 . 重建中国城市规划三十年 1949-1979[M]. 李颖译 . 北京：三联书店，2006.

[129] 郑宏 . 北京城市艺术设计发展战略研究 [M]. 北京：清华大学出版社，2013.

[130] 聂鑫 . 解读京城 -- 北京城历史图片 [M]. 北京：经济管理出版社，2014.

[131] 薛凤旋、刘欣葵 . 由传统国都到中国式世界城市 [M]. 北京：社会科学文献出版社，2014.

[132] 吕拉昌、黄茹 . 新中国成立后北京城市形态与功能演变 [M]. 广州：华南理工大学出版社，2016.

[133] 许善斌 . 证照中国：1911-1949[M]. 北京：清华出版社，2011.

[134] 许善斌 . 证照中国：1966-1976[M]. 北京：清华出版社，2009.

[135] 祝伟坡 . 微观历史：1957-1965[M]. 北京：商务印书馆国际有限公司，2013.

[136] 陈立旭 . 都市文化与都市精神——中外城市文化比较 [M]. 南京：东南大学出版社，2002.

[137] 贾英廷 . 百年天安门 [M]. 北京：北京出版社，2013.

[138] 马钦忠主编 . 关于生态与场所的公共艺术 [M]. 北京：学林出版社，2009.

[139] 戴代新、戴开宇著 . 历史文化景观的再现 [M]. 上海：同济大学出版社，2009.

[140] 马钦忠主编 . 公共艺术的制度设计与城市形象塑造—美国 · 澳大利亚 [M]. 中国公共艺术与景观总第四辑，北京：学林出版社，2010.

[141] 喜仁龙 . 北京的城墙与城门 [M]. 北京：北京联合出版公司出版，1997.

[142] 陈溥、陈晴 . 扫描北京 · 皇城遗韵：西城 [M]，北京：中国社会出版社出版 ,2009.

[143] 董光器 : 古都北京 50 年演变录 [M]，南京：东南大学出版社，2006.

[144] 胡长龙 . 城市道路绿化 [M]. 北京：化学工业出版社，2010.

[145] 陈溥、陈晴 . 扫描北京 · 皇城遗韵：西城 [M]，北京：中国社会出版社出版 ,2009.

[146] 黄艳 . 照明设计 [M]. 北京：中国青年出版社，2011.

[147] 秦华生 . 宫廷北京 [M]，北京：旅游教育出版社出版 ,2005.

[148] 蒋志刚、马克平 . 保护生态学原理，北京：科学出版社，2014.

[149] 任一鑫、王新华、李同林著 . 产业辐射理论，北京：新华出版社 ,2008.

[150] 周维权 . 中国古典园林史 [M]. 北京：清华大学出版社，北京：2005.

[151] 赵兴华 . 北京园林史话（第 2 版）[M]. 北京：中国林业出版社，2001.

[152] 贺士元、邢其华等编 . 北京植物志 [M]. 北京：北京出版社，1984.

[153] 李德华 . 城市规划原理（第三版）[M]. 北京：中国建筑工业出版社，2001.

[154] 洪兴宇 . 标识导视系统设计 [M]. 武汉：湖北美术出版社，2010.

[155] 国家统计局生态环境部 .2018 中国环境统计年鉴 [M]. 北京：中国统计出版社，2019.

[156] 首都博物馆、天津博物馆、河北博物馆编 . 地域一体文化一脉——京津冀历史文化 [M]. 北京：科学出版社，2015.

[157] 柯焕章 . 北京 CBD 的规划建设与发展 [N]. 中国经济导报，2013，B01.

[158] 赵之枫、陈韶、张建 . 小堡村的文化创意新村愿景 [N]. 北京规划建设，2006 年第 3 期，第 58 页 .

[159] 路艳霞 . 文化广场能否自己养自己 [N]. 北京日报，2003 年 4 月 7 日 .

[160] 北京市城市规划设计研究院、首尔市政开发研究院 Shou Er Shi Zheng Kai Fa Yan Jiu

Yuan 主编.北京、首尔、东京历史文化遗产保护 [N].2008.

[161] 柯焕章.北京 CBD 的规划建设与发展 [N].中国经济导报.2013 年 8 月 1 日（第 B01 版）.

[162] 首批认定的北京市文化创意产业园区公示公告，http://www.chycci.gov.cn/news.aspx?id=44665.

[163] 徐小鼎.城市肌理 - 北京.纸装置 58cm×70cm 2015-2016.

[164] 科普中国，科学百科.

[165] 北京旧城二十五片历史文化保护区保护规划.

[166] 北京总体规划设计（2016-2035 年）.

[167] 北京市建设高度规划调整报告的技术评估意见.

[168] 北京市委、首都规划建设委员会、北京市政府.关于天安门广场和长安街规划方案的报告，1985 年.

[169] 李虹.基于王府井步行街探讨商业步行街公共空间设计 [D].北京林业大学，2010.

[170] 李宝山.北京宋庄画家村聚落建筑空间类型研究 [D].北方工业大学，2015.

[171] 王赫.历史文化街区公共设施设计方法研究 [D].清华大学，2008.

[172] 陈志.古城墙与现代城市景观空间互动关系研究 [D].重庆大学硕士论文，2014.04.

[173] 宋羿彤.可持续城市综合公园全生命周期评价指标体系研究 [D].东北林业大学硕士论文，2016.06，第 10 页.

[174] 蔡丰年.北京旧城胡同与四合院类型学研究 [D].北方工业大学硕士论文，2008.05，第 48 页.

[175] 吴泽英.北京明清城门广场绿地体系研究 [D].北京林业大学硕士论文，2011.06，第 15 页.

[176] 禹文东.风水理论在园林规划设计中的应用 [D].山东农业大学硕士论文，第 44~50 页.

[177] 黄献.园林中植物景观色彩设计的应用研究 [D].南京师范大学硕士论文，2014.3，第 12~14 页.

[178] 王岳颐.基于操作视角的城市空间色彩规划研究 [D].浙江大学博士论文，第 16 页.

[179] 李楣.高层建筑对北京城市竖向景观的影响探究 [D].北京建筑大学硕士论文，2012 年，第 14 页.

[180] 何涛.北京城市广场规划设计导则研究 [D].北京建筑工程学院，2012 年，第 52 页.

[181] 张怡娜.西安城市历史地段视觉导识系统设计研究 [D].西安建筑科技大学，2008 年，第 17 页.